WALTER HESS

DIE PAPIERVERARBEITUNG

EIN PRAKTISCHES HANDBUCH

für die Veredelung des Papiers und das gesamte Gebiet der papierverarbeitenden Industrie

Unter Mitarbeit namhafter Berufspraktiker
mit 34 Textabbildungen und 24 Tafeln

2. vermehrte und verbesserte Auflage.

TECHNISCHER VERLAG HERBERT CRAM
BERLIN 1963

Satz und Druck: F. A. Günther & Sohn A.-G., Berlin SW 61

Geleitwort zur 2. Auflage

Anfang 1958 erschien im Technischen Verlag Herbert Cram, Berlin W 30, „Die Papierverarbeitung", bei deren Erscheinen ich mir darüber klar war, das große Gebiet der papierverarbeitenden Industrie damit noch keineswegs restlos literarisch erschlossen zu haben.

Aus diesem Grunde ließ ich in gleichem Umfang 1960 einen Fortsetzungsband erscheinen mit dem Titel „Die Praxis der Papierverarbeitung". Dieser Titel war offenbar etwas ungeschickt gewählt; es hätte zweckmäßiger heißen müssen „Die Papierverarbeitung, 2. Band".

Beide Bücher haben die Kritiker in den Fachzeitschriften als das Standardwerk der Papierverarbeitung bezeichnet.

Von dem ersten Band „Die Papierverarbeitung" wurde innerhalb von 2 Jahren nach Erscheinen die ganze Auflage abgesetzt. Es liegt nunmehr die 2. verbesserte und vermehrte Auflage vor. Diese hat zunächst eine textliche Erweiterung erfahren bei den Abschnitten über die Beutel- und Papiersackfabrikation.

Die Großpapiersack-Herstellung war in der 1. Auflage etwas stiefmütterlich behandelt worden.

Ich möchte bemerken, daß ich in dem Fortsetzungsband „Die Praxis der Papierverarbeitung" bereits bemüht war, das Versäumte nachzuholen, indem ich darin sogar zwei Sonderbeiträge, die das Thema „Großpapiersäcke" restlos erschöpfen, aufgenommen habe.

Der in diesem Band neu eingefügte Abschnitt über die Großpapiersack-Herstellung erschien mir für die Aufnahme in der 2. Auflage dieses Fachbuches wichtig als Ergänzung des Themas über dieses Sondergebiet. In der Zwischenzeit ist in der Entwicklung neuzeitlicher Maschinen kein Stillstand festzustellen, insbesondere auf dem Gebiet der Beutelmaschinen.

Gerade auf dem Verpackungssektor ist die maschinelle Leistungsfähigkeit von besonderer Bedeutung für den wirtschaftlichen Erfolg.

In dieser Auflage haben namhafte Berufspraktiker der verschiedenen Sparten der Papierverarbeitung, wertvolle Erfahrungen bekanntgegeben. Sie berichten über Arbeitsverfahren und neuzeitliche Maschinen.

Ich möchte der Erwartung Ausdruck geben, wiederum ein Fachbuch mit vielseitigem Inhalt geschaffen zu haben, zur praktischen Auswertung in der Berufspraxis.

Es sind nicht nur Druckfehler berichtigt worden, sondern auch einige Abschnitte sind durch zweckdienliche Ergänzungen bzw. Neufassungen auf den neuesten Stand gebracht. Das bezieht sich insbesondere auf die Themen Luftschlangen-

Herstellung sowie die Papierbecherfabrikation. Im Tafelanhang werden die dazu erforderlichen Maschinen neuester Bauart gezeigt.
Zu den bisherigen Ausführungen über das Lackieren der Drucksachen sei bemerkt, daß in dieser Neuauflage Wesentliches über die Eigenarten der verschiedenen Druckfarben gesagt wird, insbesondere über zu erwartende Schwierigkeiten, die infolge des neuartigen Bindemittelaufbaus moderner Buchdruck- und Offsetfarben beim Lackieren entstehen können.
Dies erfordert einige Details über die Druckverfahren selbst und über die Wechselwirkung zwischen Papier bzw. Druckträger sowie der jeweils zur Verwendung kommenden Farben und Lacke.
Der Drucker, der das Buch zur Hand nimmt, soll daraus Anregungen entnehmen, die ihn in die Lage versetzen, Schwierigkeiten von vornherein zu vermeiden. Dazu sind Einzelheiten über zulässige und unzulässige Druckhilfsmittel in den einzelnen Druckverfahren erforderlich, da vieles durch Verwendung ungeeigneter, sonst aber üblicher Druckhilfsmittel verdorben werden kann.
Dies ist selbst versierten Druckern heute nicht allgemein bekannt, da sie selten über die Zusammensetzung der Druckfarben und Hilfsmittel restlos informiert sind und außerdem die Entwicklung weiter vorausschreitet und täglich Neues geschaffen wird, mit dem der Drucker fertig werden muß.
Neu aufgenommen wurde als Abschluß der technischen Abhandlungen eine Zusammenstellung beliebter Erzeugnisse der Papierwaren-Industrie in der die wichtigsten und bekanntesten Erzeugnisse schaffender Hände besprochen werden.
Wir wollen es dankbar anerkennen, daß unsere Industrie immer wieder befruchtet wird von neuen Ideen unserer Künstler durch Schaffung von praktischen Erzeugnissen für den täglichen Gebrauch.
Ich hielt es als Herausgeber für zweckmäßig, einige Fachfirmen selbst über ihre Erzeugnisse berichten zu lassen, weil dadurch eine Gewähr gegeben ist für eine sachlich richtige Darstellung der Arbeitsweise und der Vorzüge gewisser Spezial-Maschinen, was auch von der Fachkritik bereits bei anderer Gelegenheit als richtig anerkannt wurde.
Ich bitte darin keine Benachteiligung derjenigen Firmen zu sehen, die ebenfalls Maschinen für die gleiche Sparte herstellen, in diesem Fachbuch aber mit ihren Erzeugnissen nicht vertreten sind. Zum Teil reagierten sie nicht auf meine Einladung zur Mitarbeit.
Ich muß mich aus verlagstechnischen Gründen darauf beschränken, nach Möglichkeit nur immer eine Firma, höchstens zwei, der jeweiligen Sparte zu Wort kommen zu lassen, um den Lesern eine Vorstellung zu geben von wichtigen Arbeitsvorgängen und den dazu erforderlichen Maschinen.
Im fachlichen Interesse sei nur noch gesagt, daß in den Beschreibungen von Maschinen nur das Wichtigste zum allgemeinen Verständnis der Arbeitsvor-

gänge gesagt werden konnte. Wesentliche Einzelheiten, besondere Vorzüge sowie technische Daten können Interessenten von den namhaft gemachten Firmen direkt anfordern, da solche den zur Verfügung stehenden Umfang eines Fachbuches bei weitem überschreiten würden. Von den Lieferanten der Maschinen werden den Käufern ohnehin Anweisungen gegeben, die für deren Bedienung die notwendigen Kenntnisse vermitteln. Die von den Fachfirmen abgegebenen Beschreibungen der einzelnen Maschinenelemente sollen dazu verhelfen, Störungen zu vermeiden und mit den Maschinen gute Leistungen bei langer Lebensdauer derselben zu erzielen.
Auch die 2. Auflage meiner „Papierverarbeitung“ wird zweifellos wieder im In- und Ausland Verbreitung finden.
Die vielen individuellen Besprechungen in den maßgebenden Fachzeitschriften haben bewiesen, daß in dankenswerter Weise von den berufenen Fachkritikern auf den Wert dieses Fachbuches für die Praxis gebührend hingewiesen wurde.
Es ist mein Wunsch, daß recht viele neue Interessenten zu den bisherigen hinzukommen und somit auch dieser 2. Auflage absatzmäßig zu einem Erfolg verhelfen.

Berlin, 1963.

Walter Hess

Geleitwort zur 1. Auflage

Die im Technischen Verlag Herbert Cram, Berlin W 35, aus meiner Feder und der meiner Mitarbeiter erschienenen praktischen Handbücher für die Papierverarbeitung und das graphische Gewerbe sind in vielen Tausenden von Exemplaren im In- und Ausland verbreitet. Drei davon sind bereits in der zweiten bzw. dritten Auflage herausgekommen. Es ist das ein Beweis dafür, daß sie in der Fachwelt Anklang gefunden haben. Vier Titel sind inzwischen restlos vergriffen, einer davon erlebt mit dem vorliegenden Buch in erweiterter und ergänzter Form sein come back. Zugleich aber soll dieses neue Fachbuch als zweite Auflage meiner seit langen Jahren vergriffenen „Praxis der Papierverarbeitung" gelten.

1955 erschien im Technischen Verlag Herbert Cram, Berlin, die zweite, vermehrte und verbesserte Auflage meines lange vergriffen gewesenen Fachbuches „Aus der Betriebspraxis der Druck- und Papierverarbeitung".

1956 brachte der Verlag aus meiner Feder und der meiner Mitarbeiter das Fachbuch „Die Veredelung des Papiers" heraus, das in der gesamten Fachpresse eine sehr günstige Aufnahme gefunden hat, die sich am deutlichsten zu erkennen gibt durch den Absatz des Buches. Das vorgenannte Thema findet in dem vorliegenden Werk eine Ergänzung.

Wesentliche technische Neuerungen sind inzwischen erfolgt, sowohl mit Bezug auf die Arbeitsmethoden, als auch bei der Konstruktion neuzeitlicher Maschinen.

Das zuletzt Gesagte trifft besonders zu für die Herstellung von Papiersäcken, Briefumschlägen sowie Tüten- und Beutelfabrikation.

Es war aus räumlichen Gründen leider nicht möglich, jede Maschine zu beschreiben, da sonst der Umfang für die Darstellungen der einzelnen Arbeitsvorgänge zu groß geworden wäre.

Aus diesem Grunde konnte zum Beispiel in dem Abschnitt über die Tüten- und Beutelfabrikation nur allgemein zu diesem Problem Stellung genommen werden, um den Stand der heutigen Industrie zu umreißen. Die für diese Sparte interessierten Leser finden Angaben über die Herstellungsfirmen der Maschinen im Text und im Anzeigenanhang.

Im wesentlichen werden die Merkmale der heutigen Fabrikationsmerthoden in den verschiedensten Sparten der Papierverarbeitung in kenntnisreichen Darstellungen herausgestellt, und die Arbeitsvorgänge werden durch Abbildungen im Text und in einem Tafelanhang der in Frage kommenden Maschinen letzter Bauart erwähnt und erläutert.

Gerade die drei angezogenen Sparten haben sich nach Herausgabe meiner „Praxis der Papierverarbeitung“ in der Zwischenzeit grundlegend geändert und stehen heute auf einer beachtlichen Höhe.
Wer größere Aufwendungen für Neuanschaffungen neuzeitlicher Maschinen zu machen geneigt ist, wird nicht nur nach Prospekten kaufen, sondern sollte den Weg zu den Herstellungsfirmen nicht scheuen. Meist haben diese Firmen ständig Maschinen im Bau und halten diese wohl auch von Zeit zu Zeit unter Papier, damit sich Interessenten an Ort und Stelle von der Arbeitsweise persönlich unterrichten können.
Die Abkürzung des Trockenprozesses bei der Fabrikation durch die Infrarot-Bestrahlung hat sehr wesentlich zu einer Beschleunigung des Arbeitsablaufes beigetragen, sei es bei dem Gummieren, Lackieren bei der Briefumschlagherstellung und der Tütenfabrikation.
In dem vorliegenden Buch sind auch kritische Fragen behandelt. Sie beschäftigen sich mit der Lösung farbiger Probleme zur wirksamen Ausstattung der verschiedensten Erzeugnisse der farbig schaffenden Industrie.
Jedem, der Interesse und Freude hat an dem farbigen Schaffen der Papierwarenindustrie, sei er ein ausübender Atelierkünstler, Graphiker, ein praktisch tätiger Fachmann, sei er ein Meister oder gehöre er selbst noch zum heranreifenden Nachwuchs — sie alle werden bei der Lektüre dieses inhaltreichen Fachbuches auf ihre Kosten kommen, ihre Fachkenntnisse auffrischen und neue Anregungen gewinnen.
Sehr wesentlich ist die Oberflächenveredelung des Papiers. Sie kann erfolgen durch Veränderung der Papieroberfläche beim Prägevorgang sowie durch Glasierung, durch Beschichtung, wie z. B. bei den Kunstdruckpapieren oder durch Lackauftrag. Dadurch wird die Papieroberfläche der wohl ausschließlich farbig bedruckten Flächen vor Schmutz, Staub und das Verschießen der Farbe konserviert. Die Wirkung kann noch gesteigert werden durch die Erzielung von Hochglanz. Die Lackierung erfolgt durch einen Lackaufstrich von Hand, meist auf der Maschine. Wo der Glanz noch nicht „hinhaut“, werden unter gewissen Voraussetzungen die Bogen noch nachträglich kalandriert unter Voraussetzung einer gegebenen Lackkonsistenz.
Die neuzeitliche Technik hat Mittel und Wege gefunden, durch chemische Aufbereitung die Oberfläche der Papiere mittels aufgegossener Kunststoffschichten oder durch Aufkleben von Folien nach neuzeitlichen Erfahrungen wirksam zu gestalten, um sie für das Auge des Betrachters gefällig zu machen.
Es war mein Bestreben, den Lesern die Möglichkeit zu geben, die interessanten Vorgänge aus dem großen, sehr vielseitigen Arbeitsgebiet der papierverarbeitenden Industrie in einer Anzahl instruktiver Beiträge kennenzulernen, die zur Veredelung und Verarbeitung des Papiers notwendig sind, um mit der Zeit mitzugehen, um gegenwartsnahe zu bleiben, weil man dadurch Ärger und Schaden bei der Verarbeitung ersparen kann.

Darum sei die Lektüre dieses Buches auch allen unseren Papierfachleuten empfohlen und denen, die es werden wollen.
Mögen recht viele daraus die erwünschte Nutzanwendung für die eigene Praxis ziehen, die in enger Verbindung stehen mit dem Werkstoff Papier, der das Ausgangsmaterial ist für alle Sparten der Papierverarbeitung.
Ich möchte bei dieser Gelegenheit meinen Herren Mitarbeitern — den genannten und ungenannten — meinen Dank aussprechen für ihre Beiträge zu diesem Fachbuch. Dieser erstreckt sich auch auf die Fachfirmen für die Bereitstellung des Abbildungsmaterials zu den einzelnen Kapiteln, um diese neben dem Textinhalt dem besseren Verständnis der Leser nahezubringen. Durch diese Bereitwilligkeit wurde in diesem Buch der Bildanhang ermöglicht.
Die Erfahrung, die ich als Verfasser und Herausgeber von über einem Dutzend Fachbüchern habe, und die ständige Bereitschaft, an allen Erscheinungen der Technik unvermindert Anteil zu nehmen, ist als eine glückliche Voraussetzung anzusehen, um auch den werdenden Fachleuten von dem aufgespeicherten Reichtum an Wissen freigebig abzugeben.
Die Bildungsbeflissenheit der Berufstätigen und heranwachsenden Fachleute soll beständig erweitert und vertieft werden.
An zu großem Wissen ist noch niemand zugrunde gegangen, es sind aber viele Existenzen gescheitert an Mangel von Bildung und technischem Können. Betrachten Sie daher bitte auch dieses Buch als weiteren Baustein zu einem Fundament für Ihre eigene fachliche Ertüchtigung.
Ich wünsche diesem meinem geistigen Kinde auf dem Gebiet der Fachliteratur einen guten Start in der Hoffnung, daß es die Fachwelt ebenso freundlich aufnimmt, wie meine bisher erschienenen Bücher, von denen ich eingangs sprach.
Es wäre wünschenswert, wenn auch der Nachwuchs recht viele Anregungen aus dem vielseitigen Inhalt dieses Buches gewinnen möchte zur Auswertung für die eigene spätere Berufsausübung.

Berlin, November 1957. Der Verfasser

Inhaltsverzeichnis

I. Kapitel

Die verschiedenen technischen Möglichkeiten zur Veredelung des Papiers

Das Satinieren

Das Fundament für jede Arbeit des graphischen Gewerbes ist nun einmal das Papier: Für die meisten Fälle der Praxis muß das Papier einen Veredelungsprozeß durchmachen, damit es für die Zwecke der Verarbeitung verwendungsfähig ist.

Um dem zur Aufnahme von Druckfarben bestimmten Papier den ihm eigenen Charakter zu verleihen, wird es meist nach erfolgter Klebung der Rohstofflagen mit Streichmasse versehen, oder bei Prospekt- und Druckpapieren wird die Oberfläche satiniert, d. h. in einem Arbeitsvorgang maschinell geglättet.

Die Stoffteile werden bei der Satinage zusammengepreßt, wodurch eine gleichmäßige geschlossene Oberfläche erreicht wird, wie sie eine Voraussetzung ist für die Erfordernisse verschiedener Reproduktionsverfahren. In den Papierfabriken wird diese Arbeit auf Kalandern verrichtet.

Der Kalander hat stets mehrere heizbare Walzen, während die Satiniermaschine nur ein Walzenpaar führt, unter deren Berührungspunkt die zu glättenden Bogen (Papier oder Karton) hindurchgelassen werden. Papiere, die satiniert werden sollen, werden zwischen hochpolierte Stahl- oder schrammenfreie Zinkbleche (Nr. 10 oder Nr. 11 in Paketen von 8 Blechen = 7 Bogen; oben und unten kommt je ein Preßspan) gelegt und durchgelassen, um die erforderliche Glätte zu erhalten. Die Behandlung der Oberfläche des Papierbogens wird sich vielfach nach der Art seiner weiteren Verarbeitung richten, und daher tut jeder Besteller gut, neben besonderen Wünschen an die Beschaffenheit des Papiers dem Lieferanten zu sagen, wozu er es gebraucht.

In der Papierverarbeitung wird die nachträgliche Satinage in der Hauptsache angewendet, um den stumpfen Bronzeflächen nach erfolgter Bronzierung noch einen besonders schönen Glanz zu geben (Achtung! Nur gute Bronzen verwenden!); wobei es gleichgültig ist, ob es sich dabei nur um glatt durchgelegte Flächen oder um solche handelt, die zeichnerischen Darstellungen der verschiedenen Art als wirksamer Hintergrund zu dienen berufen sind.

Das Polieren und Talkumieren

Jedem Fachmann wird bekannt sein, daß das stumpfe Aussehen gedruckter Bogen nicht nur durch die verschiedenen Arten des Lackierens, Aufdruck von

Glanzfirnis oder früher durch die Gelatinierung behoben wird, sondern auch dadurch, daß man vermittels der Polierung einen Glanz auf der Oberfläche des Papiers erzeugen kann, der der Lackierung und Gelatinierung an Ausdrucksfähigkeit aber bei weitem nachsteht. Der Zweck der Polierung ist im wesentlichen darin zu suchen, daß die Druckfarben durch den eigentümlichen Hochglanz intensiver wirken. Das Polieren erfolgt mittels besonderer Talkumier- und Poliermaschinen, obwohl in kleineren Betrieben auch noch die Handpolitur ausgeübt wird; doch erfolgt die Maschinenpolitur der Druckbogen sehr rasch und zufriedenstellend.

Um jedoch eine tadellose Hochglanzpolitur zu erzielen, muß schon bei der Fabrikation der Papiere oder Kartons darauf Rücksicht genommen werden, daß die Streichschicht auch für die Politur geeignet ist, denn wenn diese Schicht beim Polieren ein graublaues Aussehen erhält, dann ist das Papier für diese Arbeit unbrauchbar. Demnach muß bei der Bestellung ganz besonders darauf hingewiesen werden, daß das Papier nach dem Druck poliert werden soll, damit die Fabriken in der Lage sind, nur polierfähig gestrichene Papiere oder Kartons zu liefern.

Ferner müssen die Druckfarben gleichfalls für die Politur geeignet angerieben sein, da sich die allgemein im Handel befindlichen Farben dafür nicht eignen, d. h. keinen ansprechenden Hochglanz ergeben. So dürfen z. B. keinerlei glanzerzeugende Beimischungen, wie flüssiges Sikkativ, Glanzfirnis, Blattgoldfirnis oder Bologneser Kreide, letztere als Mattierungs- und Trockenmittel usw., verwendet werden und ist einzig und allein nur eine Wenigkeit reines Bienenwachs erforderlich, welches geschmolzen und so der Farbe zugegeben wird. Des ferneren ist der Druckereiraum in einer nicht zu niedrigen Temperatur zu halten, damit die Farbe vermöge des Wachszusatzes geschmeidig, d. h. druckfähig erhalten bleibt. Die Farben müssen auf den Abdrücken sehr gut und satt decken und ein stumpfes Aussehen haben, denn mit Glanz auftrocknende Farben ergeben keine befriedigende Hochglanzpolitur, auch ist zur Bereitung der Druckfarben im wesentlichen mehr schwacher als starker Firnis zu verwenden, wodurch die Farben ihre eigentliche Polierfähigkeit erhalten.

Bezüglich der Konstruktion der Maschinen zum Bürsten oder Polieren der Bogen sei erwähnt, daß diese nicht nur zum Polieren, sondern auch zum alleinigen Talkumieren verwendet werden können, so daß das Abreiben frischer Drucke ohne Politurerzeugung statt der üblichen Handabreibung vorgenommen werden kann. Die Konstruktion der Maschine ist derart, daß ein Kolben, an dessen Ende sich eine Wischvorrichtung befindet, vermittels einer Transmission hin und her bewegt wird, während der Bogen von der anderen Richtung langsam vorgeschoben wird, so daß die Glättung streifenweise erfolgt.

Das Grundieren

Die Anwendung des Wortes Grundieren ist vielfach eine irrige. Im allgemeinen gilt als feststehend, daß das Grundieren eine Hilfsarbeit ist, die dazu dient, für nachfolgende Aufbringung irgendwelcher anderen chemischen Verbindungen (Druckfarben) eine unterlegende Schicht zu bilden.

Das Verfahren wird sinngemäß zu produktiver Gestaltung auf maschinellem Wege ausgeführt.

Der Heißpräger grundiert seine Stoffe, wie Papier, Kaliko, Buchbinderleinen u. a., der Steindrucker druckt eine Firnisschicht auf seine Bogen vor deren weiteren Verarbeitung, um die Farben auf der Papieroberfläche zum Stehen zu bringen. Es ist also gewissermaßen ein Hilfsmittel zu einer Leimungsverbesserung. Wenig geleimte Papiere müssen vorgrundiert werden, um zu vermeiden, daß nachträglich aufgebrachte Farben unmittelbar wegschlagen, d. h. in der Oberfläche des Papierstoffes versinken und das Papier ein stumpfes, mattes Aussehen annimmt. Um das zu vermeiden, überdruckt man die Bogen nach erfolgtem Ausdruck aller Farben auf der Schnellpresse mit einer Sikkativschicht.

Die Grundiermasse ist ein dünner Überzug mit in Wasser gelöster Gelatine. Die Schicht ist so dünn, daß sie, obwohl wesensverwandt im Gegensatz zum eigentlichen Gelatineverfahren bei Anwendung der Glasplatte keinen Glanz auf der Oberfläche des Papier ergeben würde. Wollte man sich genau ausdrücken, so müßte man statt vom Grundieren stets in solchen Fällen von einem Gelatinierverfahren sprechen.

Gelatinieren ohne Glas wird angewendet als Überzug, um dem Druck einen matten Glanz zu verleihen.

Schellackieren dagegen wendet man an, wenn ein Schutzmittel gegen Feuchtigkeit und äußere Einflüsse gebraucht wird.

Weihnachtskrippen oder Aufstellreliefs mit Fälzen, welche als Klebeleisten dienen sollen, grundiert man mit Gelatine oder mit Schellack.

Das Grundieren findet fast ausnahmslos Anwendung bei sehr vielen Erzeugnissen der Chromolithographie, wie beispielsweise bei Plakaten, mechanischen Karten, die größeren Raum einnehmen, Weihnachtskrippen oder ähnlichen Artikeln. Den Glanz auf der Oberfläche der hierfür in Frage kommenden Artikel kann man auch durch Harzlacküberzug erzielen, am häufigsten jedoch findet man die Anwendung des soeben besprochenen Verfahrens. Das Aufstreichen des Harzlackes vermittels eines Pinsels ist nicht zu empfehlen, da bei diesem Verfahren keine glatte Fläche zu erzielen ist.

Dieses Verfahren ist bei zartfarbenen Naturpapieren nicht zu gebrauchen, da die Anwendung in der Praxis die Erscheinung zeitigt, daß nach erfolgtem Aufstrich die Oberfläche des Papiers gelblich austönt.

Transparente

Als Dekoration finden Transparente gern da Verwendung, wo es sich um Lichteffekte handelt. Ein durchsichtig gemachtes oder bereits durch die stoffliche Zusammensetzung präpariertes Papier, das die Lichtstrahlen, die von einer Seite dagegengeworfen werden, auf der anderen durchscheinen läßt, entspricht diesem Zweck. Im letzteren Fall finden meist Seidenpapiere Verwendung, und zwar lassen sich aus diesem verschiedene Zusammenstellungen dadurch schaffen, daß aus einem Bogen solchen Papiers durch Auflage einer Schablone oder von Hand Ornamente oder Schriften ausgeschnitten werden. Auf diesen Bogen wird dann ein entsprechend großes Stück andersfarbigen Papiers geklebt, so daß selbst am Tage schon eine gewisse Farbenwirkung erzielt wird, und zwar durch die zwei verschiedenartigen Papierfarben. Die Wirkung wird des Abends durch die Beleuchtung natürlich noch wesentlich erhöht.

Ist das Papier nicht lichtdurchlässig, so muß es besonders dazu präpariert werden, indem es mittels einer chemischen Lösung getränkt bzw. durchfettet wird.

Dies gilt nun nicht nur für Transparente, die mittels Verwendung des künstlichen Lichtes ihre Wirkung ausüben. Denn die meisten Transparente sind wohl für Tageslichtwirkung bestimmt. Eine besondere Abart derselben sind die sogenannten Transparentplakate, die aus Buntpapieren oder farbig bedruckten Chromos hergestellt und an den Schaufenster- bzw. Ladentürscheiben angeklebt werden.

Über die Herstellung dieser Transparentplakate berichtete der bekannte Chemiker F. Lüdecke, Kassel, in der „Technischen Rundschau", Berlin, folgendes: Um aus Buntpapier Transparentplakate zum Ankleben an Schaufester herzustellen, werden die fertigbedruckten Papiere mit sogenanntem Transparentlack getränkt. Derartige Lacke sind fette Öle, welche einen geringen Zusatz von Paraffin zur Erhaltung einer gewissen Elastizität bekommei. Ein sehr guter, elastisch bleibender Transparentlack wird weiterhin gewonnen, wenn man etwa 18 Teile gereinigten wasserfreien Kautschuk mehrere Tage in 10 Teilen Leinölsäure oder Holzölsäure quellen läßt und alsdann unter Zusatz von 60 Teilen hellem Leinölfirnis bei 150 Grad Celsius bis zur völligen Lösung erhitzt. Hierauf läßt man bis auf etwa 80 Grad Celsius abkühlen und verdünnt mit 12 Teilen Schwerbenzin. Sind die imprägnierten Papiere völlig durchgetrocknet und klebfrei, so bestreicht man die Anstrichseite der Transparentplakate mit den nachstehenden Leimlösungen: Man läßt 16 Teile Gelatine in 64 Teilen Wasser 12 Stunden lang quellen und löst dann durch Einstellen des Quellgefäßes in ein geheiztes Wasserbad. Ist der Leim völlig gelöst, so setzt man noch eine Mischung von zwei Teilen Glyzerin, zwei Teilen venetianischen Terpentin und vier Teilen Leinölsäure in 12 Teilen denaturiertem Spiritus, 96prozentig, unter Umrühren zu. Vor Benutzung wird der

Leim durch schwaches Anwärmen dünnflüssig gemacht. Vorteilhaft kommt dieser Leim in Verbindung mit stets frischzubereitendem Stärkekleister in Gebrauch, hergestellt durch Einrühren einer kalten Mischung von 30 Teilen Stärke und 20 Teilen Wasser in 50 Teilen kochendheißem Wasser. Die derartig geleimten Transparentplakate müssen mit einem in warmes Wasser getauchten Schwamm überstrichen und schließlich auf die gereinigten Schaufenster fest aufgepreßt werden, wobei die etwa entstehenden Luftblasen abzuquetschen sind. Es gibt hierfür den Gummiquetscherapparat.

Buntglaspapiere (Diaphanien)

werden im Steindruckverfahren auf sehr dünnem reinen Faserpapier gedruckt; nach erfolgtem Druck werden die Bogen mit einem Etikettenlack getränkt, und zwar geschieht dies entweder durch Lackiermaschinen oder aber in der Weise, daß die Bogen mit der Hand durch ein Lackbassin gezogen und über diesem zum Abtropfen auf benagelte Latten gehängt werden. Nach dem Abtropfen müssen die an den Latten hängenden Bogen in Heißluftkammern aufgehängt und dort bei etwa 55 Grad Celsius etwa 24 Stunden getrocknet werden. Die getrockneten Bogen werden hierauf mit Klebstoff zum Anheften an die Glasscheiben durch einen mit Gummi getränkten Schwamm mit der Hand — oder auch auf maschinellem Wege — bestrichen, und müssen abermals einige Stunden an der Luft trocknen, bis sie gebrauchsfähig sind. Als Klebemittel verwendet man einen dünnen Fischleim.

Das Durchsichtigmachen des Papiers

erfolgt vorteilhaft in zusammenhängenden Rollen, zu denen die einzelbedruckten Bogen nötigenfalls zu vereinigen sind, und zwar in der Weise, daß die Papierbahn von der Sammelrolle über eine Walze in ein den Transparentlack enthaltendes Gefäß eingeführt und hier durch eine zweite, sich kurz über dem Boden des Gefäßes befindliche Walze unter dem Niveau des Lackspiegels gehalten wird. Hinter dieser Walze befinden sich beim Austritt des Gefäßes zwei schräggehaltene Stahlblätter, durch welche die Papierbahn hindurchgeht, damit der überschüssige Lack abgestreift wird und wieder in das Gefäß zurücktropft. Die Papierbahn gelangt in einen Trockenraum, wo sie in zahlreichen Windungen mit warmer Luft in Berührung kommt, bis sie vollkommen trocken und klebfrei ist, worauf man die einzelnen Bahnen abschneidet und aufstapelt. (Nach Lüdecke in „Technische Rundschau“, Berlin.)

Wetterfeste Papiere (das Zaponieren)

Geprägte Artikel, wie beispielsweise Buchdeckel und Metallpressungen, wird man, um die Haltbarkeit des Glanzes zu erhöhen, mit einer Masse überziehen. Hierzu bedient man sich des „Zaponlackes“, wonach man diese Handhabung „Zaponierung“ genannt hat. Zaponlack dient noch zum Vorgrundieren von

Metallen (Eisen), um ein späteres Ankleben von Papier zu ermöglichen, d. h., solches zum Haften zu bringen.

Das Zapon verbreitet einen starken, nicht gerade unangenehmen Geruch und hat die Eigenschaft, vor allem die in Verbindung mit Blattmetall hergestellten Prägeflächen vor Oxydieren zu schützen. Das gleiche geschieht, wenn Harz- oder Spirituslacke benutzt werden.

Zum Wetterfestmachen bzw. zur Konservierung von Papieren, Drucken, Zeichnungen, Malereien, Manuskripten, Urkunden, Wertpapieren usw. hat man schon die verschiedensten Mittel vorgeschlagen und angewendet, die zum Teil wohl ganz versagten oder nach längerer oder kürzerer Zeit selbst der Zerstörung unterlagen, so daß sie den Verfall der damit behandelten Papiere nicht aufzuhalten vermochten.

Die abwechselnde Trockenheit und Feuchtigkeit, Kälte und Hitze, Dämpfe und Dünste aller Art, denen die zumeist stärker oder schwächer hygroskopischen Papiere vielfach ausgesetzt sind, üben eine vernichtende Wirkung aus, je mehr in der Papiermasse leicht zersetzliche und verwesbare Bestandteile vorhanden sind (Pflanzenfasern, Tier- und Pflanzenleim, Erden, Salze, Säuren, Chemikalien usw.). Diese geben den denkbar besten Nährboden für allerlei Bakterien ab, durch welche das Schimmeln, Vermodern, Fleckig- und Brüchigwerden und das Faulen und Zerfallen des Papiers sich einstellen muß, wenn nicht durch eine gründliche Konservierung schon von Anfang an dem Übelstand vorgebeugt werden kann. Unter den sich am besten bewährenden Schutzmitteln steht an erster Stelle das Zapon, welches als Zelluloidlack, Zaponlack oder Azetatlack in den Handel gebracht wird, doch hat es den einen Fehler an sich, daß es ziemlich teuer ist und folglich nur ganz wertvolle Kunstdrucke, Dokumente, Zeichnungen usw. mit dem Präparat behandelt werden, während die in großen Auflagen hergestellten Zeitschriften, Illustrationen, Vorlagen, Buntdrucke oder sonstige Papierdekorationen der Zaponierung schon deshalb nicht unterzogen werden können, weil das Auftragen des Lackes nicht durch die Maschinen, sonder vermittels der Hand geschehen muß, wodurch die Herstellungskosten derartiger Erzeugnisse noch ganz wesentlich erhöht werden. Immerhin verbleiben noch sehr viele wertvolle Papiere u. dgl., bei denen es weniger auf den Kostenpunkt als auf eine möglichst dauerhafte Konservierung ankommt, weshalb ein näheres Eingehen auf die Selbstherstellung des Zaponlackes und auf das sachgemäße Zaponlackieren von Interesse für viele Leser sein dürfte, da wohl fast überall Dokumente, Manuskripte, Drucke, Urkunden usw. aller Art zu verwahren sind, die für die Nachkommen bestimmt und folglich möglichst unzerstörbar sein sollen.

Der Zaponlack ist fertig in den Drogerien und Photohandlungen zu kaufen, doch empfiehlt es sich, daß man ihn selbst anfertigt, da z. B. die ungefärbten, ganz hell und glasig durchsichtigen Zelluloidabfälle, die verhältismäßig billig aus den Zelluloidfabriken zu haben sind, den denkbar besten Zaponlack ergeben. Da sich der Lack bei guter Verkorkung des Behälters unbeschränkt lange Zeit erhält, lohnt es sich, bei öfterem Bedarf ein etwas größeres Quantum anzusetzen, wobei jedoch bezüglich des Lagerns noch darauf aufmerksam gemacht werden muß, daß der Lack und die Dämpfe stark feuergefährlich sind, weshalb der Behälter kühl in einer Sandkiste stehend und sehr gut verkorkt zu verwahren ist. Natürlicherweise muß man auch beim Zaponieren dementsprechende Vorkehrungen treffen. Der Lackierraum soll sehr gute Lüftung, aber keine Zugluft aufweisen, und die Temperatur darf im Winter nicht unter 15 Grad Celsius heruntergehen. Staubaufwirbelung, Rußbildungen ergeben fleckig-schmutzige Lackschichten. Die Arbeit ist, um ungenaue fehlerhafte Lackierungen zu vermeiden und um Feuergefahr auszuschließen, nur bei vollem Tageslicht, niemals bei offenem Lampenlicht vorzunehmen, ebenso darf das Rauchen keinesfalls gestattet werden. Das Zaponieren geschieht bei einigen Exemplaren und kleinen Papieren oder Schriftstücken vermittels eines weichen breiten Pinsels, wie solche in Blech gefaßt überall erhältlich sind, und zwar genügt es, wenn bei gleichmäßigen, nicht zu dicken Anstrichen erst die Vorderseite und nach dem Trocknen in flacher Lage auch die Rückseiten überstrichen werden. Bei den meisten Papieren schlägt der Zaponlack mehr in das Innere, was nur als vorteilhaft zu bezeichnen ist, denn dadurch erhält man die denkbar beste Konservierung, die nach jeder Richtung entsprechen wird, ohne daß eine besondere Glanzbildung, wie bei anderen Lacken sich geltend macht. Ist eine größere Menge von Bogen oder Blättern zu zaponieren, so bedient man sich einer entsprechend großen Schale aus Glas, Porzellan, Zink oder Emaille, in welche der Zaponlack gegossen wird. Man legt Blatt für Blatt auf kurze Zeit in die Lösung, dreht das Blatt um und beachtet, daß sich keine Blasen am Papier festsetzen, die eventuell mit einem Pinsel zu entfernen sind. Das Papier sättigt sich genügend und, wenn es beim Herausnehmen noch untergetaucht und unter der Lösung hinweg herausgezogen wird, erhält man einen höchst gleichmäßigen blasenfreien Überzug, ohne daß allzu viel Lack verbraucht wird. Beim Herausnehmen der Bogen sind diese am oberen Rande einige Augenblicke über die Schale zu halten, damit der Lacküberschuß in die Schale tropfen kann. Das Trocknen muß durch freies Aufhängen der Bogen erfolgen, dann dauert es ungefähr zwei bis drei Stunden, bevor der Lack gänzlich eingetrocknet ist. Vor längeren Pausen soll die Schale mit irgendeiner Glasplatte überdeckt werden, damit das Lösungsmittel des Zelluloids nicht zu rasch verdunstet. Von den Lösungsmitteln soll in einer gut verkorkten Flasche ein gewisser Vorrat gehalten werden, um den Lack bei Bedarf verdünnen zu können. Wenn das Zaponieren beendigt und der Lack in den Behälter zurückgeführt ist, spült man die Schale mit den Lösungsmitteln aus und füllt auch dieses nach.

Das Zaponieren in der Schale ist auf alle Fälle vorzuziehen, besonders wenn es sich um Handschriften, Malereien, Zeichnungen, empfindliche Kunstdrucke

(Kupfer- und Stahlstiche, Heliogravüren, Lithographien) oder um Photographien, Lichtdrucke usw. handelt, denn dadurch, daß auch die Rückseiten durchsättigt werden, können die Bilder niemals so nachteilig von feuchten Wänden beeinflußt werden, wenn sie als Wandschmuck aufgehängt werden sollen. Ferner lösen sich handkolorierte Wasserfarbenmalereien nicht so leicht während des Zaponierens in der Schale auf, was beim Überstreichen mit dem Pinsel leicht geschehen kann.

Bezüglich der Herstellung des Zaponlackes aus Zelluloidschnitzeln diene folgende Vorschrift: Die absolut glasklaren farblosen Schnitzel oder Abfälle müssen vorerst in lauwarmem Wasser gut durchgerührt werden, damit sie von der etwa anhaftenden Gelatine, Leim oder sonstigem Schmutz befreit werden. Danach spült man sie mehrmals mit reinem Wasser auf einem Durchschlagsieb nach. Nach dem Trocknen sind die glasklaren Stückchen klein zu zerschneiden und in den Behälter zu füllen, der ziemlich umfangreich sein soll, damit der Lack höchstens drei Viertel des Innenraumes einnimmt. Man füllt nun so viel Amylazetat darauf, daß die Schnitzel gänzlich überdeckt sind. Der Behälter muß darauf so lange stehen,bis das Ganze eine ziemlich dicke Lösung ergibt, dann kann der Lack noch so weit mit Amylazetat verdünnt werden, daß er sich als gut streichfähig erweist.

Die sich entwickelnden Dämpfe des Amylazetats sollen nach eingehenden Versuchen durchaus keine gesundheitsschädlichen Einflüsse ausüben, doch ist es natürlich besser, wenn das Zaponieren in gut gelüfteten Räumen erfolgt. Schließlich ist noch zu bemerken, daß alle Papiere, die mit Zaponlack behandelt werden, bedeutend an Festigkeit und Zähigkeit gewinnen, und zwar soll diese Festigkeitszunahme, je nach der Qualität der Papiere, 60, 80 bis 100 v. H. betragen. Die Erhöhung der Festigkeit eines mit Lack behandelten Stoffes tritt beim Zaponlack ganz wesentlich in Erscheinung, denn selbst billige und minderwertige Papiere, die versuchsweise mit Zaponlack behandelt und nachher einer Reißprobe unterzogen wurden, zeigten eine fast doppelte Widerstandsfestigkeit gegenüber den nicht zaponierten Papieren der gleichen Sorte. Daß die Papiere bzw. die aufgetragene Zaponschicht wasserfest ist, sei noch besonders bemerkt, und deshalb lassen sich alle mit Zaponlack behandelten Malereien und Drucke zu jeder Zeit mit Wasser von Staub und Schmutz reinigen, ohne daß die Tinten, Farben oder die Papiere irgendwie geschädigt werden. Sonach hat das Zaponieren nach verschiedenen Richtungen hin seine Vorteile, die von den Gewerbetreibenden oder auch von den Privatpersonen vielfach ausgenutzt werden können.

Es darf nicht unerwähnt bleiben, daß auch der Zaponierung noch mancherlei Mängel und Fehler anhaften, insbesondere ist die leichte Entzündlichkeit des Zelluloids und des flüssigen Lackes die Hauptursache, daß man das sonst vorzügliche und einfache Verfahren noch nicht allgemein ausgeübt hat. Um durch geeignete Ersatzmittel den erwähnten Gefahren auszuweichen, hat man auf der Suche nach solchen im Zellit, einem Zelluloseazetat, dem Anschein nach ein gut brauchbares und weniger gefährliches Mittel gefunden, doch werden erst die Versuche in den größeren Laboratorien die Zweckmäßigkeit erproben müssen. Bei einer etwas vorsichtigen Behandlung des Zaponlackes während der Verarbeitung ist aber keine Gefahr zu fürchten, ebensowenig wie bei allen anderen leicht entzündlichen Stoffen, wie z. B. Spiritus, Benzin, Petroleum usw., die sich im täglichen Gebrauch überall eingebürgert haben. Für den Zaponlack möchte ich zum Schluß noch ein weiteres Rezept bekanntgeben, das ich dem Wochenblatt für Pappe- und Papierverarbeitung (Verlag Richard Lange, Dresden) entnommen habe.

Um den Erzeugnissen die Eigenschaft zu geben, daß sie durch Feuchtigkeit nicht an Härte und Widerstandsfähigkeit verlieren, verwendet man Zaponlack. Dieser ist eine Verbindung von mit Salpetersäure behandelter Zellulose und einem geeigneten Lösungsmittel. Als solches können verschiedene Stoffe dienen, doch hat sich für die Behandlung von Papier und Karton Amylazetat am geeignetsten erwiesen. Das Zapon erhält man in Drogengeschäften fertig zu kaufen, man kann es sich aus Zelluloid und Amylazetat auch selbst herstellen. Zu diesem Zwecke nimmt man ungefärbtes, glasig durchscheinendes Zelluloid, schneidet es in feine Schnitzel, übergießt es mit Amylazetat und läßt es stehen, bis es zu einer dicken, wasserhellen Flüssigkeit aufgelöst ist. Schüttet man einen Tropfen dieser Flüssigkeit auf eine Glasplatte, so verdunstet das Lösungsmittel und die vitrierte Zellulose bleibt in Form eines außerordentlich feinen Häutchens zurück, welches vollkommen klar und durchsichtig ist und nur durch schärfstes Hinsehen auf die Glasplatte bemerkt werden kann. Behandelt man nun den Karton mit einer derartigen Lösung, so saugen dessen Poren die Lösung vollständig auf. Das Zapon durchdringt den Karton und macht ihn gegen Feuchtigkeit unempfindlich. Das Material wird dadurch auch gehärtet und widerstandsfähiger. Die Technik des Zaponisierens ist eine sehr einfache, die von jedermann ohne besondere Vorkenntnisse ausgeübt werden kann. Man bedient sich dazu am besten einer flachen Blechwanne, füllt sie mit der durch Amylazetat stark verdünnten Zaponlösung und taucht die Bogen kurze Zeit ein. Auch kann man sie mit einem breiten Pinsel, wie solche zum Lackieren Verwendung finden, überstreichen. Die bestrichenen Bogen werden mit Hilfe von Klammern an Schnüren aufgehängt und getrocknet.

Es sei noch erwähnt, daß eingehende Versuche ergeben haben, daß das Einatmen von Dämpfen des Amylazetats, die beim Zaponieren entstehen, keine gesundheitsschädlichen Folgen besitzt und das derart behandeltes Papier nicht mehr zur Verbrennung neigt als solches ohne diese Behandlung.

Das Arbeiten mit Zapon ist nicht direkt feuergefährlich, doch es ist zweckmäßig, die Arbeit bei Tage vorzunehmen, da manche Zaponsorten leicht brennbare Azeten enthalten.

Zeichnungen und Papierplakate imprägnieren und abwaschbar machen

Plakate mit betrieblichen Vorschriften für Büros, Arbeitsräumen, Warnungstafeln, Fahrplänen, Skizzen und Zeichnungen für Hoch- und Tiefbauten u. dgl. imprägniert man zur Verbesserung der Haltbarkeit, hauptsächlich aber zur Erhöhung der Widerstandsfähigkeit gegen Feuchtigkeit. Plakate und Zeichnungen, die im Freien benutzt werden, wird man anders behandeln als solche, die lediglich in Innenräumen gegen Verschmutzung geschützt werden sollen. Eine gute Papierqualität ist bei derartigen Plakaten stets Voraussetzung. Man lackiert die Fläche mit unverdünntem Spiritus- oder Japanlack je nach der Aufsaugfähigkeit des Papiers. Abwaschbar werden die Papiere bei diesem Verfahren nicht, denn Spiritus macht das Material viel zu spröde und die Schutzschicht ist gegen Wasser nicht vollkommen unempfindlich.

Man erhöht die Widerstandsfähigkeit des Papiers durch Tränken mit einer fettfreien Leimlösung. Man benutzt hierzu am besten eine farblose Gelatinelösung, die man zweimal aufträgt. Der zweite Auftrag soll erst nach dem vollkommenen Trocknen des ersten erfolgen. Reine Gelatinelösung macht das Papier nicht wesentlich dunkler; es färbt auch die farbige Schriftdruckfarbe nicht nachteilig. Diese von den Papierfasern gut aufgesogene undurchdringliche Schicht bildet einen guten Untergrund für den nun folgenden hellen Öllacküberzug. Der dünn aufgestrichene Öllack verbindet sich mit dieser Grundierung sehr gut, und derartig imprägnierte Zeichnungen, Plakate usw. bieten Feuchtigkeitseinwirkungen guten Widerstand, sind gegen Rost unempfindlich und auch die Haltbarkeit ist ganz wesentlich verbessert; auch das öftere Abwaschen verändert die Papiere nicht. An Stelle der Gelantine kann auch ein heller, möglichst klarer Pflanzenleim zum Vorstreichen benutzt werden. Zum Lackieren benutzt man bei dieser Grundierung am besten Ahorn- oder Eichenholzlack. Sollen Plakate auf Eisen geklebt werden, so muß die Metallfläche von Rost befreit und mit Ölfarbe vorgestrichen werden, weil sich sonst der Rost durchfressen kann. Bei Holzflächen sind besondere Schutzvorkehrungen entbehrlich, nur bei Holztafeln, die im Freien aufgestellt sind, empfiehlt sich die Grundierung der Fläche, welche das Plakat aufnehmen soll.

Wasserdichtmachen von Papier und Pappe

Um Pappen oder auch Papier wasserdicht zu machen, hat sich folgendes Verfahren gut bewährt: Man löse einen Teil Zinnsalz in sechs Teilen Wasser, möglichst Flußwasser, und bestreiche damit die Pappe oder das betreffende Papier mittels eines weichen Schwammes, oder wenn es sich um größere Mengen handelt, tauche man sie in die Lösung. Die noch nasse Pappe bzw. das Papier wird dann in eine konzentrierte Kernseifenlösung getaucht oder mit dieser Lösung bestrichen und dann langsam getrocknet.

Die so behandelte Pappe ist absolut geruchlos, behält ihre Naturfarbe und hat gegenüber den geölten Pappen den Vorzug, daß sie sehr schwer brennbar ist. Zu erwähnen ist noch die Möglichkeit des Paraffinierens von Pappen.

Gewachste Papiere

Die Herstellung paraffinierter bzw. gewachster Papiere ist heute in der Papierveredlung ein namhafter Faktor. Die veredelnden Eigenschaften, die dem Papier durch die Behandlung mit den verschiedenen Paraffin- bzw. Wachsarten übertragen werden können, eröffnen dem gewachsten bzw. paraffinierten Papier, in Sonderheit als Verpackungsmaterial, eine überragende Verwendbarkeit.

Mit Paraffin- bzw. Wachs behandelte Papiere verfügen nicht nur über eine weitgehende Wasserundurchlässigkeit, Dampf- und Fettdichte, eine bestimmte Chemikalienbeständigkeit, Korrosionsbeständigkeit gegenüber verschiedenen Metallarten usw., sondern Wachspapiere sind auch hygienisch vollkommen einwandfrei, so daß dieses Material in der Lebens- und Genußmittelbranche als Frischhaltepackung in besonderem Maße prädestiniert ist.

Paraffine bzw. Wachse kommen heute abgestimmt auf die verschiedenen Papierveredelungszwecke auf den Markt. Es ist daher empfehlenswert, beim Bezug von Wachsen der Herstellerfirma jeweils den Verwendungszweck aufzugeben, so daß dann die bestgeeignete Wachsqualität für den betreffenden Arbeitsvorgang Verwendung finden kann. In vielen Fällen werden Wachse auch mit besonderen Beimischungen, wie Polyäthylen usw., geliefert. Durch sogenannte Imprägnierwachse erhalten Papier- und Kartonbahnen eine ein- oder doppelseitige Wachsauflage, wobei die Eindringungstiefe des Wachses in die Papier- bzw. Kartonbahn durch Temperatur, entsprechende Wahl der Wachssorten und die Art des Auftragverfahrens bestimmt werden kann. Zum Duplieren, Kaschieren und Kleben von Papier-, Karton- und Folienbahnen haben sich in besonderem Maße die Mikrowachse eingeführt.

Schließlich kommen heute schon sogenannte Wachsemulsionen auf den Markt, die kalt verarbeitet werden können. Trotz des kaum feststellbaren Wachsauftrages auf den Papier- oder Kartonbahnen verleihen diese Wachsemulsionen eine weitgehende Feuchtigkeitsundurchlässigkeit, wobei die nachträgliche Bedruckbarkeit der Papier- und Kartonbahnen erhalten bleibt.

Wohl kaum ein Papierveredlungs-Material kann so auf die jeweiligen Erfordernisse der Praxis abgestimmt werden und ist in so vielseitiger Qualität im Handel erhältlich, als Paraffine und Wachse. Auf Grund der vielseitigen Verwendbarkeit und Reichhaltigkeit an Wachsqualitäten unterscheidet man heute Wachse, geeignet für nachfolgende Wachspapiersorten:

a) trocken gewachste Papiere,
b) feucht gewachste Papiere,
c) Wachs-Duplo- und Triplexpapiere,
d) Wachs-, Papier- und Folien-Kaschierungen.

Unter sogenannten Trockenwachs-Papieren versteht man solche, denen das Wachs derart einverleibt ist, daß dieses auf der Papieroberfläche kaum wahrnehmbar ist. Vielmehr ist das Wachs tief in die Papierbahn eingedrungen und hat sich zwischen den einzelnen Papierfasern verteilt. Trocken gewachste Papiere sind allerdings nur beschränkt feuchtigkeitsundurchlässig und hängt der Feuchtigkeitsundurchlässigkeitsgrad davon ab, wie stark die Wachsablagerung zwischen den einzelnen Papierfasern erfolgt.

Für manche Fälle sind diese sogenannten Trockenwachspapiere infolge des äußerlich kaum feststellbaren Wachsauftrag als kurzlebiges Einschlagmaterial für Lebensmittel usw. sehr erwünscht.

Die Imprägnierung bzw. das Durchfluten der Papierbahn mit Wachs wird erreicht erstens durch entsprechende Wahl der Wachsqualität und weiter durch eine entsprechende Warmbehandlung der gewachsten Papiere auf der Wachsmaschine. Der Wachsauftrag selbst kann auf der Wachsmaschine auf die Papierbahn ein- oder auch doppelseitig erfolgen oder auch direkt durch Tauchen der Bahn in der Wachsmulde. Es versteht sich von selbst, daß durch entsprechende Dosiereinrichtungen in der Wachsmaschine die Menge des der Papierbahn einzuverleibendes Wachses bestimmt werden kann.

Im Gegensatz zu den Trockenwachspapieren tragen die Feuchtwachspapiere das Wachs als dünne homogene Schicht auf der Außenseite. Diese äußere Beschichtung der Papierbahn kann nach Wahl ein- oder doppelseitig erfolgen. Weiter kann die Dicke der auf die Papierbahnen aufzutragenden Wachsschicht auf der Wachsmaschine weitgehend bestimmt werden. Je nach der gewünschten Wasserdampfundurchlässigkeit wird man die Beschichtung dicker oder dünner vornehmen.

Gewiß findet auch bei den Feuchtwachspapieren ein entsprechendes Eindringen des Wachses zum Zwecke der Verankerung mit der Papierbahn statt. Dieses Eindringen des heißen Wachses in die Papier- oder Kartonbahn wird jedoch auf der Wachsmaschine schlagartig unterbunden, indem die wachsbeschichtete Bahn einer plötzlichen, kräftigen Abkühlung unterzogen wird. Diese momentane Abkühlung der Bahn geschieht durch Einführen derselben in Eiswasser, ein Verfahren, das in Amerika oft angewandt wird. In Europa dagegen wird das Abkühlen der Bahn durch Überführung derselben über wasser- oder solegekühlte Zylinder bevorzugt. Von der Art der stoßartigen Abkühlung der wachsbeschichteten Bahn ist die Glanzbildung der Wachsschicht weitgehend abhängig, insofern als durch diese plötzliche Abkühlung das Wachs eine kristalline Form annimmt und daraus eine Reflexwirkung der Wachsschicht resultiert.

Im Gegensatz zur Trockenwachsung wird durch dieses Feuchtwachsen die Papierbahn nach außen durch homogene Wachsschichten abgeschirmt. Je nach Stärke der Wachsschicht, der Wahl der Papierqualität und der jeweiligen Wachssorte ist diese Abschirmung mehr oder weniger vollkommen. Ohne Zweifel kann bei Beachtung entsprechender Voraussetzungen ein Optimum an Wasserdampfundurchlässigkeit erreicht werden.

Der Auftrag der Wachsschichten auf die Papierbahn kann nach dem sogenannten Walzenauftragverfahren, dem Tangential-Auftragverfahren oder nach dem Tauchprinzip erfolgen. Wesentlich ist für die Qualität der Wachspapiere die Egalisierung der Wachsschicht auf der Papierbahn. Moderne Wachsmaschinen verfügen über Egalisiereinrichtungen, durch welche eine gleichmäßige Beschichtung der Papier- oder Kartonbahnen während des gesamten Arbeitsprozesses gewährleistet wird.

Zweibahnige, wachsgeklebte Papiere, auch Duplopapiere genannt, kommen heute für Frischhaltepackungen oder feuchtigkeitsundurchlässiges Verpackungsmaterial in der chemischen Industrie sowie auch als Patronenpapier usw. in umfangreichem Maße zur Anwendung. Bei wachsgeklebten Duplo- oder Triplexpapieren liegen die Wachsschichten zwischen den einzelnen Papierbahnen eingebettet, so daß diese Wachsschichten von außen in den seltensten Fällen erkennbar sind. In den Fällen, bei denen es nicht erwünscht ist, das Wachs mit den zu verpackenden Gütern in Berührung zu bringen, sind Duplooder Triplexpapiere ein ideales Verpackungsmaterial. Die zwischen den Papierbahnen eingeschlossenen homogenen Wachsschichten bilden eine Barriere, die Feuchtigkeit von außen nach innen oder auch von innen nach außen nicht durchdringen läßt. Es sind deshalb auch Wachs-Duplo- oder Triplexpapiere, wenn auch ein etwas teueres, so doch ein äußerst zweckmäßiges, konservierendes, hygienisch einwandfreies Verpackungsmaterial für hochwertige Güter.

Die Mehrfachwachsklebung wird heute ebenfalls auf den modernen Hochleistungswachsmaschinen in präziser Form durchgeführt. Auch ist hier die Gleichmäßigkeit der eingeschlossenen Wachsschichten, die Verwendung der Wachsqualität, die Art des Wachsauftrages und der Kühlung für die Qualität der Wachspapiere bzw. dem guten Haftvermögen der Papierbahnen untereinander entscheidend. Für Wachsklebung hat sich heute infolge der überragenden Eigenschaften Mikrowachs in besonderem Maße eingeführt.

Wachsgeklebte Verbundmaterialien, beispielsweise bestehend aus Papier-, Karton- und verschiedenen Folienarten, erlangen heute als sogenannte Edelverpackungen eine immer größere Bedeutung. Ich verweise diesbezüglich beispielsweise auf eine, auf dem Markt weitgehend bekannte Margarineverpackung, die aus einer Papierbahn, einer Kunststoffolie und einer Metallfolie besteht, wobei die einzelnen Bahnen durch eine Wachsklebung miteinander verbunden sind. Die Eigenschaften der einzelnen, verschieden gearteten Materialbahnen addieren sich zu einer Komponente. Die sich daraus ergebenden überragenden Eigenschaften machen dieses Material als Edelverpackung zur Frischhaltung und Konservierung von Nahrungs- und Genußmitteln im besonderen geeignet.

Es ist selbstverständlich, daß zur Herstellung derartiger diffiziler Materialien, konstruktiv hochentwickelte Präzisionsmaschinen in Frage kommen müssen. Je geeigneter die Wachsmaschine, desto besser die Wachspapierqualität. Die Abbildung Tafel I zeigt eine moderne Hochleistungs-Maschine, auf der sich alle vorbeschriebenen Arbeitsgänge in präziser Form durchführen lassen. Die Seele dieser Maschine sind Auftragwerke, die sich auf die verschiedenen Auftrag- und Beschichtungsverfahren und auf den Charakter der zur Verwendung kommenden Auftragmassen sowie Papier und Folienarten individuell einstellen lassen. Bei den differenten Materialien, die heute zur Verarbeitung kommen und den verschiedensten, aus der Praxis gestellten Anforderungen, ist dieser Einstellungsmöglichkeit der verschiedensten Arbeitsverfahren höchste Beachtung beizumessen. Elektrische Beheizungseinrichtungen sorgen in Verbindung mit automatischen Temperatur-Regelanlagen für eine absolut gleichbleibende Verarbeitungstemperatur der Auftragsmassen während des ganzen Arbeitsganges. Besonders durchgebildete Klebestationen für Papier- und Folienklebung sowie großangelegte Kühlpartien gewährleisten nicht nur die Erzeugung eines erstklassigen Qualitätsmaterials, sondern lassen auch höchste Arbeitsgeschwindigkeiten zu. Moderne druckknopfgesteuerte Antriebs- und Schaltanlagen ermöglichen eine leichte, übersichtliche Bedienung der Maschine von einem Führerstand aus.

Während das Vorhergegangene insonderheit auf die Veredelung von Papierbahnen usw. durch Wachs abgestimmt ist, trifft das gleiche auch für Kartonbahnen oder Kartonbogen zu. Innenseitig oder außenseitig gewachste Faltkisten aus Karton und Wellpappe sind heute eine alltägliche Erscheinung, und es kommen heute Wachsmaschinen auf den Markt, auf denen sowohl Karton von der Bahn als auch stärkere Pappen in Bogen gleich gut ein- als auch doppelseitigen Wachsauftrag erhalten können. Tafel II zeigt eine Paraffinier- und Kaschiermaschine, die für das Arbeiten von der Rolle auf Rolle mit Ab- und Aufrollung ausgestattet ist.

II. Kapitel

Die Oberflächenveredelung des Papiers

Das Gummieren

ist eine praktische Erfahrung voraussetzende Arbeit. Jahre intensiver Arbeit waren dazu notwendig, um im Verein mit der Technik Hilfsmittel zu schaffen, die ein vollendetes Ergebnis gewährleisten. Es kommt aber nicht allein auf die mechanischen Hilfsmittel an, um eine gute Arbeit zu erzielen, sondern auf die genügende Erfahrung der bedienenden Personen und nicht zu allerletzt auf den zur Verwendung kommenden Klebstoff. (Papier krümmt sich immer nach der gummierten Seite.) Die an eine gute Gummierung gestellten Ansprüche gipfeln darin, daß das gummierte Papier nicht rollt, eine möglichst dünne, aber klebefähige Schicht aufweist und nicht hygroskopisch ist, also nicht das Bestreben hat, die Feuchtigkeit der Luft aufzunehmen, wodurch besonders bei dünnen Papieren das Einrollen begünstigt wird.

Die verschiedenartigen Maschinen für den Zweck des Gummierens können an dieser Stelle nur angedeutet werden. Darunter sind die großen Gummiermaschinen zu erwähnen, die sich vorwiegend für die Massenarbeit eignen. Ferner sind die Anleim- und Gummiermaschinen nach dem Einwalzen- und Zweiwalzensystem zu erwähnen, die aber nicht sämtlich als zulänglich für eine gute Gummierung betrachtet werden können; insbesondere nicht solche Maschinen, wo die Walzen in offenen Schlitzen der Maschinenseitenteile laufen, ohne jede zwangsweise Führung und ohne eine genügende Regulierung der Auftragsschicht. Bei der Wahl der Klebstoffe ist außerordentlich sorgfältig zu verfahren. Nicht jeder beliebige Klebstoff ist für das Gummieren geeignet. Es empfiehlt sich, nur die besten Qualitäten zu wählen, und vorher eingehende Versuche anzustellen. Im allgemeinen wird Gummiarabicum in einem größeren Behälter unter Wasser gesetzt. Nachdem die Masse einige Tage gestanden hat, rührt man gut um, siebt das Ganze, um Fremdkörper, wie Baumrinde, Holzstückchen usw. zu beseitigen, die in jedem Naturprodukt vorhanden sind. Gummiarabicum hat, wie alle Naturprodukte, die Eigenschaft, in aufgelöstem Zustande sauer zu werden. Dies wird durch einen geringen Zusatz von Alaun oder Formalin verhindert, nur darf nicht zuviel dieser Chemikalien benutzt werden, weil sei auch gleichzeitig die Eigenschaft haben, Gummi zu härten, also unlöslich zu machen. Unter Berücksichtigung des Preises von Gummiarabicum ist es ratsam, Gummierleime der bekanntesten Kaltleimfabriken zu verwenden, die die Nachteile von Gummiarabicum nicht haben. Bevor wir die lange Liste der streichfertigen Kunstleime kannten, war das Gummi-

arabicum das Universalklebemittel. Obgleich sie nicht ganz ohne Nebenerscheinungen verwendet werden können, ist man doch dazu übergegangen, die Spezial-Gummier-Kaltleime im größeren Umfang zu benutzen. Die Klebemittel als Ersatz für Gummiarabicum lassen sich leichter auflösen, ein Sieben ist unnötig, die Verwendungsmöglichkeit ist einfacher, und ein Sauerwerden des Produktes findet nicht statt. Eine leichte Schimmelpilzbildung in aufgelöstem Zustand ist nur selten festzustellen, die darauf zurückzuführen ist, daß die Ware nicht scharf genug mit haltbarmachenden Chemikalien durchsetzt werden kann. Die Schimmelpilzbildung ist aber unschädlicher Natur und nimmt dem Klebstoff keineswegs seine guten Eigenschaften. Auch Dextrin, den man kocht, wird des öfteren verwendet.
Ferner bildet das Trocknen der gummierten Bogen eine häufig beklagte Schwierigkeit. Man hat verschiedene Wege eingeschlagen, die das Trocknen der Bogen begünstigen oder vereinfachen sollen. Man kann aber nicht behaupten, daß alle die angewendeten Mittel glücklich gewählt wären. Die gebräuchlichste Art der Trocknung ist diejenige auf Horden. Aufeinanderstellbare Rahmen nehmen die gummierten Bogen auf und sorgen infolge genügender Abstände dafür, daß reichlich Luft über die Oberfläche der gummierten Bogen zum Zwecke der Trocknung streichen kann. Auch hat die Industrie Trockenvorrichtungen geschaffen, die ebenfalls aus Horden zusammengesetzt sind, nur mit dem Unterschied, daß die Horden in einem Gestell mechanisch hochgeführt werden und zuerst an der Decke vorbeigeführt werden. Am entgegengesetzten Ende der Trockenvorrichtung fallen die Horden einige Zentimeter herunter und machen den Weg zickzackweise bis zum Fußboden durch. Durch diese Vorrichtung werden die gummierten Bogen auf einen verhältnismäßig kleinen Raum beschränkt, einen langen Weg geführt und durch die Luft getrocknet Eine entsprechend hohe Temperatur des Arbeitsraumes ist natürlich zu empfehlen, um den Trockenprozeß zu verkürzen. Zu hohe Temperatur krümmt die Bogen, und es können sich daher im Apparat leicht Rollen bilden! Schließlich werden auch Maschinen in Verbindung mit sogenannten Parforce-Trocknungen hergestellt. In Verbindung mit einer Gummiermaschine wird eine Transportbahn gebracht, die auf einer Länge von 5 bis 10 m einen das Band umschließenden Heizkasten hat. Die heiße Luft wird durch das Gas oder elektrische Heizung erzielt und entsprechend auf direktem Wege oder indirekt durch Ventilatoren auf die Transportbahn geführt. Die Einwirkung einer Hitze von 60 bis 100 Grad ist wohl in der Lage, auf einem verhältnismäßig beschränkten Wege die Papierbogen zu trocknen, nur rollt sich das Papier, oder es wird wellig, oder die Hitze zieht Bläschen. Auf jeden Fall ist das Resultat unbefriedigend und unzulänglich. Diese Erscheinung ist schließlich auch nicht schwer zu erklären, denn es wird durch die Parforce-Trocknung verhindert, daß das Papier die auf der Oberfläche befindliche Feuchtigkeit annimmt, wodurch eine ungleichmäßige Ausdehnung herbeigeführt wird, die ein Rollen und Werfen des Papiers her-

beiführt. Diese Erfahrungen haben dazu geführt, daß die Lufttrocknung bei gummierten Papieren ausschließlich angewandt wird. Einfacher sind jetzt die von den Spezialfirmen hergestellten Trockentransportenanlagen mit Infrarotheizung, die den vorher beschriebenen Heizkanälen vorzuziehen sind.

Selbstverständlich bietet die Lufttrocknung aber nicht immer unbedingte Garantie dafür, daß ein Rollen oder Werfen der Papiere ausgeschlossen ist. Es kommt einerseits auf die Dicke der Auftragsschicht an, andererseits darauf, nach welcher Richtung hin das Papier geschnitten ist. Das Papier hat stets eine gewisse innere Spannung, die durch Einwirkung von Feuchtigkeit ausgelöst wird. Schließlich verringert sich die Klebestoffauftragung durch den Wasserzusatz und zieht das Papier ebenfalls mit zusammen. Dies bedingt ein Rollen des Papiers. Trotz dieser Erscheinung werden aber überall nichtrollende gummierte Papiere angeboten und gehandelt. Es gibt nun verschiedene patentierte Verfahren, nichtrollende gummierte Papiere herzustellen. Das einfachste und bequemste aber ist es, die Bogen mit der trockenen Auftragungsschicht nach außen, rechtwinklig über eine Kante zu ziehen, wodurch die Klebstoffschicht mikroskopisch fein gebrochen wird, also die ursprüngliche Form des Papieres wieder erreicht wird.

Gerade bei der Gummierungsarbeit ist es wichtig, die Mischung des Gummiarabicums oder des Gummierleimes richtig zu wählen. Es empfiehlt sich weniger, das Produkt sehr dünnflüssig und in dicker Auftragungsschicht zu benutzen, sondern vielmehr eine dickflüssige Form und in recht dünner Auftragungsschicht: 1. geht die Trocknung bedeutend rascher vor sich, 2. wird das Papier viel weniger dadurch beeinflußt und 3. kann man bei nicht allzu dünnen Papieren sogar das nachträgliche Ausrecken fast umgehen.

Rand- und Streifen-Gummierapparate und -maschinen

Fast in jeder Buchbinderei kommen Arbeiten vor, bei denen eine Rand- oder Streifengummierung notwendig ist, die bei kleinen Auflagen von Hand ausgeführt wird. Für diese Arbeiten gibt es einfache, aber sehr leistungsfähige Maschinen, über die an dieser Stelle einige Worte geschrieben werden sollen. Seit Jahren schon wird in Buchdruckereien und bei ihnen angeschlossenen Buchbindereien für Gummieren von Anklebezetteln ein recht einfacher Randgummierapparat benutzt, der in verschiedenen Größen hergestellt wird. Ein mittlerer Stoß kommt unter eine Leimabstreichschiene zu liegen. Die einzelnen Blätter müssen im flotten Tempo abgezogen werden, um dann auf Pappen zum Trocknen ausgelegt zu werden.

Abb. 1. Die nachfolgenden Beispiele geben eine kleine Auslese der vielseitigen Verwendbarkeit des P r a k m a - Randgummierers.

Die bekannten Gummier- und Anleim-Maschinen mit geradeauslaufendem Transportband verschiedener Spezialfirmen mit unverdecktem Einlegetisch wurden dahingehend vervollkommnet, daß durch Auswechslung von zwei Walzen ohne weiteres eine Rand- oder Streifengummierung möglich ist. Für die Besitzer solcher Maschinen sei darauf hingewiesen, daß die notwendigen Teile-Scheiben in jeder Breite, die aneinandergefügt werden, nachbezogen werden können.
Durch die Verstellung der seitlichen Anlegewinkel sind die Randgummierbreiten auch veränderlich. Führungsscheiben und -Rollen bewirken eine absolut gradlinige Durchführung, so daß die Gummierung selbst bei 1 bis 2 mm Breite unbedingt parallel zur Kante verläuft. Sollen beispielsweise Papierblätter an zwei Rändern zu gleicher Zeit beleimt werden, so ist lediglich eine zweite Leimscheibe erforderlich, wobei noch zu berücksichtigen ist, daß diese Leimscheiben sowohl als auch die Führungsrolle seitlich leicht verstellt werden können.

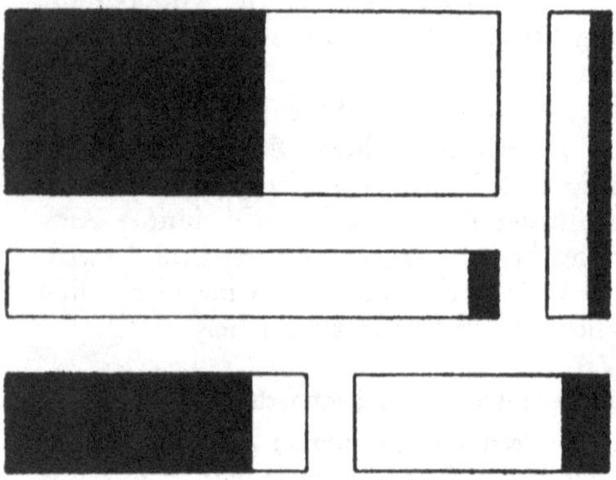

Abb. 2

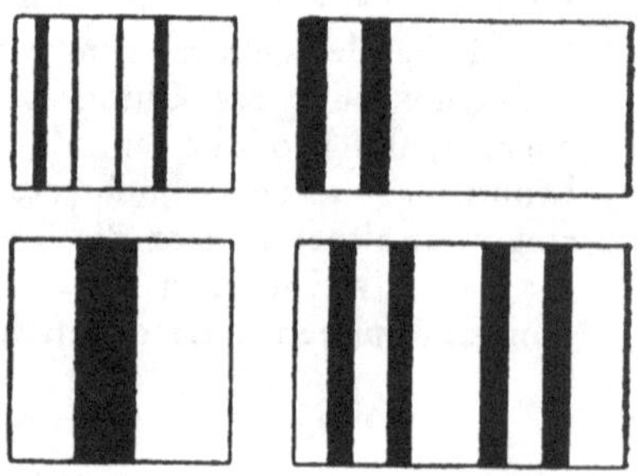

Abb. 3

Wird eine streifenweise Gummierung verlangt, die also mit der Kante des Papierblattes nicht abschließt, so sind lediglich Leimscheiben in entsprechender Anzahl und Breite erforderlich, die sich ebenfalls auf der Achse seitlich verschieben und selbstverständlich auch gegen andere Breiten auswechseln lassen. Diese Rand- oder Streifen-Gummiermaschine arbeitet äußerst rationell, denn die Einlegerin hat weiter nichts zu tun, als Blatt hinter Blatt in die Maschine zu führen, während am Ende des Transportbandes ein weiteres Mädchen die Blätter zum Trocknen schuppenartig auslegt. Ist genügend Raum vorhanden, dann kann das Transportband so lang gewählt werden, daß bei dünner Gummierung bereits am Ende des Transportbandes der Leim trocken ist. — Weit rationeller ist es, wenn die Maschine mit einem Trockenkanal mit einer

Infrarotheizung zur Aufstellung kommt und so am Auslauf sich die Bogen im Auffangkasten stapeln.
Wer auf das Transportband verzichten muß und sich mit geringer Leistung begnügt, findet auch in den neuen Präzisions-Schnellauftragmaschinen ein Modell, welches sich ebenfalls für Rand- und Streifengummierung eignet. Die Streifengummierung fällt auf Grund der äußerst zuverlässigen Arbeitsweise der Zweiwalzenmaschinen gleichmäßig aus, d. h. die Leimstreifen find am Rand scharf begrenzt und wulstfrei. Auch für vorhandene Anleimmaschinen für kleinere Breiten kann die Rand- oder Streifengummiereinrichtung nachgeliefert werden. Handelt es sich darum, Karton oder Pappe zu gummieren, so ist eine Druckwalzenpartie erforderlich. Besonders gute Dienste leistet die Randgummiermaschine bei der Herstellung von Schreibmaschinen-Postkarten mit anhängenden Adreßklappen sowohl bei Einzelstreifen als auch im ganzen Bogen.

Das Krauswerden der Ränder bei Randgummierungen und Randklebungen

Das Krauswerden der Ränder beim Randgummieren, Ankleben von Blättern und Beutelklebung ist in der Struktur des Papiers begründet. Sobald die Gummier- oder Klebenaht in der Querrichtung der Papierbahn liegt, entstehen besonders bei dünneren Papierarten, nach dem Auftrag des Gummier- oder Klebemittels infolge starker Dehnung des Papiers mehr oder weniger kleine Fältchen, die eine einwandfreie Gummierung oder glatte Klebung nicht aufkommen lassen. Bei diesem Übelstand, z. B. beim Ankleben von Blättern, spielt nicht allein die Beschaffenheit der Papiere, sondern auch die Art des Klebemittels eine Rolle. Bei Verarbeitung von dünnem Papier und Verwendung kleisterartiger Klebstoffe kommt das Krauswerden der Ränder besonders stark zum Ausdruck. Es kann deshalb gar nicht oft genug darauf hingewiesen werden, daß bei Anklebeblättern und bei gummierten Erzeugnissen die mit Klebestoff zu versehende Seite stets in der Längsrichtung der Papierbahn liegen soll. Bei Beutelzuschnitten für Flach- und Faltenbeutel wird, vorausgesetzt, daß es die wirtschaftliche Ausbeute zuläßt, der Zuschnitt so ausgeführt, daß die längere Klebenaht mit der Längsrichtung der Papierbahn läuft. während das Krauswerden an den kurzen Beutelseiten mit in Kauf genommen werden muß.

Anleimen, Gummieren und Lackieren von Papier in Bogen und Rollen

Während das Glätten, Färben und Streichen des Papiers in den Papier erzeugenden Unternehmungen vorgenommen wird, sind Anleimen, Gummieren und Lackieren Arbeitsprozesse, die in den Werkstätten der Papierverarbeitung selbst ausgeführt werden. Soweit das Papier nicht für Druckzwecke verwendet wird, wird es zu einem sehr großen Teil in Kartonagenfabriken und Papierverarbeitungswerken zu Packungen gebraucht, oft derart, daß es mit irgendeiner Pappe oder einem Karton zusammengeklebt wird, wodurch ein doppelter Zweck verfolgt wird. Einmal soll die Verpackung durch die Verwendung des Kartons eine besondere Festigkeit erlangen und zum anderen soll durch Aufkleben eines Papierüberzuges die Schachtel ein wirkungsvolles und schöneres Äußere erhalten. Dieses Bekleben von Pappe und Karton mit Papier ist hauptsächlich bei billigem Kartonmaterial notwendig. Das gummierte oder beleimte Papier wird entweder aufkaschiert, d. h. das Papier wird sofort mit Hilfe der feuchten Leimschicht aufgeklebt, oder das Aufkleben des beleimten oder gummierten Papiers kann auch erfolgen, nachdem die Leimschicht wieder getrocknet ist. In letzterem Falle muß die Klebefähigkeit des getrockneten Leimes durch Hitze wieder erzeugt werden. Die Verbindung des gummierten Papieres mit dem Karton erfolgt zu diesem Zwecke unter Verwendung von besonderen Zieh- bzw. Prägewerkzeugen auf entsprechenden Zieh- und Prägepressen. Das letztgenannte Arbeitsverfahren wird in umfangreicher Weise verwendet bei der Herstellung von Kappenschachteln, Vorstehrandschachteln, verschiedenen Pappformen, wie Ostereier, Früchten usw. Das Bestreichen des Papieres mit Leim für die Zwecke der allgemeinen Verarbeitung in der Buchbinderwerkstatt oder im Kartonagenbetrieb wird in der Fachwelt als Anleimen oder Anschmieren bezeichnet. Im Gegensatz zu der Bezeichnung Gummieren legt man auf die Feinheit und Glätte des Auftrages keinen allzu großen Wert. In erster Linie muß das Aufstreichen genügen, um ein intensives Zusammenkleben des Papieres mit dem Karton bzw. Papier zu ermöglichen. Für dieses Anleimen des Papieres hat die einschlägige Industrie außerordentlich praktische Maschinen herausgebracht, die im wesentlichen wie folgt konstruiert sind:

Die Bogen werden auf einem Anlegetisch an die Maschine herangebracht, durch Einführungswalzen erfaßt und gleichmäßig sogenannten Leim- oder Auftragswalzen zugeführt, die aus einem Behälter Klebstoff entnehmen. Nachdem auf den Bogen mit den rotierenden Walzen Klebstoff übertragen worden ist, wird der Bogen durch Abnehmer, die mit ihren Spitzen auf der Leimauftragswalze aufliegen, wieder von der Walze abgehoben und entweder durch Hand von der bedienenden Person oder durch ein automatisch arbeitendes Transportband aus der Maschine entfernt. Im Prinzip besitzt fast jede Anleimmaschine die vorerwähnten Bestandteile, natürlich in allen möglichen Abwandlungen, je nach dem Verwendungszweck der Maschine und den an sie gestellten Anforderungen.

Wo gummiert wird, kommen gewöhnlich auch Klebe- und Kaschierarbeiten vor, bei denen das sogenannte Anreiben eine große Rolle spielt. Hierfür wurde eine Anreibemaschine geschaffen mit zwangsläufig geführten und angetriebenen Walzen, die auch bei einseitigem Durchlassen des Arbeitsgutes ihre parallele

Stellung zueinander behalten. Der Anreibedruck ist durch ein Handrad zentral einstellbar — diese Anreibemaschine ist auch für Fließbandzuführung geeignet, so daß für den ganzen Anreibeprozeß einschließlich Einführung und Abnahme keine Zeit zu berücksichtigen ist. Faltenfreie, glatte und saubere Kaschierungen werden unter Zuhilfenahme der Anreibemaschine erreicht.

Folienkaschiermaschinen *)

Bei der Konstruktion der Maschine wurde ganz besonders auf die Empfindlichkeit der zu verarbeitenden Materialien Rücksicht genommen. Die hohen Ansprüche, die heute allgemein aus Käuferkreisen an kaschiertes Material gestellt werden, verlangen eine sehr präzise Ausführung unter Anwendung entsprechend hochwertiger Materialien.

Höhere Leistungen als vorstehend genannt, werden mit Maschinen erreicht, die zusätzlich entweder mit einem Trockenkanal oder aber mit einem weiteren Trockenzylinder ausgestattet sind.

In solchen Fällen erscheint es empfehlenswert, die Abrollungen und die Aufrollung so auszubilden, daß beim Rollenwechsel ein kontinuierliches Arbeiten ermöglicht wird.

Die optimalen Geschwindigkeiten der Anlage richten sich im wesentlichen nach der Qualität und dem Grammgewicht des zu kaschierenden Materials, nach der Leimart und der Leimauftragstärke. Als Durchschnittsgeschwindigkeit kann beim Kaschieren von Papieren um 60 g/qm mit 50—60 m/min gerechnet werden und beim Kaschieren von Seidenpapieren bis 20 g/qm mit etwa 90 m/min.

B e d i e n u n g s s t a n d : Die Papierabrollung, die Folienabrollung, das Aufwerk und die kaschierte Materialbahn können von einem zentralen Standort aus bedient und beobachtet werden. Die Friktions-Aufrollvorrichtung befindet sich hinter der Bedienungsperson, so daß auch diese Station leicht unter Kontrolle zu halten ist.

A u f t r a g w e r k : Besondere Sorgfalt wurde der Ausbildung des Auftragwerkes zugewandt, mit dem es möglich ist, dünnste, völlig gleichmäßige Aufträge über die volle Bahnbreite aufzubringen. Es kann wahlweise die Alufolienbahn oder die Papierbahn beleimt werden.

E i n s a t z b e r e i c h : Die Maschine gestattet die Durchführung von Kaschierarbeiten unter Verwendung von Papieren im Gewicht ab 20 bis 300 g/qm und handelsüblichen Aluminiumfolien im Gewicht ab etwa 9 mü; zur Verwendung können übliche Kalt- und Heißleime kommen bzw. bei entsprechender Ausbildung der Maschine auch Wachse und Paraffin.

T r o c k n u n g : Eine intensive Kontakttrocknung wird durch Führung der kaschierten Bahn um den Zylinder mit einem Durchmesser von 2 m unter

*) Die Ausführungen sind eine Besprechung der Folienkaschiermaschine der Jagenberg-Werke Akt.-Ges., Düsseldorf.

Ausnutzung eines besonders günstigen Umschlingungswinkels gewährleistet. Der Trockenzylinder wird im Umluftbetrieb mittels Warmluft geheizt; die Kontakttrocknung durch intensives Aufblasen von Heißluft über einen um den Zylinder angeordneten Heißluftkanal. Die Temperatur des Zylinders und der Heißluft kann, um sich der Trocknung der verschiedenen Materialien leicht anpassen zu können, unterschiedlich gehalten werden.
Die Beheizung der Lufterhitzer kann über Dampf in einer Spannung von 2.5 atü erfolgen; sofern kein Dampf zur Verfügung steht, wäre es natürlich auch möglich, die Beheizung über Strom durchzuführen.

Nachpreßwalze: Die hinter dem Zylinder angeordnete Anpreßwalze hat sich in der Praxis ganz hervorragend bewährt. Sie hat die besondere Aufgabe des Nachpressens der bereits angetrockneten kaschierten Bahn bzw. der Spannungshaltung der Bahn um den Zylinder. Die Walze ist in ihrem Auflagedruck einstellbar.

Aufrollung: Die Aufrollung der kaschierten Bahn erfolgt mittels in der Praxis vielfach bewährter Aufrollvorrichtung. Die auf der sich aufwickelnden Rolle be-und entlastbar angeordnete Stahlwalze vermittelt durch die besondere Wicklungsart eine saubere, mittelharte Wicklung und gestattet durch die Papierführung eine gewisse Ausbügelwirkung, was gerade für diffizile Materialien einen besonderen Vorteil hat.

Antrieb: Für den Antrieb der Maschine wird entweder ein Reguliermotor, Regelbereich 1 : 15, oder aber ein Kurzschlußläufermotor in Zusammenarbeit mit einem Reguliergetriebe empfohlen.

Die Leimkaschiermaschine, Modell „Grota E 200“ (Kroenert)

Die „Grota E 200“ ist eine Leimkaschiermaschine, die sich durch große Trokkenleistung auszeichnet und durch ihre Spezialkonstruktion in der Lage ist, Kaschierungen mit hohen Arbeitsgeschwindigkeiten wirtschaftlich durchzuführen. Die Maschine hat sich den Namen als „schnellste Leimkaschiermaschine Europas“ erworben (Tafel III).
Auf der Maschine können Papiere von 20 g/m² bis zu Kartonen von 300 g/m² verarbeitet werden. Bei Verwendung geeigneter Leime und entsprechender Papiere sind Arbeitsgeschwindigkeiten bis zu 150 m/min. möglich. Durch eine einfache Umstellung der Kaschierstation sind Kaschierungen mit Kunststoffleimen und Dispersionen gegeben. Die Kaschierwalze ist heizbar und unterstützt damit die Dispersionskaschierung.
Die Drehrichtung des Auftragwerkes läßt sich umkehren, es kann die Folie im Gleich- oder Gegenlauf mit dem Leim bestrichen werden. Die Leimkastenwalze läuft zur Übertragungswalze mit langsamerer Geschwindigkeit, um eine gute Verreibung des Leimes zu erreichen.
Alle Walzen im Leimauftragwerk sind mit Einhebel-Exzenterabhebung versehen, die eine schnelle und präzise An- und Abstellung gewährleisten.

Die Leimwalzen sind mit Abstreifern ausgerüstet, um ein spritzfreies Arbeiten bei jeder Drehzahl zu ermöglichen.
Der Leimkasten kann durch Zahnstangentrieb gehoben oder abgesenkt werden.
Die Papierabrollung besitzt eine Balleneinhebevorrichtung, mit der mühelos Ballen bis 1,5 t Gewicht von Hand eingehoben werden können. Als Bremse ist eine hochwirksame Friktionsbremse angeordnet. Die Ballenwelle hat Schnellspannkonen und Klapplager mit Schnellverriegelung.

Die Folienabrollung ist auf Wälzlagern in kreuz-verstellbaren Schlitten gelagert. Die Abrollspindel hat an jedem Ende eine groß ausgelegte Backenbremse. Durch diese Konstruktion ist gegeben, daß die Folie faltenlos vom Ballen abgezogen werden kann.

Die Folienleitwalzen können durch Exzenterschnellverstellung dem Folienlauf entsprechend eingestellt werden.

Nach dem Verlassen des Auftragwerkes wird die kaschierte Bahn auf die beiden 2 m Ø großen Heizzylinder gebracht und hier getrocknet. Durch die intensive Berührungswärme wird die Feuchtigkeit sehr rasch aus der Ware entfernt. Die Heizzylinder werden von innen elektrisch beheizt. Durch eine sinnvoll konstruierte Luftumwälzung innerhalb der Zylinder wird vermieden, daß die Heizzylinder während des Maschinenstillstandes örtlich überhitzt werden.
Die Heizstäbe sind in gleichen Abständen auf einem Reflektorring angeordnet und in Heizgruppen unterteilt, die einzeln geschaltet werden können. Über einen Thermostat, der dicht an der Zylinderoberfläche angebracht ist, wird eine Heizgruppe automatisch geregelt.

Zusätzliche über dem Heizzylinder und senkrecht am letzten Heizzylinder angeordnete Luftduschen verstärken die Heizleistung und sorgen dafür, daß der an der Bahn entstehende Dampfschleier zerrissen wird.

Die Heizzylinder werden über einen Regeltrieb angetrieben; es kann damit die Umfangsgeschwindigkent der Trommeln genau der Bahngeschwindigkeit angepaßt werden.

Nach dem Verlassen der Heizzylinder wird die Bahn über eine Kühlwalze geführt und hier vor dem Aufrollen abgekühlt.

Die Aufrollung erfolgt entweder durch Tragwalzenaufrollung oder mit direkter Aufwicklung. Durch Umsetzen von Zahnrädern ist es möglich, die Drehrichtung der Aufwickelwalzen oder Spindel umzukehren.

Auf Wunsch kann auch eine Besäum- und Trenneinrichtung am Aufrollgestell vorgesehen werden.

Mit einer durchgehenden Längswelle und spiralverzahnten Kegelradgetrieben, die im Ölbad laufen, werden die einzelnen Werke der Maschine angetrieben. Die Kraftübertragung vom Motor zur Längswelle geschieht über Keilriemen

und Lamellenkupplung. Durch ein sinnvoll angebrachtes Hebelgestänge kann die Kupplung von mehreren Plätzen der Maschine aus bedient werden.
Ein über der Längswelle angebrachter Laufsteg gestattet ein gutes Bedienen der Maschine, ein müheloses Einziehen der Bahn und ermöglicht eine gute Beobachtung der Ware.
Auf Wunsch wird die „Grota E 200“ mit einem Lackierwerk ausgestattet. Es kann dann auf die kaschierte Bahn ein Lackauftrag von etwa 2 g/m² im gleichen Arbeitsgang aufgebracht werden.
Das Lackierwerk und das Leimwerk werden über Freilaufräder zusätzlich durch ein Selbstlaufgetriebe angetrieben, so daß bei Stillstand der Maschine ein Weiterlauf der Auftragwerke gegeben ist. Alle elektrischen Schalter können von einem zentralen Schaltschrank aus bedient werden. Signallampen geben dem Maschinenführer optisch Aufschluß über die Schaltvorgänge.
Bei der Konstruktion wurde größter Wert darauf gelegt, die Bedienung der Maschine so einfach und zweckentsprechend zu gestalten, daß mit einem Minimum an Arbeitskraft und Personal eine schnelle und störungsfreie Produktion gewährleistet ist. Die einzelnen Maschinenelemente sind kräftig ausgeführt und verleihen der Maschine einen ruhigen, erschütterungsfreien Lauf. Durch die überwiegende Verwendung von Wälzlagern bedarf die Maschine fast keiner Wartung.
Zusätzliche Einrichtungen, wie Lackumlaufanlage, doppelte Folienabrollung, Schwenkabrollung für Papier und Zulaufeinrichtung für Leim tragen dazu bei, die Wirtschaftlichkeit der Maschine weiter zu erhöhen.

Die neuzeitliche Entwicklung der Klebstoffe und der Klebetechnik

Von Adolfhanns Schirmann, Konstanz/Bodensee *)

Was könnte an schlechter Arbeit, mangelhafter Klebung, Schäden, Verlusten und Ärger alles vermieden werden, wenn der sich seit etwa drei Jahrzehnten unaufhaltsam vorwärtsdrängenden Entwicklung der Klebstoffe wie der Klebetechnik mehr Beachtung geschenkt würde. Wenn man endlich erkennen und danach handeln würde, daß man zwar, von wenigen ausgefallenen Ausnahmen abgesehen, alles kleben kann, jedoch nicht mit jedem x-beliebigen vorhandenen Klebstoff, geschweige denn mit einem sogenannten „Alleskleber“, sondern nur mit dem für jeden Arbeitsgang bzw. Arbeitstechnik und jedes Material besonders entsprechenden Spezialklebstoff.

*) Von Adolfhanns Schirmann — einem bekannten Klebstoffspezialisten erschien das Fachbuch „Das Einmaleins der Klebetechnik“. Format 15 × 23 cm, 336 Seiten, 178 Abbildungen, Preis DM 20,80. Es ist zu beziehen vom Verfasser in Konstanz (Bodensee), Postfach 105.
Vom gleichen Verfasser erschienen die Fachbücher „Der Druckereibuchbinder“ und „Dic Klebstoff-Fibel“ (1949). Letztgenanntes Buch ist vergriffen.

Freilich sah es bis etwa 1930 auf dem Klebstoffsektor noch mehr als dürftig aus, und es kam bis dahin häufig vor, daß man viele Dinge ungeklebt lassen mußte, weil es an entsprechenden Klebemitteln fehlte. Wie oft bekam ich von meinem Meister als Lehrling die lakonische Antwort: „Das kann man nicht kleben", und damit hatte man sich abzufinden (1918).

Doch dann setzte eine geradezu sprunghafte Entwicklung ein, die heute beim Kleben selbst schwierigster Kunststoffe, beim Heißsiegeln (das ja auch nichts anderes als ein Kleben ist!), bei Heißverschweißen (welches man ruhig hierbei einreihen kann, wenn es sich dabei auch im strengen Sinne um kein eigentliches Kleben handelt) und beim Trocknen mittels Infrarotstrahlen angelangt ist.

Diese Kleberevolution begann durch das Aufkommen der Kautschukleime und durch die dann folgende (devisenmäßig erzwungene) Umstellung auf Kunstharzbasis, bei dem ersten dieser Leimgruppe: Dartex. Andere frühe Vertreter waren „Gumleim", „Indevol" u. a. In rascher Folge schossen andere Typen und Fabrikate wie Spargel hervor und wurden im Verlauf der inzwischen verstrichenen 33 Jahre — allerdings stark gehemmt durch den zweiten Weltkrieg und seine Folgen — so weit vervollkommnet, daß man berechtigt von einer Revolutionierung auf dem Klebegebiet sprechen darf.

Während Dartex ein wasserhaltiger Klebstoff war und blieb, war Gumleim damals schon in schnellverflüchtigender Flüssigkeit gelöst (Benzin, Benzol, Aceton, ätherischen Ölen und dergleichen).

Diese damals revolutionierenden Klebemittel ergaben gleich zwei umwälzende Eigenschaften, welche die heute vorhandenen unzähligen diesbezüglichen Klebstofftypen ebenfalls aufweisen:

a) Die damit ausgeführten Klebungen werden weder hart noch spröde, sie versteifen und stärken die Klebungen nicht (was natürlich auch manchmal ein Nachteil sein kann!), wie es bei allen bis etwa 1930 bekannten Klebstoffen der Fall war. Die Klebung bleibt also elastisch, geschmeidig, biegsam, anschmiegend und flexibel.

b) Weit wichtiger aber war und ist es, daß man mit diesen damals neu aufgekommenen Klebstoffen erstmalig viele Materialien kleben bzw. bekleben konnte, die man bis dahin entweder überhaupt nicht oder doch nur sehr mangelhaft kleben konnte.

c) Diese Entwicklung war auch die Grundvoraussetzung für das sich dann bald entwickelnde Klebebinden. An sich hat Baumfalk schon vor 80 Jahren und andere noch früher klebegebunden. Er scheiterte bzw. einer größeren Verbreitung seiner Methode war neben der nicht zu übertreffenden Voreingenommenheit seiner Zeitgenossen Buchbinder das Fehlen geeigneter Klebstoffe hinderlich. Denn viele Heißleime in ihrer mannigfachen Art und Qualität von Haut-, Leder-, Knochen-, Misch-, Fisch- und Hasenleim wie Gelatine in Tafel-, Perlen-, Kleinstück und Flockenformen haben auch heute noch den Nachteil, daß sie nur zu Klebungen von Holz, Papier, Pappe usw. brauchbar sind und dabei sehr hart und spröde werden, wie auch wasserlöslich bleiben. Kaltleime auf Dextrinbasis sind wohlfeiler, sie können bei vielen Arbeiten den teueren Heißleim vorteilhaft ersetzen, sie haben aber dabei auch die geschilderten Nachteile wie die Heißleime. Mit einer Einschränkung allerdings, auf die ich weiter unten zu sprechen kommen werde.

Alle Kleister stärken, mit einer Ausnahme — ob es sich nun um Weizen-, Roggen-, Reis- oder Maiskleister handelt —, nur ein Kleister hat keine stärkenden Eigenschaften: der Kartoffelkleister. Auch diese Klebemittel taugen nur zum Kleben von Papier, Pappe, evtl. Papier auf Glas, wobei unter Papier nur das übliche Papier zu verstehen ist, desgleichen bei den Pappen auch nur die gewöhnlichen Pappen, also graue Buchbinderpappe, Leder-, Holz- und Strohpappen. Denn sobald Spezialpapiere, verhornte Papiere, Ölpapier usw. oder Sonderpappen wie Preßspan geklebt werden sollen, müssen diese Klebemittel versagen, weil sie dabei keine Adhäsion zu entwickeln vermögen, zu stark feuchten oder zu sehr verspröden, wellen, werfen usw. Sie kleben oft so lange, wie der Klebstoff noch naß ist. Sobald er aber trocknet (keine Klebung ohne Trocknung!), springt das Geklebte wieder ab.

Freilich ging auch bei diesen Klebstoffen die Entwicklung ihren Lauf. Bei den Heißleimen, die früher nur in Tafelform erzeugt wurden, ging man auf die viel wirtschaftlichere und vorteilhaftere Perlenform über. Es wurden Heißleime entwickelt, die vermöge der ihnen beigemengten natürlich geheimgehaltenen Zusätze nicht mehr verspröden und folglich die geklebten Stücke auch nicht mehr verziehen und zum Werfen bringen. Es gibt sogar Kleistertypen dieser Art. Und das ist doch das A und O jeder Klebung, daß das Verziehen der Arbeitsstücke und das Werfen der Buchdeckel vermieden wird. Denn heute ist man inzwischen so weit, daß es keinesfalls mehr genügt, daß eine Sache klebt. Dieses Kleben nimmt man als selbstverständlich hin, viel wichtiger aber ist es, w i e man klebt!

Die eine Klebung soll weich bleiben, die andere aber hart werden, die eine Klebung soll wasserlöslich bleiben, die andere wasserfest, gegen Einwirkungen von Hitze und Kälte immun, farblos oder schön gefärbt, öl-, benzin-, laugenbeständig. Lebensmittelpackungen verlangen neutrale, geruchlose Klebungen, empfindliche Farben völlige Säuren- und Alkalienfreiheit der Klebstoffe. Das zu große Durchfeuchtungsvermögen nimmt vielen Papieren den Glanz, macht sie stumpf, unansehnlich und fleckig. Landkarten dehnen sich davon und verändern den Maßstab, so daß sie für genaue Messungen unbrauchbar werden. Viele Klebstoffe schlagen durch, andere haben andere Nachteile. Es ist halt dabei vieles zu bedenken, und zu einem richtigen Klebstoffverarbeiter gehört eben mehr als nur Darauflos-Kleben.

Es ist natürlich beim Kleben auch ein wesentlicher Unterschied, ob eine Fläche ganz angeschmiert und beklebt wird, oder ob nur ein Teilstück davon verklebt werden muß, wegen der durch die Klebstofffeuchtigkeit entstehenden Spannungen. Es ist auch weiter zu beachten, ob das Geklebte nach dem Kleben zwecks besserer Verbindung eingepreßt werden kann oder nicht.

Wer die physikalischen Gesetze unbeachtet läßt, wird mit den daraus resultierenden Nachteilen zwangsläufig zu rechnen haben. Nicht nur, daß Verarbeitungsschwierigkeiten mit vermehrtem Zeitaufwand und schlechtem Arbeitsausfall die Folge sind, es können durch Zurverfügungstellung der Ware beachtliche Geldeinbußen eintreten.

Denn Alleskleber gibt es nicht und kann es nicht geben. Unverantwortlich, wer dieses in jeder Hinsicht falsche und grob irreführende Wort aufgebracht hat. Gerade die moderne Entwicklung seit 1930 ging den umgekehrten Weg. Es war kein Zusammenlegen und Vereinheitlichen der Klebstoffe, sondern ein Ausweiten und ungeheures Vermehren und nur dadurch, daß praktisch für jedes Material und für jeden Sonderfall und Anspruch ein Klebstoff gefunden werden konnte, ermöglichte die eingangs aufgestellte These, daß man heute so ziemlich alles kleben und alle Klebeerfordernisse hinsichtlich der jeweils so sehr unterschiedlichen benötigten Eigenschaften erfüllen kann.

Selbstverständlich waren die ersten aufgekommenen Kautschuk- bzw. Kunstharzleime damals noch mit allerlei Kinderkrankheiten behaftet. Bald ergab sich aber ein weiterer Riesenvorteil: Die mit manchen von ihnen einseitig zu beklebenden Arbeitsstücke warfen sich kaum noch, sie blieben plan! Die Entwicklung ging dann schnell weiter. Es gelang auch, bei den Kunstharzklebern die Kälteelastizität zu verbessern, daß sie für übliche mitteleuropäische Verhältnisse bzw. Temperaturen genügt, was insbesondere beim Klebebinden von ausschlaggebender Bedeutung ist.

Eine Unzahl von Klebstoffen kam auf, die völlig wasserfrei in leichtverfliegenden Flüssigkeiten wie Benzin, Benzol, Aceton, acetonhaltigen Flüssigkeiten, ätherischen Ölen usw. gelöst waren und die sich überall dort bewährten, wo es auf eine rasche Trocknung und schnelle Verflüchtigung der an sich unvermeidbaren Klebstoffeuchtigkeit ankam. Diese Klebstoffe haben sich vor allem stark bei den Portefeuillern, Kleinlederwaren, bei der Schuherzeugung, Kameraherstellung usw. eingeführt und auch als Folienkleber und dergleichen bestens bewährt. Neuerdings ist es sogar gelungen, Klebstoffe zu schaffen, welche Zeichenpapier auf Aluminiumplatten dauernd korrosionsfrei verkleben. Parallel mit dieser Entwicklung nahm die Bedeutung des Klebens ständig zu, weil seine Anwendungsmöglichkeiten sich vervielfacht haben. Es erkennen immer mehr Berufe den Vorteil zweckmäßiger Klebungen und gehen darum von den bisherigen Arbeitsmethoden zum Kleben über. Praktisch ist es aber heute doch auch schon so, daß der Papierverarbeiter nicht nur die unterschiedlichsten Papiere zu kleben hat, Kartons und Pappen inbegriffen, sondern in gleicher Weise Leder, Holz, Blech, Glas, Metalle, Stein, Kunstleder, Kunststoffolien, Pergament und Pergamentersatzmaterialien. Damit ist aber die Aufzählung noch lange nicht erschöpft. Es gelang auch die Alterungsbeständigkeit der Kautschuk- und Kunstharzkleber zu verbessern und heraufzusetzen. Wer könnte sich darum z. B. die Verpackungsbranche ohne das Kleben überhaupt noch vorstellen. Für schnellaufende Maschinen und Verpackungsautomaten stehen neuerdings Klebstoffe zur Verfügung, die bei hohen Maschinengeschwindigkeiten weder schäumen noch Fäden ziehen.

Auf anderen Klebegebieten haben sich an Stelle der immerhin preislich teuren Heißleime typisierte Kaltleime vor allem auf Dextrinbasis durchgesetzt und ihres preislichen Vorteiles willen viele Freunde gefunden. Sie ersetzen den Heißleim bei vielen Arbeiten vollkommen, wie es auch die ähnlichen Kaltleime auf Formaldihydbasis tun. Nur die Kaltleime aus den Abgängen der Papierherstellung — Sulfitkaltleime — genieße man mit Vorsicht. Unter den Dextrinkaltleimen gibt es Typen, die als sogenannte Schnellbinder ein besonders rasches Anziehungsvermögen aufweisen. Während diese früher überwiegend stark säurehaltig waren und damit empfindliche Farben verfärbten, gibt es neuerdings auch säurefreie Sorten.

Zu erwähnen sind noch die sogenannten Holzzellkleister bzw. -leime. Aus einheimischem Holz hergestellt, haben sie als Vorteil die leichte Auflösbarkeit in Wasser, ihre lange Haltbarkeit, weil sie auch in angemachtem Zustande weder säuern noch faulen, und bei der Verarbeitung trocknen sie fleckenfrei auf, was sie für ungeübte Kräfte besonders geeignet macht. Nachteilig — besonders bei Buchbinderarbeiten — ist ihr starkes Durchfeuchtungsvermögen, denn ihr Wassergehalt schwankt zwischen 96 und 98 Prozent. Um so geeigneter sind sie bei gewissen Teilarbeiten, wo es auf eine gute Durchfeuchtung der Arbeitsstücke ankommt, und darum haben sie sich bei den Tapezierern und Malern besonders bewährt. Sie sind absolut neutral, ungiftig, geruch- und geschmacklos, farblos, transparent, wodurch sie sich auch als Zigarrenleime eignen. Aber gerade Geschmacklosigkeit ist nicht immer erwünscht. Geschmackvolle Klebstoffe sind als Mundklappenleime zum Gummieren von Briefumschlägen sehr begehrt. Es gibt diese in verschiedenen Geschmacksrichtungen, wie Kaffee, Anis usw. Aus USA kommt die Kunde, daß dort vor allem der Mentolgeschmack besonders beliebt sei.

Wie man an diesem kurzen Streifzug durch die neuzeitliche Entwicklung der Klebstoffe und der Klebetechnik sieht, ist das Kleben verbessert, verbreiteter und vielseitiger geworden, gleichzeitig aber auch zu einer Wissenschaft emporgestiegen, die es gilt, zu beherrschen, will man sich vor Nachteilen und Schaden bewahren. Es können auch indirekte Schäden auftreten, selbst wenn der Klebstoff an sich völlig neutral ist, die Klebung aber z. B. auf einer unter Zuhilfenahme von Ätzkalkmilch hergestellten Strohpappe erfolgte und man den Klebstoff zu naß wählte. Diese Klebstoffnässe dringt dann in die Strohpappe hinein, löst dort noch vorhandene Ätzkalkmilchreste auf und bewirkt so das Verändern der Farbe, Fleckenbildung und dergleichen.

Wie schon kurz gestreift, liegen die Nachteile der Kautschukkleber auf dem Gebiete der Haltbarkeit. Bekanntlich altert jeder Gummi, ob Kinderball oder Radiergummi, Wasserschlauch oder Fahrradmantel, ganz gleich, ob man die Gummigegenstände benutzt oder unbenutzt liegen läßt, denn mit der Strapazierung hat diese naturbedingte Alterung nichts zu tun. Und logischerweise unterliegt jeder Kautschukkleber, der bekanntlich aus Latex- bzw. Gummimilch hergestellt wurde, den gleichen Naturgesetzen. Für kurzlebige Güter, die nur etliche Jahre halten müssen, ist also Kautschukleim trotzdem vorteilhaft, wie man ja auch trotz dieser Alterungserscheinungen auf den Radiergummi oder die Autobereifung nicht verzichten kann. Wie lange das wohl dauert? Man kann an Hand von Beobachtungen sagen, daß beim Kautschukleim immerhin eine Haltbarkeit von über einem Jahrzehnt gegeben sein wird. Die Nachteile der Kunstharzkleber wässeriger Dispersion sind z. T. gleicher Natur. Je nach Fabrikat und Qualität sind hierbei die diesbezüglichen Beobachtungen jedoch günstiger ausgefallen, da dabei die Alterungserscheinungen wahrscheinlich erst lange nach diesem Jahrzehnt aufzutreten beginnen. Genauere Angaben wird die Zukunft liefern. Aber die Kunstharzleime haben einen weit größeren Nachteil. Sie sind nicht völlig kälteelastisch! Bei Eintritt der Kälte erstarrt das vordem so schön geschmeidige Kunstharz und wird spröde und brüchig. Dabei zischt es dann genau etwa so, wie wenn man Glas brechen würde. Ebenso, wie es bisher nicht gelang, dem Kautschuk seinen Alterungszerfall zu nehmen, war es auch noch nicht möglich, das Kunstharz kälteelastisch zu machen. Zwar kann man — und man tut es natürlich auch — dem Kunstharzleim andere Beimischungen zusetzen, wodurch seine Kälteelastizität gehoben wird. Man soll schon erreicht haben, daß manche Klebstofftypen erst bei minus 20 Grad Celsius zu brechen beginnen. Aber dieses Ergebnis und noch weitere ertragbare Kältegrade erreicht man nur auf Kosten der Klebkraft. Jede derartige Beimengung vermindert die Klebkraft, falls es sich bei dem zum Mischen verwandten Material nicht auch um ein Klebemittel handelt. So mischt man z. B. dem Heißleim Glyzerin bei, so daß damit seine Härte und Sprödigkeit angenehm beeinflußt wird; aber auch das geht auf Kosten der Klebkraft. Findige Köpfe benutzen deshalb an Stelle von Glyzerin eine selbstbereitete Lösung von Traubenzucker, weil dieser selbst Klebemittel ist. Beim Glyzerin hat man festgestellt, daß seine planbleibende Wirkung der Klebungen längstens 18 Monate anhält, sich dann aber zufolge seiner Kleinmolekularität aus dem verarbeiteten Klebstoff wieder selbständig „verkriecht" und in die Pappen bzw. Papiere eindringt. Dann treten die Spannungen und Verwerfungen doch noch auf, die ohne Glyzerinzusatz sofort aufgetreten wären.

Es gibt allerdings heute Spezialheißleime wie auch ähnliche Kaltleime mit geheimgehaltenen Beigaben, welche kein Werfen der Klebungen aufkommen lassen, und zwar von Dauerwirkung. Dies ist beim Tekturenkleben usw. besonders vorteilhaft. Wir sehen, daß es heute für alle Klebezwecke entsprechende Klebstoffe gibt und daß man diesbezüglich auch fast alles je nach Eigenart und Zweckbestimmung kleben kann, wenn man auf der Klaviatur der Klebetechnik zu spielen weiß.

Es gibt etliche Warmleime, welche Klebungen auch bei einseitigem Kaschieren nicht verziehen, so u. a. den Schweizer „Placid-Heißleim". Bei seinem Zusatz handelt es sich nicht um Glyzerin, sondern um ein großmolekulares Zusatzmittel, das aber sonst gleiche Eigenschaften wie das Glyzerin besitzt und das von seiner Erfinderfirma natürlicherweise streng geheimgehalten wird. Mit diesem Mittel hat man auch eine weiße Klebepaste durchsetzt und erreicht, daß man auf Papier ein anderes kleineres Papier, also z. B. eine Tektur, kleben kann, ohne daß sich irgend etwas verzieht oder gar Falten auftreten, was bei jedem anderen Klebestoff der Fall sein muß — naturbedingt!

Ich habe beobachtet, daß Kunstharzkleber, die es in einer Fülle und Reichhaltigkeit an Fabrikaten und Zweckbestimmungen gibt, so daß jedem Buchbinder das Herz im Leibe lacht, je nach Type zwar sehr vielseitig, aber durchaus keine Alleskleber sind. Kunstharzkleber, die sich z. B. zum Bekleben von Metallen, Blechen, Metallfolien und dergleichen vorteilhaft eignen, kleben meist kein Ölpapier, keine fettigen Oberflächen, kein Wachspapier und dergleichen. Oft ist man dann genötigt, die zu klebende Materialoberfläche erst fettfrei zu machen, indem man ihr mit Benzin, Spiritus oder einer Zwiebel zu Leibe rückt. Andererseits eignen sich viele Kunstharzkleber, die Ölpapier, Wachspapier, Preßspan, Pergamentpapier, verhornte Papiere, Zellglasarten, Zelluloid oder ähnliche Kunststoffe kleben, nicht zum Bekleben von Aluminimum; dieses Metall läßt sich zwar an sich am leichtesten von allen Metallen bekleben. Es ist sehr zu begrüßen, daß selbst fortschrittliche Papierfabriken ihre Papierpakete nicht mehr wie früher mit einem flüssigem Klebstoff zukleben, sondern mit Guttaperchafolien, die, in schmale Streifen geschnitten, aufgelegt und mit dem heißem Bügeleisen zur Klebung gebracht werden, wodurch jede Papierbeschädigung durch die Klebstoffeuchtigkeit flüssiger Kleber vermieden wird. Auch für das Landkartenaufziehen haben mit Guttapercha bestrichene Textilien große Bedeutung gewonnen, weil sich dabei der Maßstab wie bei Verarbeitung flüssiger Klebstoffe nicht mehr verändert, was bei Landkarten sehr wichtig ist, darüber hinaus auch das Aufziehen viel schneller und sauberer vor sich geht, und außerdem eine unbegrenzte Haltbarkeit gegeben ist. Dabei wird die Weichheit der aufgezogenen Karte angenehm empfunden, während man beim Kleisteraufziehen eine störrische, weil gestärkte Fläche in der Tasche hat. Für viele andere Klebungen wie Fotos und dergleichen haben sich solche Trockenklebefolien bestens bewährt, und zwar überall dort, wo eine gute Klebung ohne Feuchtigkeitsbeeinflussung zustande kommen muß, also auch bei tintengeschriebenen Dokumenten usw.

Trockenklebungen kommen vielfach auch als transparente Glashautfolien vor, die auf der Rückseite unsichtbar transparent gummiert sind und zum Schutz um den Bucheinband gelegt werden, teils schon im Kaltverfahren durch bloßes Anreiben kleben, teilweise aber auch thermoplastisch mit dem Bügeleisen rasch aufgebügelt werden müssen. Diese wetterfesten durchsichtigen Folien haben weitere Anwendungsgebiete beim Plakatüberzug usw. an Stelle der Lackierung; letztere ist nie wärmefest, daher nachklebend verkratzt leicht, Papier- und Druckfarben müssen lackecht sein, während beim Überziehen mit einer transparenten Trockenfolie genau wie beim Lack der Druck auf Hochglanz vorteilhaft gehoben wird; dabei werden die Plakate für das Freie unbedingt wassergeschützt, dazu kratzfest, abwaschbar und schmutzunempfindlich und auch wärmefest, was bei Lack nie der Fall ist.

Trockenklebungen dürfen nicht mit Trockenklebstoffen verwechselt werden. Trockenklebstoffe sind getrocknete und pulverisierte Klebstoffe, die man im Winter bei großem Frost auch beziehen kann, ohne Gefahr zu laufen, daß sie gefrieren und verderben, die Frachtkostenersparnisse bei großen Entfernungen bringen, weil man das Wasser zum Auflösen selbst hat und nicht als Fracht bezahlen muß. Aber nicht jeder Klebstoff läßt sich pulverisieren, auch sind Klebstoffpulver oft nicht so vollwertig wie das fix und fertig angeteigte Fabrikat.

Der Vollständigkeit wegen und um das große Gebiet des modernen Klebens richtig zu erfassen, sei noch vermerkt, daß unsere Schuhe längst nicht mehr genagelt, sondern viel zweckmäßiger geklebt werden, wobei mit infraroten Strahlen gearbeitet wird. Bei den Kauritleimen, die mehr Klebstoffe des Schreiners sind, kamen die Heißhärter auf, und die Fischleime riechen angenehmer, weil man sie parfümiert und damit ihren unangenehmen Urgeruch überdeckt, so daß sie mit ihrer ungeheuren Klebkraft auch für andere Klebungen benutzt werden können, für die ihnen bisher ihr Materialgeruch hinderlich war.

Und da zum Kleben die Pinsel gehören, sei festgestellt, daß sie immer mehr verdrängt werden, und zwar erstens durch die immer stärker aufkommenden Anschmiermaschinen, jetzt aber auch die Kleinpinsel durch das Aufsetzen praktischer und sich automatisch wieder schließender Gummikappen, Filzhauben und kugelfüllartiger Aufsätze, bei denen in der Anschmierspritze eine Kugel sitzt, die nach Gebrauch die Flasche selbsttätig schließt und so den Klebstoff vor dem Vertrocknen schützt. Spritzverfahren haben sich durchgesetzt, und alle arbeiten sparsamer, sauberer, zweckmäßiger als Pinsel. Wenn sie auch unentbehrlich sind, so werden sie doch durch solche Neuerfindungen immer mehr in ihrer Kapazität bedrängt und gehen zahlenmäßig zurück, wenn sie auch nie ganz ausgeschaltet werden können. Für Kautschuk- und Kunstharzkleber taugen sie sowieso nur bedingt, man muß sie immer nach dem Gebrauch sofort auswaschen, damit sie nicht verhärten, wogegen es nur eventuell das Auflösen in Speziallösungen u. a. auch in Benzin, Benzol, Spiritus oder Speziallösern gibt, je nach Fabrikat und Art des Klebstoffes verschieden.

Für die Lösungsmittelkleber, also Klebstoffe, die kein Wasser enthalten, sondern als Flüssigkeit leichtverdunstete Flüssigkeiten haben, sind Pinsel noch unzweckmäßiger, aber für gewisse Klebungen werden sie unentbehrlich bleiben.

Die Behandlung der Leime und Klebstoffe während der kalten Jahreszeit

(Im Winter auftretende Schwierigkeiten bei allen Klebearbeiten)

von Adolfhanns Schirmann, Konstanz/Bodensee

Kälte ist ein Feind jeder Klebung! Die Kälte beeinflußt nicht nur fast alle Klebestoffe nachteilig, sie verhindert auch gar oft das Zustandekommen der Adhäsion, also des Klebeeffektes. Außerdem stört und verlangsamt die Kälte den notwendigen Trockenprozeß in ungünstiger Weise, und sie kann — je nach Klebstoffart — die bereits erfolgte Klebung unbrauchbar machen.

Alle flüssigen und teigigen Klebstoffe sind mehr oder weniger frostempfindlich. Darum müssen alle Klebstoffe — mit Ausnahme der Trockenleime — vor Frost geschützt werden. Das ist zu berücksichtigen auf dem Transport genau so wie bei der Lagerung. Kälteempfindliche Klebstoffe können nur bei frostfreiem Wetter befördert werden. Waren sie bei unvorhergesehenem Kälteeinbruch unterwegs und kommen sie gefroren an, so stellt man sie am besten in ein normal erwärmtes Zimmer und läßt sie ruhig stehen, ohne darin herumzurühren. In einem solchen Raume erfolgt das Auftauen langsam von selbst, und erst jetzt wird die Brauchbarkeit des Klebstoffes geprüft. Viele Klebstoffe werden danach überhaupt keinen Schaden genommen haben, vor allem die Klebstoffe auf Dextrinbasis sind wieder ohne weiteres verarbeitungsfähig. Auch Kautschuk- und Kunstharzklebestoffe wässriger Dispersion halten nicht zu lange und große Kälteeinwirkungen fast schadlos aus. Den Lösungsmittelklebern, also solchen Klebemitteln, welche an Stelle von Wasser in Benzin, Benzol, Azeton, Essigester usw. gelöst sind, schadet keine Kälte. Aber bei allen Kleistern und kleisterartigen Klebstoffen sei man vorsichtig. Solche auf Kartoffelstärkebasis sind meist restlos verdorben und können nicht mehr gerettet werden. Fischleime gelatinieren oft schon bei niederen Wärmegraden, was ihnen aber nicht schadet. Man muß diese flüssigen Kaltleime dann nur etwas erwärmen, worauf sie ihre alten Eigenschaften wieder annehmen.

Der Klebstoff-Lagerraum braucht nicht warm zu sein, aber er muß stets überschlagen sein, daß darin die Temperaturen nie unter den Gefrierpunkt fallen können. Daß er luftig und peinlich sauber wie auch gut lüftbar sein soll, sei mit erwähnt.

Die Werkstattwärme muß dem jeweiligen Klebstoff angepaßt sein. Normal ist bei Warmleimverarbeitung eine solche von 18 bis 20° C. Kaltleime stellen im allgemeinen keine so hohen Ansprüche an die Raumtemperatur. Es ist aber ein weitverbreiteter Irrtum, zu glauben, daß Kaltleime keiner Lufterwärmung bedürfen. Das „Anziehen" der angeschmierten Materialnutzen erfolgt in kalten Räumen wenn überhaupt so doch viel langsamer, so daß die Verarbeitung auch im Hinblick auf den wichtigen Faktor Zeit sehr behindert ist. Klar, daß alle Warmleime in ungeheizten Werkstätten nicht zum Kleben gebracht werden können. Bei zu niedriger Luftwärme gelatinieren Heißleime, und es kann keine Klebewirkung von ihnen ausgehen. Das gilt nicht nur für alle tierischen Heißleime, also die Haut-, Leder-, Knochen- und Mischleime in Tafel- oder Perlenform, sondern für alle warm zu verarbeitenden Leime überhaupt. Dabei darf eines nicht übersehen werden. Nicht nur auf die Luftraumwärme kommt es an, sondern ganz besonders auf die Materialwärme. Wenn also in einem Betrieb über Sonntag nicht geheizt wurde, so ist, um ein Beispiel anzuführen, in die Bücher so viel Kälte eingedrungen, daß es völlig unmöglich sein wird, in solchen Büchern am Montagvormittag in den ersten Arbeitsstunden etwa das Vorsatz mit Warmleim anpappen zu wollen. Der heiße Leim würde auch bei an sich richtiger Raumtemperatur sofort auf dem kalten Vorsatzpapier erstarren. Man muß also in einem solchen Falle warten, bis auch die zu klebenden Materialien sich temperiert haben. Genau so ist es aber am Abend. Jede Klebung benötigt die (möglichst rasche!) Trocknung. Daß eine Sache in einem warmen Raume rascher und besser trocknet als in einem solchen, in dem schon zwei Stunden vor Arbeitsschluß kein Dampf mehr durch die Heizungsröhren gelassen wird, ist eigentlich so klar, daß es nicht mehr besonders angeführt zu werden braucht. Aber gerade das ist es, was so manchmal eine Klebung unzureichend ausfallen läßt. Bei Arbeitsschluß am Abend oder Wochenende verlassen nur die arbeitenden Menschen die Arbeitsräume, die Arbeiten bleiben aber zurück und sollen sich in der Zwischenzeit weiterentwickeln. Die Klebstoff-Feuchtigkeit muß wieder aus den geklebten Gegenständen heraus, die Feuchtigkeit schadet, wenn sie zu lange darin verbleibt. In völlig kalten Räumen kann keine Klebung trocknen. Es treten dann alle jene Nachteile auf, die man sich angeblich gar nicht erklären kann und für die man dann einen Sündenbock sucht. Alle Arbeitsräume, in denen geklebt wird und in welchen sich geklebte Arbeiten befinden, dürfen nie völlig erkalten, sie müssen immer etwas temperiert bleiben, auch über Sonntag. Damit sage ich aber nicht, daß darin ständig die zum Kleben nötige Raumtemperatur von mindestens 18° C unterhalten werden muß. Nur dürfen solche Werkstätten nie völlig auskühlen, solange sich frisch geklebte Arbeiten darin zum Trocknen befinden oder Materialien aufbewahrt werden, welche nach dem Sonntag geklebt werden sollen. Gerade hierbei werden immer wieder die meisten Fehler gemacht und die Ursachen immer am falschen Platz gesucht. Nur in der Wärme kann der Klebe-Trockenprozeß vor sich gehen, in der Kälte kann keine Feuchtigkeit aus den Klebungen entweichen.

Es ist dabei kaum ein Unterschied, ob Warm- oder Kaltleim verarbeitet wurde. Die Beobachtung lehrte, daß je nasser ein Klebstoff ist, es desto mehr Wärme bedarf, ihn beim geklebten Stück zum Trocknen zu bringen. Wenn tierische Warmleime einmal gut angetrocknet sind, benötigen sie nicht mehr jener länger andauernden Raumwärme zum restlosen Trocknen wie alle mit Kleister und kleisterartigen Kaltleimen geklebten Dinge.

Man sieht also daraus, daß sich während der kalten Jahreszeiten viel mehr Klebeprobleme ergeben als im warmen Sommer. Dafür ist der Klebstoffverbrauch im Winter bei etlichen Klebstoffen auch niedriger, weil vor allem solche auf Dextrinbasis im Winter stärker verdünnt werden können. Diese Dextrinklebstoffe werden durch die sommerliche Wärme in ihrer Konsistenz verdünnend beeinflußt, so daß man darnach nicht auch noch viel Verdünnungswasser zugeben könnte. Das gleiche kann man beim Warmleim beobachten. Bei Kautschuk- und Kunstharzleimen ist das ohne Einfluß, desgleichen bei Lösungsmittelklebern. Aber bei den Kunstharzleimen ist bezüglich der winterlichen Kälte etwas anderes von Wichtigkeit. Beim Klebebinden, bei welchem diese Kunstharzleime vornehmlich auch verarbeitet werden, achte man darauf, daß man ein weitgehend kältebeständiges Fabrikat verarbeitet. Es gibt Sorten, die in verarbeitetem Zustand sehr kälteempfindlich sind. Von mir durchgeführte Versuche ergaben, daß etliche Kunstharzleime in verklebtem Zustande keine 8° C Kälte auszuhalten vermögen. Öffnet man ein mit solchen Klebstoffen klebegebundenes Buch in der Kälte, ohne es zuvor einige Zeit in einen erwärmten Raum zu bringen, dann bricht der geklebte Rücken rettungslos auseinander, und man hat zwei Buchteile in der Hand. Es gibt bei diesen Kunstharzleimen aber Sorten, die heute weit tiefere Temperaturen aushalten und die in verarbeitetem Zustande noch bei 20 und mehr Grad Kälte noch nicht auseinanderbrechen. Eigenversuche eines jeden Verarbeiters werden ergeben, welche Klebstoffe etwas taugen und welche unseren Ansprüchen nicht zu genügen vermögen. Man falle auf vielversprechende Prospekte nicht herein und prüfe in jedem Falle selbst, um sich nachher vor Hereinfällen und größeren Schäden zu bewahren. Nicht wer die lauteste Reklame entwickelt hat auch den besten Klebstoff.

Eine andere Frage von nicht zu unterschätzender Bedeutung ist diejenige, ob mit kaltem oder erwärmtem Wasser verdünnt werden soll. Alle Warmleime sind selbstverständlich auch mit warmem Wasser zu verdünnen, sofern solches zur Verfügung steht. Dextrinkaltleime und ähnliche Sorten, z. B. die Kaltleime auf Formaldehydbasis, vermengen sich leichter mit überschlagenem Wasser als mit eisigkaltem, wobei bei letzteren der scharf in die Nase stechende Geruch des Formaldehyds in Kauf genommen werden muß. Kleister und kleisterartige Klebstoffe, Kautschuk- und Kunstharzleime werden nur kalt verdünnt. Wird echtes Gummiarabikum aufgelöst, so führt warmes Wasser zu einer weit rascheren Auflösung, aber die so erhaltene Lösung ist nur wenige Tage haltbar, jedenfalls ist das Gummiarabikum in kaltem Wasser gelöst länger vor Verderbnis geschützt.

Das Lackieren

Wie die drucktechnische Bearbeitung von Natur- und gestrichenen Papieren, so ist auch das Verhalten des Papiers zum Lackauftrag ein verschiedenes. Am häufigsten werden gestrichene, farbig bedruckte Papiere lackiert. Chromopapiere werden an den unbedruckten Stellen durch den Lackauftrag gelblich gefärbt.

Im allgemeinen wird jeder Bogen nur einmal lackiert, um einen spiegelähnlichen Glanz zu erzielen. Soll ein höherer Glanz erzielt werden, so muß die Lackschicht zweimal aufgetragen werden.

Bezüglich der Masse des Auftrages ist zu sagen, daß es dafür bindende Vorschriften nicht gibt. Diese richtet sich vielmehr nach der Qualität des Papiers in bezug auf die Leimung. Je weniger Leimung das Papier hat, desto weniger Glanz läßt sich erzielen.

Spirituslack trocknet in jeder Konsistenz. Zu dicke Lackschichten erzeugen leicht Risse nach dem Trocknen. Diese können auch durch den Kreidestrich entstehen.

Das Richtige zu treffen, ist Gefühlssache. Je dicker die Lackschicht aufgetragen wird, um so größer ist die Wahrscheinlichkeit, daß die Schicht bricht; es ist jedoch möglich, daß auch eine dünne Lackschicht unter Umständen diesen Übelstand aufweist.

Lackierte Bogen können ohne weiteres mit kaltem Wasser abgewaschen werden, ohne ihren Glanz zu verlieren. Es ist jedoch Bedingung, die Flächen nicht zu naß abzuwaschen, damit der Glanz nicht unter der Feuchtigkeit leidet.

Das Lackieren der Buntdrucke

(Chromos usw.) wird vorgenommen, um einesteils eine größere Widerstandsfähigkeit gegen die verschiedensten ungünstigen äußeren Beeinflussungen zu erzielen und andernteils eine lebhaftere Wirkung der Farben bei hohem Glanz herbeizuführen.

Im wesentlichen geschieht das Lackieren der Buntdrucke in ganzen Druckbogen, da einzelne und schon beschnittene oder gestanzte Bilder unsauber und ungleichmäßig ausfallen und sich die ganze Arbeit äußerst mühevoll und kostspielig gestaltet. In kleineren Betrieben wird das Lackieren zumeist mit der Hand vorgenommen, doch ist es für diese bei größeren Auflagen billiger, wenn sie das Lackieren den Lackieranstalten übertragen, welche diese Arbeit auf ihren Lackiermaschinen in kürzester Zeit erledigen.

Das nachträgliche Lackieren geschnittener oder gestanzter Bilder mit der Hand ist ein Unding, weil selbst bei der größten Vorsicht immer etwas Lack auf die Rückseite kommt und beispielsweise aufzuklebende Etiketts usw. sehr schwer festkleben, da der Lack das Klebemittel abstößt und infolgedessen kein festes Haften auf der Unterlage ermöglicht werden kann.
Dagegen sind geschnittene Druckarbeiten auf den neuesten Transportlackiermaschinen lackierbar.
Für die Handlackierungen sind die fertiggedruckten, völlig trockenen, zu lackierenden Druckbogen unbeschnitten zu liefern, weil die überstehend freien Papierränder als Ablagerungsstätte des austretenden Lackes dienen. Daß die zu lackierenden Buntdrucke auf Papieren gedruckt sein müssen, die als lackfest zu bezeichnen sind, sei schon im voraus erwähnt, und es muß stets bei Bestellungen solchen Papiers unbedingt erwähnt werden, daß es „lackfest" oder lackierfähig sein muß, und daß es nach dem Lackieren gestanzt oder geschnitten wird. Immerhin sollte jedes als lackierfähig erhaltene Papier schon vor dem Druck auf seine Lackierfähigkeit durch eine Lackierprobe untersucht werden, denn wenn es hierbei das Aussehen wie Pauspapier erhält, also der Lack in das Papier schlägt, dann ist es für diesen Zweck nicht genügend geleimt, denn es schützt nur die sachgemäße starke Leimhaltigkeit gestrichener Papiere diese gegen das Ein- und Durchschlagen des Lackes.

Allerdings hat man gegen diesen Übelstand noch das Hilfsmittel des Vorgrundierens mit Leimwasser oder einer Abkochung von isländischem Moos, mit welchem die bereits fertiggestellten Bogen vor dem Lackieren überstrichen werden. Dadurch wird die ursprünglich fehlende oder zu geringe Leimung der Papiere nachträglich verbessert. Diese Arbeit ist jedoch kostspielig und zeitraubend. Es ist natürlich weit richtiger, gleich ein absolut lackierfähiges Papier zu bestellen, beziehungsweise die Probelackierung auf dem unbedruckten Papier vorzunehmen, um zeitgerecht reklamieren zu können.

Zeigt das bedruckte Papier den Fehler, daß es nicht lackierfähig ist, d. h., schlägt der Lack in dasselbe ein und ergibt die Transparenz, dann ist die Vorgrundierung, wie erwähnt, unbedingt erforderlich und man benutzt zur Bereitung des Grundiermittels eine der beiden hier folgenden Vorschriften:

1. Leimwasser: Fluß- oder Regenwasser — aber niemals Brunnenwasser, wegen des etwaigen Kalk- oder Eisengehaltes — wird aufgekocht, abgekühlt

und nachher mit soviel bester Speise- bzw. technischer Gelatine, die geweicht und erwärmt werden muß, in Stückchen geschnitten, versetzt, daß, nachdem die Gelatine einige Zeit aufgequollen und der Behälter im Wasserbade kräftig erwärmt ist, die völlig gelöste Gelatine beziehungsweise die Flüssigkeit zwischen den Fingern sich klebrig anfühlt. Wenn man einige Tropfen dieser Flüssigkeit auf Papier träufelt, muß sie einen glyzerin- oder sirupähnlichen streichfähigen Charakter haben. Die stark erwärmte Flüssigkeit preßt man dann zuerst durch dichte Leinwand, damit aller Schmutz und die Klümpchen zurückbleiben, füllt sie dann wieder in den gereinigten Behälter, bringt diesen in das Wasserbad, und benutzt nun die ständig warmzuhaltende Lösung zur Vorgrundierung der Drucke.

2. Isländisches Mooswasser: Der Absud von dieser Pflanze wird hergestellt, indem ein größeres Quantum mit ganz heißem Wasser abgebrüht, der Behälter zugedeckt an einem warmen Orte mehrere Stunden stehengelassen wird, worauf die Flüssigkeit durch dichte Leinwand gepreßt wird, um alle Pflanzenteile zurückzuhalten.

Das zu wenig geleimte Papier wird also an den unbedruckten Stellen gesättigt und das Ein- oder Durchschlagen des Lackes endgültig verhindert, außerdem wird ganz wesentlich an Lack gespart, der beste Hochglanz und Gleichmäßigkeit der Lackierung erzielt, und es wird aus diesem Grunde selbst bei lackierfähigen Papieren vielfach die Vorgrundierung angewendet, um mit leichterer Mühe einen brillanten Hochglanz zu erhalten. Der Aufstrich der Vorgrundierung erfolgt in Ermangelung einer Maschine mit der Hand. Man bedient sich eines ziemlich großen Schwammes, wobei darauf zu sehen ist, daß der Aufstrich nicht zu dick und streifig, sondern gleichmäßig und flächig erfolgt. Die grundierten Bogen sind flach in den Hürden des Auslegeregals zum Trocknen auszulegen. Es ist die größte Sorgfalt darauf zu richten, daß unbedingt jede Staubaufwirbelung vermieden wird, damit eine Ablagerung von Schmutz auf den grundierten Bogen nicht stattfinden kann.

Das Trocknen der Grundierung darf niemals in stark erwärmten Räumen vor sich gehen, weil die Bogen sich dann zusammenrollen und schwer zu lackieren sind.

Wenn die ganze Auflage grundiert und getrocknet ist, nimmt man sie in den Lackierraum, preßt sie durch Auflegen eines schweren Deckels und Gewichtes und dann beginnt das Lackieren, indem nur immer einige Bogen aus der Einpressung genommen und lackiert werden. Der Arbeitsraum, in dem das Lackieren erfolgt, muß ziemlich stark erwärmt sein, um ein anstandsloses, d. h. streifenfreies Lackieren zu ermöglichen. Die grundierten Bogen würden sich uneingepreßt bald zusammenrollen.

Die Vorgrundierung bietet noch den Vorteil, daß man den Lack ganz dünn auftragen kann, wodurch ganz wesentlich an Lackverbrauch gespart wird. Das

Lackieren geht mittels eines breiten Lackierpinsels (Ätzpinsel) sehr leicht vonstatten, wenn dabei mit einiger Aufmerksamkeit verfahren wird.
Der Spiritus- oder Etikettenlack wird als Extrakt Ia aus den Lackfabriken bezogen. Der Extrakt wird bis zu einem Drittel mit Spiritus verdünnt, und man schüttet davon eine nicht zu große Portion auf einen Teller, legt mehrere grundierte Bogen auf eine größere Unterlage (Makulatur), taucht den etwa 5 cm breiten Lackpinsel (solche, die in Blechfassung als Ätzpinsel bekannt sind, verdienen den Vorzug) in den Lack, streicht den Überschuß am Tellerrand ab und überfährt in gleichmäßigen Strichen den zu lackierenden Bogen so, daß ein nochmaliges Überstreichen — was unbedingt vermieden werden muß — nicht nötig ist. Durch ein zweites Überstreichen entstehen dicke Streifen oder Striemen, die sehr unschön aussehen. Man hat deshalb sorgfältig darauf zu achten, daß nur ein Strich von links unten nach oben und umgekehrt geführt wird, wozu einige Übung gehört. Der Unerfahrene, der zum erstenmal diese Arbeit leisten soll, sollte deshalb vorerst einige grundierte Fehldrucke lackieren, um sich etwas einzuüben.

Auf den grundierten Drucken geht das Lackieren ziemlich leicht von der Hand, wenn diese Arbeit geeigneten Leuten anvertraut wird. Doch auf ungrundierten lackierfähigen Papieren gestaltet sich die Sache etwas schwieriger, indem erstens der Lackpinsel auf der wesentlich rauheren Oberfläche mehr Widerstand findet, zweitens mehr Lack erforderlich ist und demnach eine glatte, gleichmäßige Fläche nur von geschulten Gehilfen erzielt wird.

Die lackierten Drucke sind von einer zweiten Person sofort auf die Hürden zu legen, und es ist von der allergrößten Wichtigkeit, daß der Arbeits- und Trockenraum in diesem Falle bis auf 16 bis 18 Grad Celsius durchwärmt ist, denn nur dadurch ist es zu ermöglichen, daß sich der Lack anstandslos verstreichen läßt, d.h. keine Striemen und milchige Streifen auftreten (Erstarrung des Lackes), und daß ein wirklich brillanter Hochglanz trotz dünnen Lackanstriches bei rascher Trocknung erhalten wird. Je höher die Temperatur, desto schöner wirkt die Lackfläche. Lackieren im kalten Raum ergibt Makulatur! Selbstverständlich ist während des Lackierens — genau so wie beim Grundieren — darauf zu sehen, daß Staubaufwirbelungen, Rauch- und Rußentwicklung sowie Zugluft vermieden werden. Ofenrauch sowie Ruß ergeben schwarze Punkte oder graue Streifen, ebenso aufgewirbelter Staub. Kälte oder Zugluft dagegen verursacht auf den frischlackierten Bogen milchige, matte Striemen, oder es bilden sich Risse oder Schlieren. Daß wegen der sich entwickelnden Spiritusdämpfe eine gute Lüftung erforderlich ist sowie das Rauchen wegen der Feuergefährlichkeit des Spirituslackes zu unterbleiben hat, dürfte bekannt sein.

Sollte der Lack im Teller nach längerer Zeit durch die ziemlich rasche Verdunstung des Spiritus dick geworden sein, so ist er mit einem entsprechenden

Quantum zu verdünnen und mit einem Holzspan gut zu verrühren. Doch hüte man sich, die Verdünnung zu übertreiben, weil mit gar zu dünnem Lack kein Hochglanz zu erhalten ist. Es darf überhaupt auf keinen Fall die Gewichtsmenge des Spiritus bei der Verdünnung überschritten werden, gleichviel ob es sich um grundierte oder ungrundierte Drucke handelt.

Ist beim Lackieren der Fehler gemacht worden, daß zuviel oder zu dicker Lack aufgetragen wurde, so kann es beim späteren Stanzen oder Schneiden der Nutzen (Bilder) auch vorkommen, daß die Lackschicht stellenweise abplatzt oder auch einreißt, wodurch viel Ausschuß entsteht. Es ist nur die Lackierung einwandfrei und gut, die dünn, ohne Pinselstriche zu zeigen, erzielt wird: nur diese ist für die weitere Verarbeitung geeignet und kann auch z. B. bei Plakaten als dauerhaft bezeichnet werden.

Das Trocknen des Lackanstriches geht rasch vonstatten, doch empfiehlt es sich, die Drucke mehrere Stunden ruhig liegen zu lassen, damit eine gründliche Durchtrocknung stattfinden kann, wodurch dann auch die Dauerhaftigkeit des Hochglanzes gewährleistet wird. Ferner ist insofern mit der größten Sorgfalt zu verfahren: Die trockenen Bogen dürfen beim Zusammenlegen nicht herumgeschoben oder aufgestoßen werden, weil hierdurch der Hochglanz sehr leicht Schaden leidet. Lackierte Auflagen, die an sich schon durchschnittlich ziemlich wertvoll sind, sollten wesentlich rücksichtsvoller behandelt werden, als man dies sehr oft in den Werkstuben zu beobachten Gelegenheit hat.

Ein wichtiger Punkt, dessen Außerachtlassen das Gelingen einer ganzen Buntdruckauflage in Frage stellen kann, ist der, daß sämtliche Farben der zu lackierenden Bogen sehr gut ausgetrocknet sein müssen. An solchen Stellen, an denen die Farben nicht trocken sind, treten beim Aufeinanderlegen der lackierten und dem Anschein nach trockenen Lackschicht Erhitzungen ein, die das nachträgliche Aneinanderkleben verursachen.

Es ist noch zu erwähnen, daß im allgemeinen aufzukaschierende Plakate niemals vor dem Aufkleben zu lackieren sind, sondern daß man sie stets nach dem Aufziehen und gänzlichen Austrocknen des Klebemittels lackiert, da die Lackschicht vor dem Aufziehen eine Isolierschicht bilden würde, die das Trocknen der Klebemittel verhindert. Schließlich wirkt die Feuchtigkeit auch nachteilig auf den Hochglanz ein. In diesem Falle ist ferner ein Zusammenkleben der Plakate zu befürchten, weil sich durch die eingeschlossene Feuchtigkeit eine Erhitzung bildet, die die Erweichung des Lackes und folglich das Aneinanderkleben verursachen kann. In Klebeanstalten werden auch lackierte Bogen geklebt.

Wenn auch in großen Betrieben das Lackieren vermittels der Spezialmaschinen vorgenommen wird, so kommen doch Fälle vor, wo z. B. in der Buchbinderei und Kartonagenfabrikation entweder gestanzte oder geschnittene Bilder erst nachträglich lackiert werden sollen. Diese werden erst nach dem Aufkleben und völligen Trocknen der Klebemittel lackiert.

Daß alle Druckfarben, die für nachträglich zu lackierende Buntdrucke verwendet werden, absolut lackfest sein müssen, soll nicht unerwähnt bleiben. Denn nicht absolut lackierfähige Farben, d. h. spirituslösliche Farben laufen während des Lackierens aus, d. h. sie werden vom Lack angegriffen und zur Auflösung gebracht, und es ist Sache der Druckereien, diesem Umstand ganz besondere Sorgfalt zu widmen. Allerdings können nicht lackierfähige Farben dennoch lackiert werden, wenn, wie bereits ausgeführt, die Vorgrundierung mit Leim- oder isländischem Mooswasser oder durch das Überstreichen mit eissigsaurer Tonerde erfolgt, wodurch zwischen der Lackschicht und der Druckfarbe eine Isolierschicht geschaffen wird.

Als lackierfähig gelten im allgemeinen alle Streichpapiere, wenn der Aufstrich gut leimhaltig, also wenig saugfähig ist. Ebenso sind sehr gut geleimte Naturpapiere — die aber seltener für Lackierungen verwendet werden — geeignet, doch soll man stets, wie bereits gesagt, bei der Bestellung auf absolute Lackierfähigkeit hinweisen.

Ferner ist noch auf die absolute Trockenheit der Buntdrucke vor dem Lackieren das Augenmerk zu richten. Es ist auf alle Fälle besser, wenn die Farben richtig ausgetrocknet sind, bevor die Lackierung vorgenommen wird. Das Abreiben mit Talkum usw. ist ein Notbehelf; wenn dazu gegriffen werden muß, ist auf ein recht sorgfältigse Abstauben der Vorder- und Rückseiten vor dem Grundieren bzw. Lackieren zu achten.

Auf einige Fehler, die sich nach dem Lackieren zeigen, sei hier noch aufmerksam gemacht: Bei Bronzedrucken tritt zuweilen eine Schwärzung (Oxydation) der Bronze ein, und dies ist, abgesehen von schlechter Beschaffenheit der Bronze, auf ungeeigneten Spirituslack zurückzuführen, deshalb sollen derartige Lacke nur aus den großen Lackfabriken oder Buchbindereifachgeschäften bezogen werden.

Ferner kommt es vor, daß die Lackierungen von Bronzedrucken keinen Hochglanz auf den Goldflächen zeigen. Der Grund liegt darin, daß eine zu grobe und minderwertige Bronze verwendet wurde, statt daß man eine feine und schmierig gemahlene gebrauchte. Bei zu groben Bronzen „ersäuft" der Lack und läßt an diesen Stellen nur einen stumpfen Rückstand zurück.

Ein zweimaliges Kalandrieren bronzierter Abdrücke ergibt ein schönes blattgoldähnliches Aussehen nach dem Lackieren.

Beim Lackieren mit der Maschine muß der Spirituslack bzw. der Extrakt dieselbe Konsistenz wie bei der Handlackierung haben. Ebenso müssen die Papiere lackierfähig sein, andernfalls ist es notwendig, gleichfalls auf der Maschine mit Leim- oder isländischem Mooswasser vorzugrundieren, um das Einschlagen des Lackes zu verhindern. Selbstverständlich darf der Spirituslack niemals mit etwas anderem als mit Spiritus verdünnt werden, da er andernfalls eine Zersetzung erleidet, die ihn vollständig unbrauchbar macht.

Das Lackieren auf maschinellem Wege geschieht in der Weise, daß die Bogen an den Zylindern, ähnlich wie bei den Schnellpressen, angelegt, über eine oder mehrere mit Lack versehene Walzen geführt werden, wodurch die Oberfläche der zu lackierenden Bogen mit einer Lackschicht versehen wird. Das Trocknen der äußerst gleichmäßigen Maschinenlackierung auf der Oberfläche erfolgt durch das Hinzutreten warmer Luft und ergibt spiegelähnlichen Glanz. Die Greiferseiten, die auf der Schnellpresse unbedruckt bleiben, werden auch auf der Lackiermaschine nicht mitlackiert, was für das Ablegen der Bogen wesentlich von Nutzen ist.

Der mit Spiritus verdünnte Lack muß sehr sparsam abgegeben werden, weil dick lackierte Bogen ein je nach dem Charakter der Papiere unfeines Aussehen annehmen. Je dünner der Lack aufgetragen wird, um so besser ist die Wirkung, und um eine solche zu erzielen, ist es vor allem Bedingung, daß das Papier hinsichtlich der Leimung den Ansprüchen der Technik genügt. Es muß also genügend geleimt, d. h. lackierfähig sein, um das Einschlagen des Lackes zu verhindern, denn eine zu schwache Leimung gibt dem Papier die Eigenschaft, die Lackierung, mit der die Oberfläche überzogen wird, in sich aufzunehmen. In solchen Fällen müssen die Bogen mit Leimwasser vorgrundiert werden, um das Einschlagen des Lackes zu verhindern.

Die Verdünnung darf nur mit Spiritus erfolgen, weil andere Flüssigkeiten, etwa Terpentin, Damar- oder Kopallack usw., sofort einen chemischen Prozeß durchmachen würden, der den Lack unbrauchbar machen würde.

Es war in der Praxis ein Hindernis, einzelne, d. h. geschnittene Stücke zu lackieren, weil hier keine freien Papierränder zum Fassen für die Greifer vorhanden waren, so daß auf den bisherigen Maschinen sowie mit der Hand das Lackieren solcher Drucke ein Unding war. Man lackierte entweder von Hand oder aber man mußte Anlegemarken ankleben. Es dürfte einleuchten, daß das keine Annehmlichkeit war.

In neuerer Zeit haben Firmen, denen die Anschaffungskosten für die bekannten Zylinderlackiermaschinen zu hoch sind, sich einer einfacheren Maschine bedient. Es handelt sich um Lackauftragmaschinen, bei denen der Lackauftrag nicht durch eine Gummiwalze erfolgt, sondern durch eine hochglanzpolierte, hartverchromte Stahlwalze. Diese Maschine kann auch für Lackierungen mit Nitro- und allen sonstigen Lacken verwendet werden. Zudem ist die Walze keinem Verschleiß oder Verderb ausgesetzt.

Bei dieser Maschine ist die Möglichkeit gegeben, feinsten und auch stärkeren Lackaufstrich auf das Papier zu bringen, wodurch ein höherer Glanz erreicht wird.

Die Maschine lackiert die Bogen durchweg, also bis zu den Außenkanten, ohne Greiferkante. Es können somit fertiggeschnittene Formate auslackiert werden. Der Maschine schließt sich der Trockenkanal mit Infrarotbeheizung an, ein Kaltluftgebläse und Auffangkasten, so daß die Bogen stapeltrocken entnommen werden.

Das Lackieren von Papier und Karton und die Trockenvorrichtung

Als Auftragewalze dient eine hartverchromte Stahlwalze. Die Regulierung der Auftragestärke erfolgt durch die Abquetsch- oder Regulierwalze. Da wir bei der Papierlackierung meistens ohne Gegendruckwalze arbeiten, kann also durch einen dicken Lackauftrag eine Glanzwirkung erzielt werden, wie diese mit anderen Maschinen nur durch zweimaliges Lackieren erreicht wird. Verbrauch 12—20 g pro m^2 auftragfähiger Lack. Keine Greiferkante notwendig. Daraus ergibt sich der Vorteil, daß keine Zylinderumdrehung abgewartet werden muß, sondern es wird beim Arbeiten ohne Gegenwalze Bogen an Bogen angelegt. Dadurch totale Ausnutzung der Maschine und vor allem der Trockenvorrichtung. Es ist deshalb aber auch möglich, kleinste Nutzen wirtschaftlich zu lackieren. Bei Formatwechsel keine bzw. bei anderer Papierdicke nur Umstellzeiten bis zwei Minuten erforderlich. Es kann sowohl mit Spiritus- als auch mit Nitrolack gearbeitet werden. Zum Speisen der Auftragewalze sind zwei Lackkessel vorgesehen.

Infolge der größeren Saugfähigkeit von Karton gegenüber der von Papier, dringt das Lösungsmittel des Lackes in diesen ein. Es kann also mit keinem Verlaufen des Lackes gerechnet werden. Deshalb ist es erforderlich, daß der Lack im Moment der Auftragung in feiner Schicht gut verteilt wird. Das ist nur durch eine Gummiauftragwalze und eine Gegenwalze, welche den Karton gegen die Auftragewalze preßt, zu erreichen. Um das Überspringen des Lackes auf diese Gegenwalze zu vermeiden, muß diese am Bogenanfang angesteuert und am Bogenende abgesteuert werden. Diese An- und Absteuerung der Gegenwalze erfolgt durch einen Nocken, welcher entsprechend der Bogenlänge auf einem Steuerrad eingestellt wird. Ein Fühler läßt die Gegenwalze nur dann ansteuern, wenn ein Kartonbogen angelegt ist.

Diese Steuervorrichtung ermöglicht das Lackieren von Kartonbogen bis zu 1 m Länge. Sie ist jedoch so eingerichtet, daß bei Bogenlängen unter 500 mm (in Durchlaufrichtung gemessen) während eines Taktes zwei Bogen angelegt werden können. Dadurch doppelte Leistung und volle Ausnutzung der Trockenvorrichtung.

Die Trocknung erfolgt durch Infrarot-Hellstrahler. Diese Lampen mit hoher Strahlungsenergie senden Wärmestrahlen aus, die leicht durch die dünne Lackschicht dringen. Sie werden dann von der Oberfläche des Papiers bzw. des Kartons reflektiert und bringen so das Lösungsmittel von der Papier- bzw. Kartonoberseite aus zur Verdunstung. Dadurch wird eine beachtliche Einsparung an elektrischem Strom erzielt. Beim Lackieren von schmalen Nutzen können außerdem die äußeren Lampen lockergeschraubt werden, so daß hierbei weiter an Energie gespart wird. Mit der Trockenvorrichtung lassen sich auch Streifengummierungen trocknen. Ein kleiner Exhaustor saugt die verdunsteten Lösungsmittel ab. Durch diese ständige Erneuerung der Luft im Trockenkanal kann also niemals eine Sättigung mit Lösungsmitteln eintreten, wodurch eine Verzögerung des Trockenprozesses eintreten könnte. Die getrockneten, aber noch heißen Bogen werden durch eine Blaslufteinrichtung gekühlt, so daß sie im Stoß auf dem Ablegetisch gesammelt werden können. Wird das Transportband für andere Arbeiten benötigt, lassen sich die einzelnen Trockenhauben, welche den Kanal bilden, mit wenigen Handgriffen unter die Transportbandanlage stellen.

Lackiermaschinen bzw. komplette Anlagen

Lackieranlagen für Papier

Papier-Lackieranlagen werden sowohl für die Bogen- als auch für die Rollenverarbeitung hergestellt. Das Auftragwerk für die Bogen-Lackiermaschine arbeitet nach dem bekannten und bewährten Dreiwalzen-Zylinder-Auftragprinzip; die Walzen haben zueinander differenzierte Geschwindigkeit. Die eigentliche Auftragwalze arbeitet gegen den Zylinder, auf den der Papierbogen geführt wird, und hat natürlich die exakte Geschwindigkeit wie der Zylinder. Durch die Einstellung der Walzen gegeneinander werden die verschiedenen, jeweils gewünschten Lackauftraggewichte erreicht.

Bogen-Lackieranlagen können sowohl von Hand als auch mit automatischem Anleger beschickt werden. Die Trocknung erfolgt in bekannter Weise durch Führung der Bogen durch einen Trockenkanal, in dem diese auf einem kontinuierlich umlaufenden Band leicht angesaugt werden, um sie während des Trockenprozesses sicher zu fixieren. Zur Trocknung wird das kombinierte Trockenverfahren angewendet, nämlich unter Verwendung kurzwelliger Infrarotstrahler und Heißluftaufblasung. Luftmenge und Lufttemperatur kann durch entsprechende Drosselklappen eingestellt werden. Die fertiglackierten Bogen werden von dem Transportband durch eine sinnvoll konstruierte Auffangvorrichtung aufgefangen und abgestapelt, nachdem die Bogen vor Verlassen des Transportbandes durch intensiv wirkende Kühlluft behandelt wurden.

Rollen-Lackieranlagen können in gleicher Weise arbeiten wie vorstehend beschrieben. Für derartige Anlagen verfügt die Firma Jagenberg-Werke über zweierlei Maschinen; die Normalausführung besteht aus einem Dreiwalzen-Zylinder-Auftragwerk, in der gleichen Weise arbeitend wie auch die Bogen-Lackiermaschine. Auch der Trockenprozeß wird in ähnlicher Weise durchgeführt, lediglich, daß es sich um ein kontinuierliches Papierband handelt, das über angetriebene Leitwalzen durch den Kanal geführt wird. Bezüglich der Ausbildung von Trockenkanälen kann es natürlich erforderlich werden, nach Aufbringung des Lackes eine gewisse Strecke zu haben, die dazu dient, daß sich der Lack nach dem Auftragen egalisieren kann. In anderen Fällen wird es wieder erforderlich, eine spezielle Verdunstungsstrecke einzubauen. Dieses sind Fragen, die sich außer nach dem jeweiligen zu lackierenden Papier auch nach der Lacksorte richten. Bekanntlich gibt es auch lösungsmittelhaltige Lacke, die es vertragen, daß nach dem Auftrag eine Verreibewalze mit der Papierbahnoberfläche in Berührung gebracht wird, um den Lack zu verstreichen. Es versteht sich, daß Rollen-Lackieranlagen mit Schwenk-Doppel-Ab- und Schwenk-Doppel-Aufrollvorrichtungen ausgestattet sind, die eine kontinuierliche Arbeitsweise gestatten, da beim Rollenwechsel kein Stillstand und keine Geschwindigkeitsreduktion notwendig werden. Auf diese Weise erreicht man stets gleichbleibende, tadellose Effekte.

Die üblichen Arbeitsbreiten bewegen sich zwischen 600—1600 mm und die optimale Geschwindigkeit einer Anlage ist lediglich abhängig von der Verdunstungskapazität des Kanals, d. h. praktisch von der Länge des Kanals, die jeweils den gewünschten Anforderungen entsprechend gehalten werden kann. Entsprechend der gegenüber Bogen-Lackiermaschinen zumeist höher liegenden Leistung werden Rollen-Lackieranlagen an Stelle einer einfachen Kühlluftstrecke mit einem Kühlzylinder ausgestattet, da die Kontaktkühlung zweifellos wirksamer als die Luftaufblasung ist.

Gewisse Lacke bzw. gewisse Papiersorten können es erforderlich machen, von dem allgemein bekannten Dreiwalzen-Zylinder-Auftragsprinzip abzugehen. Für Spezialfälle haben wir eine Auftraganlage entwickelt, die nach verschiedenen Auftragprinzipien zu arbeiten gestattet. Es darf als bekannt vorausgesetzt werden, daß es bei manchen Papieren notwendig ist, das Papier für die Aufnahme des Lackes geeignet zu machen, d. h. also, zunächst einen Grundstrich aufzubringen, der nicht nur die Poren des Papiers füllt, sondern ebenfalls die Papieroberfläche abdeckt, damit der anschließend aufzubringende Lack keinesfalls in die Papieroberfläche einsinken kann. Es lag nahe, für dieses Arbeitsverfahren die Luftbürsten-Verstreicheinrichtung einzusetzen, zumal es sich in den meisten Fällen um niedrigviskose, wäßrige Auftragsmedien handelt. Aus diesem Grunde besteht die spezielle Maschine aus einem Einwalzen-Auftragwerk, mit dem, wie schon gesagt, unter Anwendung der Luftbürste die Papierbahn vorpräpariert wird. Das Einwalzen-Auftragwerk kann in ein Zweiwalzen-Zylinder-Auftragwerk verwandelt werden durch wenige Handgriffe. Mit diesem Walzen-Auftragwerk ist es durch seine neuartige und zweckmäßige Gestaltung möglich, im Schleifauftrag, kiss-coating-Verfahren, nach dem bekannten reverse-roll-System und dem contra-coat- oder aber dem Gravure-Auftragssystem zu arbeiten. Die eigentliche Auftragwalze kann mit der gleichen Geschwindigkeit, die die Papierbahn hat, arbeiten bzw. voreilen, nacheilen, in Richtung der Papierbahn laufen oder aber gegen die Papierbahn. Es ist an universelle Möglichkeiten gedacht, um der jeweiligen Charakteristik des zu verarbeitenden Lackes voll Rechnung zu tragen.

Aluminiumfolien-Färb- und Lackiermaschinen

Eine spezielle Ausbildung hat die Maschine zur Verarbeitung von diffizilen Materialien, wie es u. a. Aluminiumfolie in einer Stärke ab etwa acht Tausendstel darstellt, gefunden. Auch diese Maschine läßt sich in verschiedenen Arten bauen. Bekannt sind sowohl Zylinder- als auch Kanalmaschinen. Letzteren haften einige Nachteile an, so daß wir uns für die Zylindermaschine entschieden haben. Die Maschine, ein Erzeugnis der Jagenberg-Werke Akt-Ges. in Düsseldorf, in üblichen Breiten von 600 bis 1000 mm wird eingesetzt zum Auftragen von lösungsmittelhaltigen und anderen geeigneten Lacken und Farben, die optimale Geschwindigkeit liegt bei etwa 100 m/min, die maximalen Lackauftraggewichte bei etwa 1 bis 8 g/qm.

Die Bedienung der Maschine erfolgt von einem zentralen Standort aus durch nur eine Bedienungsperson; der Bedienungsplatz befindet sich vor der Maschine. Von diesem Platz aus sind die Folienabrollung, die Aufrollung, das Auftragwerk und die lackierte bzw. die gefärbte Folienbahn zu beobachten bzw. zu bedienen. Vor dort aus erfolgt ebenfalls die stufenlose Geschwindigkeitsregulierung der Lackieranlage.

Im Hinblick auf die Folienverarbeitung wurde das Auftragwerk sehr zweckmäßig ausgeführt. Das feinfühlige einstellbare Dreiwalzen-Auftragwerk ist in seiner Umlaufgeschwindigkeit stufenlos zu regulieren. Das Auftragwerk kann in seiner Laufrichtung umgeschaltet werden, so daß die Auftragwalze in Laufrichtung der Folienbahn arbeitet oder aber im Anschwemmsystem, d. h. in Laufrichtung gegen die Folienbahn. Bei stehender Maschine kann das Auftragwerk, um Walzenverkrustungen zu vermeiden, weiterlaufen bzw. ist es möglich, die Walzen vom Hauptantrieb abzukuppeln, um das Auftragwerk über Handrad zwecks leichter Reinigung von Hand durchdrehen zu können. Weiterhin gestattet es die Art der gefundenen Konstruktion, das bereits eingestellte Auftragwerk über Handhebel und Exzenter im Moment von der Gegenwalze ab- und anstellen zu können.

Die jeweils notwendige Spannungsregulierung der Aluminiumfolienbahn wird durch Geschwindigkeitsregulierung der Gegendruckwalze erreicht. Besondere Beachtung fand auch die Möglichkeit, die Bahn leicht einzuführen durch schwenkbare Anordnung verschiedener Walzen, die bei Einziehen der Bahn aus ihrer üblichen Stellung gebracht werden können.

Die Trocknung der lackierten Bahn erfolgt durch Führung dieser um einen elektrisch beheizten Zylinder von 2000 mm ⌀. Die Zylinderoberfläche ist bestens ausgenutzt durch einen sehr günstigen Umschlingungswinkel. Es können je nach den zu erzielenden Effekten Temeperaturen bis 170 bzw. 200 Grad Celsius erreicht werden bei einem Stromverbrauch von maximal 36 kW.

Eine lange Lebensdauer der elektrischen Heizelemente wird verbürgt durch vollkommen luftdicht eingebettete Heizwedel. Die Temperaturregulierung ist über Dreistufenschaltung möglich.

Die Trocknung wird wirksam unterstützt durch um den Zylinder angeordnete Infrarot-Flächenstrahler, die sich in einer Absaughaube befinden. Man kann die Absaughaube mit einer evtl. beim Kunden vorhandenen Rückgewinnungsanlage verbinden bzw. die entstehenden Gase ins Freie führen.

Die Kühlung wird mittels zweier angetriebener, in ihrer Geschwindigkeit regulierbarer Kühlwalzen durchgeführt; die Umfangsgeschwindigkeitsregulierung wird notwendig, um sich auch an dieser Stelle der Materialbahn bezüglich ihrer Ausdehnung bzw. Schrumpfung anpassen zu können.

Die Folienabrollung ist entsprechend der diffizilen Alufolienrollen ausgebildet. Die Aufrollung ist als sogenannte Pendelaufrollung gestaltet, mit der es möglich wird, Rollen zu wickeln, deren Sauberkeit den in die Maschine eingebrachten Originalrollen vor dem Lackieren in nichts nachsteht.

Es versteht sich, daß die Geschwindigkeit, die Temperaturen usw. auf entsprechenden Instrumenten ablesbar sind, um auf diese Weise die Maschine gut überwachen zu können.

Zylindergummier- und Lackiermaschinen

Vielfach wird auch heute noch auf den herkömmlichen Druckmaschinen lackiert. Die damit verbundenen Schwierigkeiten sind hinlänglich bekannt, besonders in bezug auf das Trocknen. Im Zuge der fortschreitenden Industrialisierung hat die Firma Billhöfer, Nürnberg, einen Zylinder-Gummier- und Lackiermaschinentyp entwickelt, der für die Bogenlackierung eine Reihe von Vorteilen bietet. Die Gula-Infrarapid wird in verschiedenen Modellen geliefert. Auf ihr ist es möglich, Etiketten, Plakate, Schutzumschläge, Packungen usw. hochglänzend zu lackieren. (Tafel IV/2).

Bogenanlage: Je nach Modell erfolgt die Bogenanlage von Hand oder mit Anlegeapparat. Die Anlegemarken sind schwingend und wie bei der Schnellpresse durch Exzenter gesteuert. Von der Anlage aus besitzt der Lackierer volle Übersicht über Anlegemarken, Lackierwerk, Zylinder usw. Dank der horizontalen Anlage mit flachem Bogendurchlauf besteht keine Gefahr des Faltenziehens. Auch wird dadurch die Verarbeitung von Papier und Karton bis zu 700 gm^3 und Pappen bis zu 5 mm Dicke ermöglicht. Bei kleineren Formaten ist auch Doppelanlage möglich.

Der Druckzylinder mit geschliffener Oberfläche besteht aus Stahl. Die Greiferfinger, aus Federstahl gefertigt, können einzeln verstellt werden. Der Zylinderüberzug besteht aus einem Gummituch. Zum Lackieren wird noch ein Linolstück unterlegt, das jeweils etwas kleiner als das zu lackierende Format sein muß. Der Austausch der Unterlage bei Formatwechsel erfolgt durch einfache Spannvorrichtung.

Lackierwerk: Die Maschine ist mit einem Dreiwalzen-Lackierwerk ausgerüstet. Die Schöpfwalze hat eine Hartgummiauflage und die Verteil- und Auftragwalze Spezialgummibezüge für alle Spiritus-Kopal- und Zelluloselacke. Der Lackbehälter aus Kupfer ist bequem zugänglich und zum Reinigen herausnehmbar. Die Regulierung des Druckes und der Lackauftragstärke erfolgt durch Handräder mit Einstellskalen am Lackierwerk. Der Lackauftrag erfolgt über den ganzen Bogen vollkommen gleichmäßig. Bei Bogenausfall wird das Lackierwerk durch einen Fühlerstift automatische abgehoben. Eine Förderpumpe dient zur automatischen Speisung des Lackierwerkes mit Lack. Sie ist an einen Lacktank für 60 Liter Lack angeschlossen, der außerdem einen Nebenbehälter für 2 Liter Verdünnung zur Reinigung der Pumpe und des Lackierwerkes hat. Dank dieser Lackpumpe entfällt einmal die ständige Lackkontrolle, und außerdem ist durch die laufende Durchmischung gleichbleibende Konstistenz des Lackes gewährleistet. Zum Antrieb der Lackiermaschine dient ein eingebautes Regelgetriebe mit explosionsgeschütztem Flanschmotor zur stufenlosen Einstellung jeder Arbeitsgeschwindigkeit. Die Arbeitsgeschwindigkeiten betragen jetzt bei Handanlagemaschinen bis 1600 Bogen pro Stunde und bei automatischen Anlagen bis 2400 Bogen bei Einzelbogenanlage mit einem Einzelbogenanleger und bis 3000 Bogen pro Stunde bei Einzelbogenanlage durch einen Schuppenanleger. Bei Doppelbogenanlage betragen die entsprechenden Werte 4000 Bogen pro Stunde bzw. 5000 Bogen pro Stunde. Zum Vorrücken und zur Ein- bzw. Ausschaltung ist an der Lackiermaschine ein explosionsgeschützter Dreifach-Druckknopf eingebaut. Der Antrieb für den Bogentransport geschieht durch ein eigenes Regelgetriebe mit explosionsgeschütztem Flanschmotor. Die Laufgeschwindigkeit des Transportbandes ist stufenlos regulierbar zwischen 7 und 50 m/min zur Erzielung kurzer Bogenabstände bei jedem Format. Das Transportband ist ein Spezialgewebe mit Spannvorrichtung der hinteren Transportwelle.

Der Trockenappart besteht aus einem Trockenkanal in Preßstahlkonstruktion mit eingebauten Strahlungsreflektoren. Der Trockenkanal hat aufklappbare Seitentüren zur Beobachtung des Trockenvorganges. Durch die ausreichende Anzahl von Spezial-Infrarot-Großflächenstrahlern ist eine einwandfreie Trocknung auch bei höchster Arbeitsgeschwindigkeit gegeben. Mit einem einzigen Handrad kann der Strahlenrahmen höher oder tiefer gestellt und so die Trockenwirkung reguliert werden. Durch die Gruppenschaltung am Trokkenappart ist die Ein- bzw. Ausschaltung bestimmter Strahlerreihen möglich.

Bei Normalbetrieb oder kleineren Formaten hat man eine Einstellmöglichkeit auch für den geringsten Strombedarf. Eine Schaltungskontrolle wird durch Signallampen am Trockenappart ermöglicht. Für die Bogenkühlung ist am hinteren Ende des Trockenkanals ein Elektrogebläse mit Blasrohren vorgesehen. Die Abführung der Lösungsmitteldämpfe ins Freie erfolgt durch eine am Trockenkanal angebrachte Absaughaube, durch die gleichzeitig eine den Trockenprozeß fördernde Luftbewegung erzeugt wird.

Die Bogenausführung erfolgt je nach Modell halb- oder vollautomatisch. Bei der halbautomatischen Auslage dient ein Elektrogebläse mit Schlitzdüse und Laufrollen zum Halten der Bogen an der Auslage. Dies bewirkt eine zusätzliche Kühlung der Bogen von unten und ein halbautomatisches Stapeln am Auslegetisch. Der Lackierautomat mit vollautomatischer Bogenausführung besitzt einen Stapelausleger mit eigenem stufenlosem Antrieb zur Regelung der Geschwindigkeit der Auslegerbänder und der Stapelschaltung, und außerdem eine Glattstoßvorrichtung für Bogenstapel. Die Leistung korrespondiert mit den übrigen Maschinenaggregaten. Für die Bedienung ist je eine Arbeitskraft an der Bogenanlage und an der Bogenauslage erforderlich.

Arbeitsweise: Der Bogen wird wie in der Druckmaschine mit der Breitseite gegen Marken angelegt, und zwar mit der bedruckten Seite nach oben. Während der Zylindergreifer den Bogen erfaßt, schwingen gleichzeitig die Anlegemarken aus. Der Bogen wird dann auf dem Zylinder unter der Auftragwalze durchgeführt, anschließend durch einen Kettengreifer vom Zylinder abgenommen und auf ein darunterlaufendes Transportband abgelegt. Auf diesem Transportband wandern die Bogen in knappen Abständen durch den Trockenapparat. Mit Spezial-Infrarot-Großflächenstrahlern erfolgt hier eine schnelle Trocknung. Die entstehenden Dämpfe werden durch eine Absaughaube abgeführt. Nach dem Verlassen der Trockenzone kühlt ein Elektrogebläse am hinteren Ende des Trockenapparates die durch den Trockenprozeß erwärmten Bogen und härtet gleichzeitig den Lackauftrag. Die nun ausreichend trockenen und klebfreien Bogen laufen zum Ablegetisch und können anschließend sofort gestapelt werden.

Kalandrieranlage: Als wertvolle Ergänzung der Gula-Infrarapid-Anlage ist die Kalandrieranlage Gulaphan anzusprechen. Es stehen wahlweise zwei Systeme zur Verfügung. Bei der Gulaphan-Roto — es handelt sich hier um die neueste Entwicklung auf dem Gebiete der Hochglanz-Kalandrierung — werden die mit einem Speziallack versehenen und getrockneten Bogen zwischen eine hochglanzpolierte Oberwalze aus korrosionsbeständigem Edelstahl und eine elastische Unterwalze des Kalanders eingeführt, worauf sie im Durchlauf eine Druck-Wärme-Behandlung erhalten, welche die Lackschicht auf Spiegelglanz glättet. Bei der Gulaphan-Plano-Kalandrieranlage, die sich besonders zur Hestellung von Hochglanz-Standplakaten eignet, werden die lackierten und trockenen Bogen mit der Schichtseite auf dünne, polierte Metallplatten gelegt und zwischen die Kalanderwalzen eingeschoben. Nach einer Druck-Wärme-Behandlung laufen sie über eine Kühlbahn, an deren Ende sie von den Metallplatten abgezogen werden. Auf einem zweiten Förderband kehren die Platten zur Anlage zurück.*)

Das Planoverfahren hat sich fast nur noch bei der Herstellung von hochwertigen Standplakaten und ganz besonders hochwertigen Postkarten gehalten, während sonst im allgemeinen das Roto-Verfahren sich wesentlich mehr durchgesetzt hat.

Die Oberflächenveredelung des Papiers durch Bedrucken

Von Dr. Wolfgang Fühler, Dipl. Chem., Frankfurt a. Main

Die Papierindustrie stellt für das Graphische Gewerbe und für zahlreiche weitere Verbraucher eine kaum übersehbare Skala der verschiedensten Papierqualitäten in verschiedenen Gewichtsklassen her. Abgesehen von ihrem Flächengewicht unterscheiden sich die im Graphischen Gewerbe eingesetzten Papier- und Kartonqualitäten in Eigenschaften wie:

1. Oberflächenbeschaffenheit (z. B. Glanz)
2. Saugfähigkeit
3. Festigkeit usw.

Unter den Sammelbegriff „Oberflächenbeschaffenheit" fallen die für den Drucker wichtigen Eigenschaften, die von wesentlichem Einfluß auf die drucktechnische Eignung eines Papieres sind und Glätte, Glanz, Härte und Farbannahmefähigkeit umfassen. Diese Begriffe werden oft mit dem Sammelbegriff „Bedruckbarkeit" zusammengefaßt, wozu allerdings zu sagen wäre, daß die Beurteilung der Bedruckbarkeit eines Papieres in jedem Falle auch das anzuwendende Druckverfahren berücksichtigen muß, da sich das Papier in jedem Druckverfahren anders verhält und daher in einigen Verfahren spezielle Eigenschaften erwünscht sein können, die bei anderen Druckverfahren keine Rolle spielen.

Die genannten Eigenschaften der Papieroberfläche wirken sich vielfach noch nach dem Druck auf die aufgedruckte Farbe, u. U. sogar auf später aufgetragene Lacke oder Firnisse aus, weshalb der Beschaffenheit und den chemischen Eigenschaften der Papieroberfläche größte Aufmerksamkeit seitens des Verarbeiters gewidmet werden sollte. Einige Druckfarbentypen setzen saugfähige Papier voraus, andere sind nur für geschlossene, stark geleimte, satinierte oder gestrichene Papiere geeignet, so daß angesichts der unterschiedlichen Eigenschaften der verfügbaren Papiere eine sorgfältige Auswahl der

*) Mit Erlaubnis der Firma Billhöffer entnommen der Druckschrift „Graphische Neuheiten und Fachkartei", Bern, 1. 11. 1956, Nr. 5.

Druckfarben und genaue Anpassung der Farben auf die betreffende Papierqualität erforderlich ist. Welche Anforderung an die Papierqualität in jedem Druckverfahren gestellt werden, sollen bei der folgenden kurzen Übersicht über die verschiedenen Druckverfahren erörtert werden.

Das Buchdruckverfahren (Hochdruck)

Das am längsten bekannte Druckverfahren ist der **Buchdruck.**

Charakteristisch für dieses Druckverfahren ist die erhabene Druckform, die aus einzeln gesetzten Typen, Flächen oder aus geätzten, gerasterten Klischees bestehen kann. Nur die höherstehenden Klischeeteile werden bei dem Druckvorgang eingefärbt und übertragen die Druckfarbe auf das Papier. Klischeematerialien bestehen meist aus Metallegierungen, aber oft auch aus Kupfer, Zink oder Magnesium allein. Neuerdings kommen auch Kunststoffe in Betracht. Vom Originaldruckstock werden oft auf verschiedenem Wege Duplikatdruckformen (Stereos und Galvanos) hergestellt, da in vielen Fällen die zu druckenden Auflagen so groß sind, daß die Druckform abgenutzt ist, ehe die Auflage ausgedruckt ist. Höchste Druckgeschwindigkeiten lassen sich auf **Rotationsmaschinen erzielen,** auf denen Zeitungen, Zeitschriften etc. gedruckt werden. Die hier eingesetzten Druckstöcke werden auf der Zylinderform montiert. Üblicherweise wird für die meisten Buchdruckschnellpressen von flachen Klischees auf Ein- oder Zweitourenmaschinen gedruckt. Die in diesem Verfahren erreichbaren Geschwindigkeiten sind geringer als mit der Runddruckform, weshalb der Buchdruck zugunsten anderer Druckverfahren auf einigen Gebieten rückläufige Tendenz aufweist. Mit der Schaffung von Rollenrotations- oder Bogenrotationsmaschinen und dem Ausbau und der Verbesserung der Runddruckformen dürfte dem Buchdruck im Zusammenhang mit den zu erreichenden höheren Druckgeschwindigkeiten verlorene Gebiete wieder zurückfließen. Allerdings müßten die Zurichteverfahren verbessert und Zurichtezeiten verkürzt werden können, um auch in dieser Richtung mit dem Offset- und Tiefdruck konkurrieren zu können.

Im Buchdruckverfahren werden sehr unterschiedliche Papierqualitäten und Druckfarben verarbeitet. Der Zeitungsdruck verwendet stark saugfähige, maschinenglatte, praktisch nicht geleimte Papiere. Infolge der überaus hohen Saugfähigkeit dieser Papiere können und müssen Druckfarben verwendet werden, die in erster Linie durch Wegschlagen (Eindringen, Einschlagen) wischfest werden. Ein chemischer Trocknungsprozeß ist damit nicht verbunden, so daß die Bestandteile der wegschlagenden Druckfarben noch nach Tagen in unverändertem Zustand im Papier nachzuweisen sind. Erst nach längerer Zeit können die in der Farbe enthaltenen Harzbestandteile weiter verhärten und die Farbe stärker an das Papier binden. Viele Rotationsfarben enthalten allerdings in der Hauptsache dickflüssige Mineralöle, (und nur wenig Harz), so daß diese praktisch niemals wirklich durchhärten können.

Nicht oxydativ trocknende Druckfarben werden aber auch im Buchdruckverfahren für Drucksachen verwendet, an die höhere Ansprüche gestellt werden müssen. Der unter dem eigentlich falschen Begriff „Schnelltrockenfarbe" bekannte Farbentyp ist ebenfalls auf vorwiegend Mineralöl enthaltendem Bindemittelaufbau hergestellt. Allerdings sind hierin Spezialharze auf Basis Kautschuk enthalten, die das schnelle Wegschlagen und eine nachträgliche Verharzung bewirken. Oft sind auch echt trocknende Anteile enthalten, so daß eine weitere Erhöhung der Wisch- und Kratzfestigkeit erreicht wird. Farben dieser Kategorie wurden Anfang der 50er Jahre im Graphischen Gewerbe besonders zum Bedrucken von mäßig saugfähigen, vorwiegend gestrichenen Papieren und Kartons mit mehr oder weniger Erfolg eingesetzt. Einige Druckschwierigkeiten, die mit den Schnelltrockenfarben auftraten, konnten nur teilweise behoben werden, außerdem wurden damit hergestellte Drucksachen nicht ausreichend scheuerfest, führten zu Schwierigkeiten beim Lackieren, Folienkaschieren usw., so daß man allmählich die ursprüngliche Qualität verbesserte und daraus die heute mit gutem Erfolg eingesetzten **Halb- und Hochglanzfarben** entwickelte, die wie ihre Vorgänger, in erster Linie auf Kunstdruck- und Glanzpapieren (gußgestrichenen Spezialpapieren) angewendet werden. Auch diese enthalten teilweise beträchtliche Anteile verschiedener Mineralölabkömmlinge, so daß in manchen Fällen Schwierigkeiten beim Lackieren und Kaschieren mit Folien auftreten.

Reine Leinölfarben werden heute praktisch nicht mehr verwendet, da sie zu lange Trockenzeiten aufweisen und zu stumpf trocknen. Viele Hartharze, sowohl synthetischer Art, als auch auf Basis modifizierter Naturharze, werden zur Herstellung schneller und härter trocknender Druckfarben verwendet, wodurch den gesteigerten Ansprüchen der heutigen Verbraucherschaft Rechnung getragen wird. Durch Verwendung geeigneter Trockenstoffpräparate und durch andere Druckhilfsmittel ist es heute möglich, die Verdruckbarkeit und die Trocknung der Farben allen modernen Hochleistungsmaschinen anzupassen und den Naß-in-naß-druck durchzuführen, wodurch dem Tempo der heutigen Zeit entsprochen werden kann.

Der **Offsetdruck** unterscheidet sich vom Buchdruckverfahren in erster Linie dadurch, daß die Druckform aus einer Metallplatte besteht, die meist auf photographischem Wege kopiert wird und praktisch sowohl druckende als auch nichtdruckende Bildelemente auf einer Ebene liegen (daher auch die Bezeichnung „Flachdruck".) Farbführende (also druckende) Teile der Platte nehmen nach dem Befeuchten der Platte mittels Feuchtwerk Farbe an und übertragen diese zuerst auf ein Gummituch, von dem sie erst auf das Papier gelangt. Offsetfarben müssen infolge dieser doppelten „Spaltung" des Farbfilms konzentrierter (farbkräftiger) sein und dürfen nicht mit dem Wasser des Feuchtwerkes emulgieren. Da im Offsetdruckverfahren sehr hohe Druckgeschwindigkeiten erzielt werden können, hat sich dieses Druckverfahren besonders bei Großauflagen auf dem Gebiet des Verpackungsdruckes eingeführt, die rationell auf Mehrfarbenmaschinen gedruckt werden. Auf Grund der erwähnten Tatsache, daß die Farben nicht von starren, harten Druckformen, sondern über das elastische Gummituch übertragen werden, lassen sich im Offsetdruckverfahren ebenso gut rauhe, genarbte als auch glatte Papiere bedrucken. Sie müssen nur feuchtigkeitsresistent sein, damit sie formatbeständig sind und keine löslichen Bestandteile an das Wasser abgeben, durch die Druck- oder Trocknungsschwierigkeiten entstehen können (Tonen, Schleimen, Emulgieren, etc.). Das Offsetdruckverfahren wird in zunehmendem Umfang auch für den Druck von Zeitungen und Zeitschriften, besonders in USA und England eingesetzt, aber sein Hauptaufgabengebiet dürfte auf dem **Verpackungssektor** liegen, wo in erster Linie Chromo- und -Ersatzkarton, verschiedene gestrichene Papiere und Naturpapier bedruckt werden. Der Trocknung der Farben muß in diesen Fällen besondere Aufmerksamkeit gewidmet werden, damit die Farben nicht zu schnell und hart trocknen und nachfolgende Farben nicht mehr annehmen. Durch das aufgenommene Wasser kann auch eine starke Verzögerung der Trocknung eintreten, speziell bei sauren, mit Harzleim geleimten Papieren. Dem pH-Wert*) der Papiere muß daher besondere Aufmerksamkeit gewidmet werden. Es sollten möglichst nur neutrale Papiere verwendet werden.

Für spezielle Aufgabengebiete werden Offsetdrucke vielfach mit Glanzeffekten gewünscht. Zu diesem Zwecke können Glanz- und Halbglanzfarben verwendet werden, die auf Basis harzhaltiger Firnisse aufgebaut sind. Bei der Verarbeitung sind besondere Bedingungen einzuhalten, da Glanzfarben vielfach stärkere Klebkraft haben und bei hohen Druckgeschwindigkeiten zum Rupfen neigen. Gute Glanzwirkung ist nur bei Verwendung geeigneter, also möglichst glatter, glänzender, gut geleimter oder gestrichener Papiere zu

---

) Bei dem Begriff „pH-Wert" handelt es sich um einen physikalisch-chemischen Begriff. Damit wird der Säuregrad einer Substanz definiert. Die Skala reicht von der sauren Seite (pH 1) bis zur alkalischen (pH—14) und durchläuft den Neutralpunkt (pH 7). Kaseingeleimte Papiere (Kunstdruck) sind meist alkalisch (da Kasein mit Laugen aufgeschlossen wird) und demgemäß ist der pH-Wert von Kunstdruckpapier meist 8 bis 9. Maschinengestrichenes Papier und die meisten Naturpapiere sind dagegen sauer. Sie haben pH-Werte im Bereich 4,5 bis 7. Einige Chromoersatzkartons liegen sogar noch saurer, so daß gerade auf diesem Gebiet (Ceka), besonders auf den pH-Wert geachtet werden muß, falls man Reklamationen durch Trocknungsverzögerungen der Farbe vermeiden möchte.) Zur Messung des pH-Wertes werden verschiedene Methoden angewandt:
1) Physikalische Meßapparaturen, sogenannte pH-Meter oder Ionometer.
2) Indikatorpapiere oder Lösungen die bei Veränderungen des pH-Wertes Farbtonveränderungen zeigen und der pH-Wert an Hand von Farbtonskalen abgelesen werden kann.

*) Im Offsetverfahren spielt der pH-Wert des Wischwassers ebenfalls eine ausschlaggebende Rolle. Das Wischwasser muß stets leicht sauer gehalten werden, um Tonen und Emulgieren der Farben zu vermeiden.

erzielen, auf denen die Farben nicht zu stark wegschlagen und in der Trocknung nicht verzögert werden. Glanzfarben trocknen meist mit einer sehr harten Oberfläche und stoßen später aufgedruckte Farben oder auch Lacke leicht ab. Die völlige Durchtrocknung darf daher nicht abgewartet werden, falls mehrere Glanzfarben übereinandergedruckt und anschließend lackiert werden soll. Schwierigkeiten bereiten in dieser Beziehung meist **Spirituslacke**, da die Harze dieser Lacke nur unter erheblichen Schwierigkeiten eine haftfeste Verbindung mit Glanzfarben eingehen und das milde Lösungsmittel kaum zu einem Erweichen des Farbfilms führt. Mit Nitrolacken sind diese Schwierigkeiten meist nicht vorhanden.

Im **Tiefdruck** besteht die Druckform meist aus einem Kupferzylinder, in den die druckenden Bildelemente mittels Eisenchloridlösung eingeätzt werden. Im Prinzip sind die Vervielfältigungsverfahren Radierung, Stahlstich, Kupferstich ebenfalls dem Tiefdruck zuzuordnen, aber auf eine nähere Beschreibung dieser Verfahren soll an dieser Stelle verzichtet werden.

Im Tiefdruckverfahren taucht der geätzte, meist zur Erzielung größerer Lebensdauer verchromte Kupferzylinder in die dünnflüssige Tiefdruckfarbe ein, entnimmt aus der Farbwanne einen Überschuß an Farbe, der durch eine Stahlrakel bei der Zylinderbewegung abgerakelt wird. Durch die Rasterung der Druckform fällt die Abstreifrakel nicht in die Vertiefungen („Rasternäpfchen") ein, so daß die Näpfchen stets randvoll mit Farbe erscheinen und dadurch immer gleichbleibende Farbmengen von der Druckform auf das Papier gelangen. Dadurch ist eine unterschiedliche Farbgebung, wie sie in den vorerwähnten Druckverfahren durch Einstellung des Farbwerkes möglich ist, ausgeschlossen. Tiefere Farbwirkung läßt sich indessen durch Einsatz konzentrierterer Druckfarben (mit höherem Pigmentgehalt) erreichen. Umgekehrt kann durch Verschneiden der Farben mit transparenten Verschnittmitteln oder Firnis ein hellerer, farbschwächerer Ton erzielt werden. Bei Großauflagen, wofür der Tiefdruck infolge der großen Lebensdauer seiner Druckformen und der erhöhten Kosten der Druckformenherstellung in erster Linie in Frage kommt, schleift sich der Zylinder doch allmählich, wenn auch geringfügig ab. Gegen Ende der Auflage muß daher mit konzentrierterer Farbe gedruckt werden, damit die Farbtiefe über die Gesamtauflage etwa gleichbleibt.

Im Tiefdruckverfahren unterscheidet man zwei voneinander getrennt zu haltende Einsatzgebiete. Der sogenannte **Öltiefdruck** setzt Druckfarben ein, die aus Benzin, Toluol und teilweise auch Xylol bestehen. In diesen Lösungsmitteln werden Natur- und Kunstharze gelöst (= Firnisse). Pigmentfarbstoffe, anorganische Farben (Mineralfarben) und Substrate werden in diesen Firnissen auf gekapselten Maschinen (Kugelmühlen, Trichtermühlen, Walzen- und Barrenstühlen) angerieben und anschließend durch Zentrifugieren, Sieben etc. von gröberen Bestandteilen und Verunreinigungen gereinigt.

Tiefdruckfarben dürfen keine sandigen, körnigen, rauhen oder gröberen Bestandteile enthalten, da sonst die Tiefdruckzylinder im Druck beschädigt und unbrauchbar werden.

Im Öltiefdruck werden die meisten der deutschen Wochenillustrierten, die teilweise in Auflagen von bis vier Millionen mit einem Umfang bis 160 Seiten pro Woche erscheinen, gedruckt. Auch Prospekte, Zeitungs- und Zeitschriftenbeilagen (Bildbeilagen zu Tageszeitungen) werden aus verschiedenen Gründen vielfach im Tiefdruckverfahren gedruckt, besonders wo es auf eine photograpieähnliche Bildwiedergabe ankommt, und vor allem glatteres Papier verwendet werden kann. Für die Bildwiedergabe wird meist der Dreifarbendruck, seltener der Vierfarbendruck und zwar naß-in-naß-angewandt. Zwischen jedem Druckwerk hat die Farbe ausreichend Gelegenheit zu trocknen, obwohl bei den vielfach angewandten höchsten Druckgeschwindigkeiten nur Bruchteile von Sekunden dafür zur Verfügung stehen.

Nach Verlassen der Maschine ist die bedruckte Papierbahn praktisch trocken, wodurch ein Verwischen der Farben nicht möglich ist. Auf dieser Tatsache beruht der wesentlichste Vorteil des Tiefdrucks, da die Trocknung außerdem durch Anwendung von Warmluft und durch Verwendung entsprechend schnell oder langsam verdunstender Lösungsmittel usw. nach Belieben beeinflußt werden kann.

Der sogenannte Spezialtiefdruck wird indessen zum Bedrucken von Spezialpapieren, Metall- und Kunststoff-Folien usw. eingesetzt. Hierfür ist oft ein besonderer Farbaufbau, der die jeweiligen Eigenschaften des zu bedruckenden Materials berücksichtigen muß, notwendig. Kunst- und Naturharze und viele Kunststoffe werden dafür verwendet, ebenso eine ganze Reihe verschiedener Lösungsmittel, die besonders für die Herstellung von Verpackungen auf dem Lebensmittelsektor geruchsarm und physiologisch einwandfrei sein müssen. Dadurch läßt sich auch die geforderte Abriebfestigkeit und ausreichender Glanz erreichen. Durch forcierte Trocknung lassen sich praktisch alle Lösungsmittelrückstände aus der Farbe heraustreiben und dadurch einwandfreie Verpackungen auch für sehr empfindliche Lebens- und Genußmittel herstellen. (Kaffeebeutel usw.)

Bei der Auswahl der Papiere muß besonders auf die Papieroberfläche geachtet werden, da härtere Verunreinigungen (Sandkörnchen usw.) leicht zu einer Beschädigung der Druckform führen und Rakelstreifen entstehen, die nicht mehr aus dem Zylinder entfernt werden können.

Verpackungen für Seifen und Waschmittel werden mit Spezialfarben bedruckt, die gegenüber den aktiven Bestandteilen der Waschmittel widerstandsfähig sind, oft guten Glanz zeigen müssen und scheuerfest sind. Diese Eigenschaften lassen sich durch Verwendung spezieller Bindemittel ohne Schwierigkeiten erreichen. Durch anschließende Lackierung, die meist in einem zusätzlichen Farbwerk der Tiefdruckmaschine durchgeführt wird, werden diese Eigenschaften weiter verbessert und höchsten Ansprüchen gerecht.

Im **Gummidruckverfahren** (früher Anilingummidruck genannt) werden heute nicht nur Beutelverpackungen und Drucksachen hergestellt, an die geringere Ansprüche gestellt werden, sondern auch hochwertige Verpackungspapiere, Dekorationsmaterialien und Klarsichtverpackungen verschiedener Art. Auch Wett-Zettel usw. und Eindrucke in verschiedene Tageszeitungen usw. werden heuzutage meist im Gummidruckverfahren vorgenommen. Die im Gummidruckverfahren verwendeten Farben sind im Prinzip den Tiefdruckfarben ähnlich. Verschiedene Lösungs- und Bindemittel kommen zum Einsatz, je nachdem auf welche Druckträger gedruckt wird und welche Eigenschaften gewünscht werden.

Beutelverpackungen (Obsttüten usw.) auf Zellulose- oder Kraftpapier werden bevorzugt im Gummidruckverfahren bedruckt und zwar vorwiegend mit Farben auf Basis spirituslöslicher Anilinfarbstoffen. Durch Einsatz besonderer Bindemittelzusätze läßt sich eine ausreichende Wasser- und Wischfestigkeit erreichen. Die Lichtbeständigkeit dieser Farben ist gering, aber für die Art der Verpackung ausreichend. Höhere Lichtbeständigkeit ist durch Verwendung von Pigmentfarbstoffen zu erreichen. Dadurch läßt sich auch auf getönten Papieren ein verhältnismäßig brillanter Druck erzielen.

Im Gummidruck können weiche und harte Gummiklischees eingesetzt werden. Demzufolge läßt sich in gleicher Weise glattes und rauhes Papier bedrukken, ohne daß eine übermäßig starke Druckspannung erforderlich ist. Quetschränder können dadurch leichter verhindert werden, als mit den härteren, starren Druckelementen des gewöhnlichen Buchdruckverfahrens. (Metallklischee.)

Die Druckfarben im Gummidruck sind größtenteils auf Basis sprit- oder esterlöslicher Bindemittel aufgebaut, die praktisch geruchlos trocknen. Demzufolge können Lebensmittelverpackungen, die in jeder Beziehung den Anforderungen des Lebensmittelgesetzes entsprechen, unter Verwendung spezieller Gummidruckfarben hergestellt werden. Eine unmittelbare Berührung zwischen der Farbe und dem betreffenden Lebensmittel sollte jedoch verhindert werden, damit auch bei längerer Lagerung der verpackten Lebensmittel keine Farbenbestandteile auf die Lebensmittel übergehen können.

Das **Siebdruckverfahren** zählt eigentlich zu den ältesten Reproduktionsverfahren, da es, allerdings in wesentlich primitiverer Ausführung, schon von den alten Chinesen angewandt wurde. Erst in den zwanziger Jahren dieses Jahrhunderts wurde das Verfahren auch für den Druck und die Vervielfältigung von Gemälden (Selectasine Studio, Berlin) wieder aufgegriffen. Zum Druck von Textilien usw. („Filmdruck") wurde das Verfahren jedoch schon seit längerer Zeit eingesetzt.

Durch Verfeinerung der Methoden der Schablonenherstellung, durch Anwendung von Kunststoff- und Edelstahl-Geweben und durch fortlaufende Entwicklungen auf dem Gebiet der Siebdruckfarben wurde dem Verfahren in den vergangenen 12 Jahren ein ungeheurer Auftrieb gegeben und die Anwendung auf zahlreichen Gebieten im graphischen Gewerbe ermöglicht. Heute zählt das Verfahren vollwertig zu den klassischen Druckverfahren Hoch-, Flach- und Tiefdruck, wovon es sich am augenscheinlichsten durch die Art der Druckform unterscheidet. Im Gegensatz zu den drei erwähnten Verfahren wird im Siebdruck die Farbe *durch* die Druckform (Siebschablone) gedrückt, weshalb man den Siebdruck früher als *„Durchdruck"* bezeichnete.

Durch geschickte Auswahl geeigneter Druckfarben können im Siebdruckverfahren nicht nur Papier und Karton, sondern Kunststoffartikel, Platten aus Glas, Blech, Hartfaserplatten usw. bedruckt werden. Dadurch lassen sich Verkehrsschilder, Aufsteller, Behältnisse, Fässer usw. einwandfrei und selbst den heutigen, gesteigerten Ansprüchen entsprechend bedrucken. Auch für den Abziehbilderdruck hat sich das Verfahren bestens bewährt, da in einem einzigen Druckgang ein so starker Farbfilm gedruckt werden kann, daß die vom Abziehbild geforderte Stabilität ohne weiteres erreicht wird. Schaufensterkleber aus Papier, Kunststoff- oder Metallfolien können ebenso gut im Siebdruck hergestellt werden. Infolge der geringen Kosten, die mit der Herstellung der Druckform verbunden sind, arbeitet das Verfahren sehr wirtschaftlich und bietet somit die Möglichkeit, auch kleinere Auflagen mehrfarbiger Drucksachen rationell herzustellen.

Die im Graphischen Gewerbe angewandten Methoden zur Erzielung glänzender Drucksachen unterscheiden sich in einigen Punkten sehr wesentlich. Das am längsten bekannte und auch heute noch mit gutem Erfolg angewandte Verfahren ist die direkte Lackierung auf der Lackiermaschine. Seit den Zwanziger Jahren dieses Jahrhunderts hat sich aber auch der Glanzüberdruck mit harz- und ölhaltigen Glanzfirnissen immer mehr durchgesetzt, da dieses Verfahren sehr wirtschaftlich arbeitet, seine Vorzüge, aber auch einige Mängel hat. Schließlich hat in der heutigen Zeit mit den immer höher steigenden Ansprüchen das Kaschieren mit Klarsichtfolien seine Vorzüge unter Beweis gestellt. Einige Spezialverfahren, zu denen das Blindprägen, Glanzstoßen und schließlich der Überdruck im Siebdruck zählen, vervollständigen die Auswahl der Verfahren, wenn man nicht auch das Lackieren mit der Spritzpistole, das man auf einigen Gebieten bevorzugt anwendet, zu den Möglichkeiten zählen will, glänzende Druckerzeugnisse herzustellen.

Glänzende Drucksachen, bei denen nur der Druck selbst Glanz zeigt, lassen sich in verschiedenen abgestuften Glanzgraden durch Einsatz von Halbglanz-

und Brillantglanzfarben herstellen. Der erzielbare Glanzeffekt hängt dabei sehr wesentlich von der Oberflächenbeschaffenheit des angewandten Druckträgers ab. Insbesondere spielen Eigenschaften wie Glanz- und Leimungsgrad des Papiers, Glätte und Art der Nachbehandlung (Streichen, Kalandrieren, Glanzstoßen, Imprägnieren oder Beschichten usw.) eine sehr wesentliche Rolle, denn auch die Beschaffenheit der anzuwendenden Druckfarben muß auf diese Eigenschaften und Eigenarten Rücksicht nehmen. Glanzfarben zeigen vielfach strengere Konsistenz und infolgedessen höhere Klebkraft und können somit bei höherer Druckgeschwindigkeit zu einem Rupfen führen, dem man entweder durch Herabsetzen der Druckgeschwindigkeit oder durch Zusätze zu den Farben begegnen kann. Durch Verringerung der Druckgeschwindigkeit entstehen Verzögerungen in der Fertigung, durch Veränderung der Farbenkonsistenz Glanzverluste, so daß beide Verfahren Nachteile hervorbringen.

Beste Glanzbildung durch Verarbeitung von Glanzfarben läßt sich auf doppelt gestrichenem Kunstdruckpapier oder auf den modernen gußgestrichenen Glanzpapieren und -Kartons erreichen. Durch die stärkere Farbführung im Buchdruckverfahren ist der erzielbare Glanz höher als im Offsetdruck, bei dem das nicht zu vermeidende Wischwasser und durch die doppelte Spaltung des Farbfilms über Platte und Gummituch zwangsläufig Nachteile hervorgerufen werden. Da die Scheuerfestigkeit von Glanzfarben, speziell auf gußgestrichenen Glanzpapieren oft zu wünschen übrig läßt, und gerade diese Eigenschaft im Verpackungsdruck angestrebt werden muß, werden Glanzfarbendrucke oft nachträglich mit Glanzfirnissen überdruckt. Dadurch läßt sich nicht nur der Glanzgrad, sondern durch Anwendung Gleitstoffe enthaltender Präparate auch die Scheuerfestigkeit beträchtlich erhöhen. Es muß aber daher auf das Naß- oder Trockensprühen, das zur Vermeidung des Abliegens angewandt wird, möglichst verzichtet oder auf ein Minimum beschränkt werden, da die Scheuerfestigkeit selbst durch die feinsten Staubteilchen herabgesetzt wird.

Glanz- und Halbglanzfarben werden vielfach im Naß-in-Naßdruck auf Mehrfarbenmaschinen verarbeitet. Selbst durch erhöhte Trockenfähigkeit der einzelnen Farben ergeben sich keine Schwierigkeiten bezüglich der Farbannahme, wie sie bei Glanzfarben oft entstehen, wenn zwischen den einzelnen Druckgängen auf Einfarbenmaschinen längere Zeiträume vergehen.

Auf stärker saugfähigen oder nicht ganz glatten Papier- oder Kartonqualitäten läßt sich ebenfalls eine gute Glanzwirkung erzielen, wenn mit einem Vordruck (Matt- oder Glanzpaste, Vordruckfirnis oder auch Tonfläche) gearbeitet wird. Von dieser Möglichkeit wird im Verpackungsdruck vielfach Gebrauch gemacht, um besonders auf Chromoersatzkarton und einigen minderwertigen Kartonqualitäten annehmbaren Glanz und bessere Scheuerfestigkeit zu erreichen. Durch Überdruck wachshaltiger Pasten ist die Scheuerfestigkeit ebenfalls zu verbessern.

Der Glanzüberdruck mit farblosen Überdruckfirnissen im Offsetverfahren wird vielfach im Verpackungsdruck angewandt. Dabei lassen sich die Klebestellen beim Druck von Faltschachteln leicht aussparen und damit Klebeschwierigkeiten vermeiden. Bei vollflächigem Druck des Glanzfirnis wird oft die leichte Vergilbung auf dem unbedruckten Papier bemerkbar. Diese Vergilbung läßt sich nicht ganz vermeiden, selbst nicht durch Anwendung von optischen Aufhellern. Sie stört aber auf Faltschachteln meist nicht allzu sehr und kann in Kauf genommen werden. Nur auf die Geruchsbildung muß geachtet werden, da durch die oxydative Trocknung und durch Anwendung höherer Trockenstoffanteile Geruchsbildner entstehen, die bei unzureichender Lüftung gern im Papier verbleiben und zu einer Geruchsbildung führen, die insbesondere auf dem Lebensmittelverpackungssektor unerwünscht ist. Entweder muß der Druck ausgehängt werden oder man wendet ein anderes Verfahren an (Lackieren mit Speziallacken).
Glanzfarben lassen sich ebenfalls im Tiefdruck verarbeiten. Durch die schnelle Trocknung ist ein ungestörtes Weiterverarbeiten möglich. Aus diesem Grunde werden heute vielfach Verpackungen für Waschmittel im Tiefdruckverfahren hergestellt. Der erforderliche Glanz wird auch hier schon allein durch die Farbe erzielt, oder er kann durch Überdruck entsprechender Lacke im gleichen Druckgang (im vierten Farbwerk) erzielt werden.
Durch Anwendung geeigneter Lacke ist auch die Alkali- und Waschmittelfestigkeit ohne Schwierigkeiten zu erzielen. Der Lack muß selbstverständlich auf die Farben abgestimmt sein, damit die Lösungsmittel und eventuell vorhandenen Weichmacher keinen nachteiligen Einfluß ausüben können.

Im *Siebdruckverfahren* lassen sich ebenfalls Glanzfarben und Lacke verarbeiten. Die Beschaffenheit der Oberfläche des Druckträgers ist zwar auch hier maßgend für den zu erzielenden Glanz, doch läßt sich infolge der stärkeren Farbschicht, die im Siebdruck aufgetragen werden kann, auch auf weniger glatten Materialien annehmbarer Glanz erzielen. Glanzdrucklacke ergeben oft sowohl auf vorgedruckten Farben als auch auf unbedrucktem Papier guten Glanz aber hier spielt die Vergilbung eine noch größere Rolle als im Buchdruck- und Offsetdruck, da der Farbfilm wesentlich stärker ist. Kunststofflacke mit minimaler Vergilbungsneigung können nicht überall eingesetzt werden, da die vielfach stärker wirkenden Lösungsmittel eine zu stark lösende Wirkung auf die Druckfarben ausüben und „Hochziehen" oder Ausbluten verursachen können.

Oxydativ trocknende Glanzlacke sollten im Siebdruck mit Vorsicht angewandt werden, da nicht nur die Vergilbung, sondern auch die Neigung zum Nachkleben Unannehmlichkeiten verursachen kann. Beim Versand der Drucksachen sollte unbedingt ein Einschußbogen eingelegt werden. Unmittelbare Berührung von lackierten Flächen sollte vermieden werden. Besonders ist darauf zu achten, daß der Überdruck völlig durchgetrocknet ist, da die beim

Trocknen entstehende Wärme, besonders bei Papieren, die zweiseitig bedruckt sind, zu einem Zusammenkleben führen kann. Auch eine stärkere Vergilbung wird dadurch hervorgerufen, die allerdings im Licht wieder teilweise verschwindet. Nicht rein weiße, holzhaltige Druckträger zeigen allerdings wesentlich stärkere Vergilbung, die oft zu Beanstandungen führen kann. Es sollten daher nur gestrichene oder holzfreie Papiere eingesetzt werden, falls die Vergilbung auf einem Minimum gehalten werden muß.

Neben dem Glanzüberdruck im Offset-, Tief- und Buchdruckverfahren spielt die Lackierung auf der Lackiermaschine eine bedeutende Rolle, denn dadurch läßt sich ein gleichmäßiger Glanz erzielen, der den Druck vor mechanischem Abrieb schützt und die Farben satter, tiefer erscheinen läßt. Durch Verwendung spezieller Lackqualitäten können auch andere wünschenswerte Eigenschaften erzielt werden, wie z. B. Alkali- oder Säureechtheit, oder Wetterbeständigkeit, wie sie bei Drucksachen gefordert wird, die der Witterung längere Zeit ausgesetzt werden sollen.

Für weniger beanspruchte Drucksachen wird sogar heute noch die Lackierung mit Kopallacken auf Spritbasis angewandt, da diese Lacke hell sind, also keine störende Vergilbung hervorrufen und außerdem preiswert hergestellt werden. Nachteilig ist lediglich die Neigung zum Mehlen, falls sich lackierte Flächen gegenseitig berühren und verscheuern. Durch Anwendung von Lacken auf Basis von Kunstkopalen ist dieser Nachteil weitgehend ausgeschlossen, doch zeigen diese Lacke meist eine etwas stärkere Eigenfärbung.

Zu beachten bei Spirituslacken dieser Art ist stets die Einwirkung des Lösungsmittels auf die Druckfarben. Vielfach enthalten Buch- und Offset-Druckfarben Teerfarbenpigmente, die nicht völlig unlöslich sind und ausbluten können wenn die Drucke mit Spritlacken überzogen werden. Vor dem Lackieren sollten daher grundsätzlich Vorproben vorgenommen werden unter Verwendung des zur Anwendung kommenden Lackes. Dabei hält man sich zweckmäßigerweise an die Normprüfmethoden der DIN-Norm 16 524.

Ebenso wichtig ist die Vorprüfung aber auch zur Bestimmung der Lackierfähigkeit der Farbe in bezug auf *Haftung* des Lackes. Viele Druckfarben enthalten Harze oder andere Bestandteile, die mit dem Lack keine ausreichende Verbindung eingehen. Es kommt daher vielfach vor, daß Spirituslacke abgestoßen werden und auf dem Druck leicht abkreiden oder verletzbar bleiben. Durch stärkeres Erwärmen der Drucke (erneutes Durchlaufenlassen durch die Trocknungsanlage bei Temperaturen über 100° C) ist vielfach der Schaden zu beheben. Falls aber höhere Wachsanteile in der Farbe enthalten sind, hilft selbst diese Maßnahme nicht immer. Es muß dann auf Speziallacke zurückgegriffen werden, die stärker lösende (erweichende) Lösungsmittel enthalten und ebenfalls bei höheren Temperaturen getrocknet werden. Hierfür kommen vielfach Nitrolacke in Betracht, die aber fast immer Weichmacher enthalten, wodurch eine noch stärker lösende Wirkung auf die Farbe ausgeübt wird als durch Spritlacke.

Im Tiefdruck gedruckte Druckarbeiten werden meist nicht auf der Lackiermaschine lackiert, sondern in der Druckmaschine selbst. In Ausnahmefällen greift man aber auch auf Speziallacke zurück, die auf der Lackiermaschine aufgetragen werden können. Es muß aber auch hier auf die Zusammensetzung der Farben Rücksicht genommen werden, damit der Lack nicht abgestoßen wird oder die Druckfarben zu stark angelöst werden. Durch Verwendung spezieller, stark füllender Lacke lassen sich Spiegelglanzeffekte erzielen, die den meisten Ansprüchen gerecht werden.

Glanzkaschierung oder Lackierung

Von Dr. Wolfgang Fühler, Frankfurt a. M.

Unter den verschiedenen Arbeitsmethoden, zur Herstellung von Drucksachen mit hoher Glanzwirkung zu versehen, spielt die **Folienkaschierung** eine erhebliche Rolle, obwohl das Verfahren sehr kostspielig ist und umfangreiche Apparaturen erfordert. Im Vergleich zur Spritlackierung oder gar zum Glanzüberdruck fällt aber nicht nur der wesentlich höhere Glanzeffekt, sondern auch die gesteigerte Schutzwirkung gegenüber mechanischer Einwirkung stark in die Waagschale, wodurch bei höchsten Ansprüchen gerade diesem Verfahren der Vorzug gegeben wird.

Trotzdem sind oft Nachteile in Kauf zu nehmen, da auf gewissen Farben oder auch auf einigen Papierqualitäten eine feste, unlösbare Verbindung mit der Kaschierfolie schwer oder überhaupt nicht zu erreichen ist. Auch kann durch Temperaturschwankung oder durch Änderungen in der Luftfeuchtigkeit ein Wellen oder Rollen erfolgen. Diese Erscheinungen sind bei der einseitigen Lackierung unter gewissen Bedingungen aber auch festzustellen und auch hier nicht ohne weiteres abzustellen.

An zweiter Stelle der Rangliste steht nach wie vor die vollflächige Lackierung, die auf Lackiermaschinen verschiedener Bauart vollzogen wird. Diese enthalten Vorrichtungen, um eine beschleunigte Trocknung durch Wärmeanwendung zu erzielen. Oft kommt neben Infrarotstrahlen auch Heißluft in Betracht, wodurch die verdunstenden Lösungsmittel sofort entfernt werden und die Brandgefahr reduziert wird. Zur Anwendung kommen vielfach sogenannte Spirituslacke, auch Etiketten- oder Kopallacke genannt, die, wie der Name besagt, als Lösungsmittel in erster Linie den relativ schnell verdunstenden Spiritus (Äthylalkohol) enthalten, in dem in unterschiedlichen Mengen spirituslösliche, meist aus Naturquellen stammende hellfarbige Harze gelöst werden. Je nach gewünschter Trockenzeit können verschiedene, meist ebenfalls mildriechende, aber höhersiedende Lösungsmittel enthalten sein, die zu einer

Verbesserung des Oberflächenglanzes führen, aber den Nachteil haben, daß sie stärker ins Papier eindringen und auf die Druckfarben einwirken können. Dadurch tritt unter Umständen ein Anlösen, im schlimmsten Fall ein direktes Hochziehen der Farben ein, besonders wenn an einigen Stellen des Druckes mehrere Farben übereinander liegen. Dadurch entstehen Runzeln, oftmals auch Blasen, die dem Ansehen des Druckes sehr abträglich sind.

Durch diese Kopallacke entsteht bei satter Lackierung eine spiegelnde Fläche. Auf dem unbedruckten Papier fällt aber der Lack stärker ein und verursacht daher eine ungleichmäßige Glanzwirkung. Durch stärkere Lackierung läßt sich ein gleichmäßiger Glanz erzielen, doch tritt dabei oft eine Vergilbung des Druckes ein. Man hat mit unterschiedlichem Erfolg auch Kunstharze und Kunststoffe herangezogen, die wiederum andere Nachteile aufweisen. Weitere Nachteile natürlicher, spritlöslicher Harze sind ihre leichte Verseifbarkeit, ihre geringe Härte und ebenso auch ihre Vergilbungsneigung. Es lag daher nahe, spezielle Kunstharze oder andere Produkte heranzuziehen, die diese Nachteile nicht hatten.

Seit Jahren spielt die **Nitrozellulose** auf dem Lackgebiet eine große Rolle, da sie wasserhell löslich ist und sich durch eine relativ gute Lichtbeständigkeit auszeichnet. Auch die Härte der Lackschicht ist je nach Weichmachergehalt in weiten Grenzen variierbar. Aus diesen Gründen hat man auch im graphischen Gewerbe seit einigen Jahren auf diesen Rohstoff zurückgegriffen, um den Kopallack zu ersetzen. Leider zeigte es sich, daß damit nicht ohne weiteres hoher Glanz zu erzielen ist, und daß die schärfer wirkenden Lösungsmittel, Nitrolacke, sich ungünstig auf den Druck auswirken. Viele Farbstoffe, die in spiritus-lackierbaren Farben verwendet werden konnten, durften bei Verwendung von Nitrolacken nicht eingesetzt werden, da sie im Lack ausbluteten und darüber hinaus durch die Lackschicht wanderten und auf der Oberfläche sogar ausblühten. Diese Erscheinung wurde bisher nur bei stark weichmacherhaltigen Kunststoff-Folien beobachtet. Die Ursache ist zweifellos in der bestimmten „Wanderungsneigung“ und Weichmacherlöslichkeit dieser Farbstoffe begründet und kann nur durch Verwendung einiger spezieller, aber auch leider sehr kostspieliger Rohstoffe ausgeschaltet werden. Begreiflicherweise kann der Weichmachergehalt des Lackes nicht vermindert werden, da sonst eine starke Versprödung eintreten würde. Auch die Verwendung spezieller Weichmacher, in denen die Farbstoffe nicht oder weit weniger löslich sind, ist nicht in jedem Falle möglich.

Seit einiger Zeit stehen Speziallacke zur Verfügung, die sich durch hervorragende Glanzwirkung und darüber hinaus durch beste und bleibende Elastizität bei guter Oberflächenhärte auszeichneten. Die Verarbeitung dieser Lacke, die von namhaften Lackfabriken in Deutschland geliefert werden, kann sowohl auf der Lackiermaschine mit entsprechenden Heizvorrichtungen als auch durch Spritzen erfolgen. Letztgenanntes Verfahren dürfte für den graphischen Betrieb weniger in Betracht kommen, es sei denn, daß größere oder stärkere Pappen, die nicht mittels der Lackiermaschine lackiert werden können, verarbeitet werden müssen.

Nach dem Lackauftrag erfolgt ein Kalandrieren bei höherer Temperatur, wodurch eine weitere Steigerung der Glanzwirkung und der Oberflächenhärte erzielt wird. Es handelt sich dabei um Spezialkalander, die speziell für diesen Zweck hergestellt werden.

Die Glanzwirkung, die nach diesem Verfahren erzielt wird, ist verblüffend und kommt dem Folienkaschieren sehr nahe in der Wirkung. Allerdings müssen auch hier unbedingt nitrolackierfähige Druckfarben eingesetzt werden, die speziell auf Weichmacherbeständigkeit geprüft sind. Aus diesem Grunde sollten nur ausdrücklich für diese Lackierung vorgesehenen Farben verarbeitet werden, damit ein Ausbluten verhindert wird. Es genügt nicht, einfach nitrolackierbare Farben zu bestellen, sondern es muß ausdrücklich darauf aufmerksam gemacht werden, daß der Druck anschließend nach dem Lackieren kalandriert wird, denn die dabei angewandten Temperaturen wirken infolge des Weichmachergehaltes des Lackes weit stärker auf die Farben ein als bei normaler Nitrolackierung.

Abschließend wäre noch darauf hinzuweisen, daß bei der Verarbeitung sogenannter Schnelltrockenfarben oder solcher, die einen höheren Mineralölgehalt aufweisen, Schwierigkeiten auftreten können. Zweckmäßigerweise sollten daher nur Druckfarben mit oxydativer Trocknung verarbeitet werden, und zwar möglichst ohne allzu hohe Trockenstoffzusätze. Diese würden eine zu starke Trocknung der Farbe verursachen, so daß diese beim anschließenden Lackieren hochgezogen werden könnte. Die bei Spritlackierung oft zu beobachtende schlechte Haftung speziell auf Farben, die einen gewissen Lüster aufweisen, ist bei der neuen Lackiermethode kaum zu befürchten, da schon beim Lackauftrag ein Anlösen der Farben erfolgt und damit eine weit bessere Verbindung zwischen Farbe und Lack herbeigeführt wird.

Selbstverständlich können auch Tiefdruckarbeiten nach diesem Verfahren lackiert werden, soweit die Farben lackierecht und weichmacherunempfindlich sind. Beim Kalandieren muß aber die geringstmögliche Wärme angewandt werden, da Tiefdruckfarben meist thermoplastisch sind und Schwierigkeiten verursachen können. Es kommen daher vielfach Spezialtiefdruckfarben und spezielle Kalanderlacke für derartige Arbeiten in Betracht.

Hochglänzende Lackschichten auf Bromsilberbildern, Fotografien und Druckarbeiten vermittels des Terpentinlackes

Wenn auch durch die Spirituslackierungen ein wesentlicher Schutz der Buntdrucke gegen verschiedene nachteilige Einwirkungen und ein brillantes Hervortreten der Druckfarben erzielt wird, so können doch Fälle eintreten, wo zur Erzeugung eines noch weit widerstandsfähigeren Lacküberzuges gegriffen werden muß, und da sind die Terpentinlacke vorzuziehen. Handelt es sich z. B. um Landkarten, Drucksachen oder Fotografien, die in Räumen aufgehängt werden, wo sich Rauch und Staub entwickelt, oder die — wie bei Landkarten — sehr veil in Gebrauch genommen werden, dann ist das Lackieren mit Terpentinlack am Platze.

Die Drucksachen und Fotografien aller Art sind hier ebenfalls mit dem Leimwasser vorzugrundieren, denn dadurch wird das Einschlagen des Terpentinlackes und Durchsichtigwerden vermieden. Die Vorgrundierungen müssen ebenfalls erst gründlich austrocknen, worauf das Überstreichen mit Terpentinlack erfolgt, wobei es nicht unbedingt nötig ist, in überheizten Räumen zu arbeiten, weil der Lack nicht erstarrt, streifig oder fleckig wird wie der Spirituslack. Der Lack verstreicht sich sehr leicht, und man kann, wenn nötig, mit dem Pinsel auch noch ein zweites Mal über die frischgestrichenen Flächen gehen, um eine Ausgleichung herbeizuführen. Das Trocknen geschieht gleichfalls in der bei der Spirituslackierung geschilderten Weise, jedoch ohne besonders starke Wärmeanwendung, und es genügt ein ganz dünner Anstrich, um einen sehr dauerhaften und brillanten Hochglanz zu erhalten, der der Reinigung mit Wasser bzw. mit einem feuchten weichen Lappen bestens widersteht. Wird ferner Karton oder Pappe gewählt, die gegen Feuchtigkeit imprägniert ist, und werden die Bilder usw. nach dem Aufziehen und Trocknen des Klebemittels mit Terpentinlack lackiert, so sind sie gegen die Einwirkung von Feuchtigkeit ganz wesentlich geschützt und infolgedessen für lange Zeit zur ständigen Reklame brauchbar. Kolorierte, d. h. mit Wasserfarben übermalte und retuschierte Fotografien auf emulsionierten Mattpapieren oder Bromsilberbildern lassen sich mit Terpentinlack ohne vorherige Gelatinegrundierung überziehen, weil die Streichschicht bzw. die Bild- oder Emulsionsschicht gleichzeitig als Vorgrundierung auftritt, und demnach ist ein Ausfließen der Kolorierfarben nicht zu befürchten, da der Terpentinlack diese Farben nicht angreift. Den Terpentinlack kann man sich selbst herstellen. Folgende Zusammenstellung, die einen sehr schönen Hochglanz ergibt, sei empfohlen: 100 g bestes reines Damarharz, in großen hellen Stücken gekauft, werden grob pulverisiert und dann in einer geräumigen sauberen Flasche mit weitem Halse mit 200 ccm rektifiziertem Terpentinöl übergossen. Dann gibt man noch 10 bis 15 g bestes goldgelbes venezianisches Terpentin dazu und stellt hierauf die gut verkorkte Flasche an die Sonne oder an einen mäßig warmen Ort, bis sich alles gelöst hat. Um das Lösen zu beschleunigen, ist des öfteren kräftig umzuschütteln. Man läßt den Harzlack nach der völligen Lösung längere Zeit ruhig abstehen und schüttelt die klare Flüssigkeit vorsichtig in einen anderen Behälter, so daß der Bodensatz zurückbleibt.

Der Lack ist mit einem entsprechend großen, feinen, weichen Pinsel möglichst dünn aufzutragen, da gerade dadurch die Arbeit erleichtert wird und der Lacküberzug einen tadellosen Hochglanz erhält. Ein Versuch wird lehren, wieviel Lack aufzutragen ist.

Das Lackieren mit dem Harzlack ist sehr leicht ausführbar, besonders auf vorgrundierten Papieren. Das Trocknen der lackierten Bilder geht ziemlich rasch im mäßig warmen Raum (im Winter erwärmt) vor sich, doch ist für eine genügende Ventilation zu sorgen, da die Terpentindämpfe ebenfalls feuergefährlich sind und auch unangenehm empfunden werden, obwohl sie der Gesundheit nicht schaden.

Daß die mit Terpentinlack frisch überzogenen Bilder bzw. Arbeitsräume vor Staub, Ruß usw. ebenfalls sorgfältig behütet werden müssen, darf nicht unerwähnt bleiben; denn Verunreinigungen des Lackes oder der Lackierungen ergeben sehr störende Fehler, die gerade in den hochglänzenden Flächen ungemein hervortreten. Sollte der Lack durch langes Stehen oder während der Verarbeitung auf dem Teller dick geworden sein, so ist er mit etwas rektifiziertem Terpentinöl zu verdünnen. Im übrigen ist derselbe unbegrenzt haltbar und verdickt nicht, wenn der Behälter stets gut verkorkt gehalten wird.

III. Kapitel

Die Veredelung des Papiers durch den Prägevorgang

Von F. C. Grümer, Krefeld

Papierprägung

Die moderne Entwicklung der Papierveredlung durch Prägen, auf die nachstehend näher eingegangen sei, hat auch der technischen Vervollkommnung der hierfür in Frage kommenden Maschinen erheblichen Auftrieb gegeben. Die Plattenprägung ist hiervon kaum berührt worden, da ihre Anwendung auf einige wenige klassische Gebiete beschränkt ist. Ganz anders liegen die Dinge dagegen bei den *Ausstattungspapieren im weitesten Sinne*. Hier haben vor allem auch die modernen Kunststoffe und ihre Verbindung mit Papier durch Imprägnieren und Kaschieren fördernd gewirkt. So verwendet man z. B. heute mit Kunststoffen behandelte Papiere in steigendem Maße als Bucheinbandstoffe, für Verpackungszwecke usw., da sie infolge ihrer außerordentlich hohen Reißfestigkeit und Preiswürdigkeit nicht zu übersehende Vorteile bieten. Darüber hinaus verleiht die Präparierung den Papieren guten Schutz gegen Verschmutzen, wie man ja auch in Verbindung mit Kunststoffen abwaschbare Papiere herstellen kann.

Diese Entwicklung stellt aber neue und ganz *besondere Ansprüche an die zum Prägen verwendeten Maschinen*, denen die im früheren Aufsatz abgebildeten Prägekalander nicht ohne weiteres genügen.*) Besonders bei mit Kunststoffen behandelten Papieren bedarf es oft einiger wesentlicher Zusatzeinrichtungen wie des Vorwärmens und Abkühlens unmittelbar vor bzw. nach dem Prägevorgang. Diese ganze Entwicklung hat daneben auch die Wünsche des Abnehmers in bezug auf eine möglichst reichhaltige Auswahl von Dessins gesteigert. Damit entstand für den Papierverarbeiter die Notwendigkeit zu *öfterem Dessinwechsel*. Wer mit der Materie vertraut ist, weiß, welcher Zeitaufwand trotz Klapplagern usw. bei Prägekalandern der bisherigen Bauart notwendig war, um einen kompletten Walzensatz zu wechseln. Die hiermit verbundenen erhöhten unproduktiven Kosten sind zum Teil erheblich und

---

*) Vergleiche VI. Kapitel „Papierveredelung durch Oberflächenbehandlung", Seiten 118 bis 124, in dem im Technischen Verlag Herbert Cram, Berlin W 35, 1956 erschienenen Fachbuch von Walter Heß, „Die Papierveredelung", 154 Seiten, DIN A 5, Halbleinen, Preis DM 9,80.

belasten die Kostenrechnung sehr. Man hat aber heute Prägekalander entwickelt, bei denen man das Auswechseln eines ganzen Walzensatzes, bestehend aus Stahlwalze, Papierwalze und Rapporträdern, in etwa 10—15 Minuten bewerkstelligen kann. Dies hat sich vor allem bei neuartigen Prägekalandern bewährt, bei denen jedoch vollkommen normale Walzenkonstruktionen, wie sie seit Jahrzehnten bekannt sind, verwendet werden. Die Möglichkeit, etwa vorhandene Walzenbestände auch in modernen Maschinen zu benutzen, ist damit ohne weiteres gegeben. Tafel V zeigt zwei Prägekalander.

Wie bei jedem anderen Kalander, so ist im besonderen aber beim Prägekalander die Auswahl der richtigen Walzen von großer Wichtigkeit. Eine gute Kenntnis gegebener Möglichkeiten ist vonnöten, will man Zeit und Kosten sparen und unnötige Schwierigkeiten vermeiden. Bei allen z. B. mit Kunststoffen behandelten Papieren, die als Bucheinbandmaterial bzw. für Kartonagen- und Verpackungszwecke Verwendung finden, bedient man sich beim Prägen meist kleiner Dessins und Narben wie Boe-, Kreuz-, Saffian- und ähnlichen Narben. Es kommt dabei lediglich darauf an, eine gute Oberflächenprägung zu erzielen, während eine volle Negativausprägung der Abseite nicht notwendig ist. Es genügt meist eine gewisse nur teilweise Durchprägung, die der Abseite ihre Glätte nimmt und sie damit beim Kleben besser haften läßt. In solchen Fällen bedient man sich mit gutem Erfolg als Gegenwalze einer *Baumwollgewebewalze.* Diese kann hierbei ohne weiteres für eine Vielzahl der vorerwähnten Dessins oder Narben verwendet werden und braucht nicht im Rapport zu laufen. Man braucht also dann nur die Stahlwalze auszuwechseln. Die Anschaffungskosten einer solchen Baumwollgewebewalze sind zwar verhältnismäßig hoch, doch zeichnen sich diese Walzen besonders durch ihre bessere Elastizität, größere Unempfindlichkeit gegen Beschädigungen durch Eindrücke und ihre längere Lebensdauer aus. Wenn man bedenkt, daß man in solche Walze an Stelle mehrerer Papierwalzen — bei Normalprägung eine Papierwalze pro Dessin — verwenden kann, dann dürften die höheren Investierungskosten in allen Fällen, in denen eine Baumwollgewebewalze am Platze ist, gerechtfertigt sein.

Die *Senkung der Prägekosten* ist stets ein besonderes Anliegen der Papierverarbeiter gewesen. Zwei Faktoren sind es, die diese Kosten entscheidend beeinflussen, und zwar:

1. die toten Zeiten bzw. unproduktiven Kosten
2. die Leistung der Prägemaschine in m/min.

Tote Zeiten bzw. *unproduktive Kosten* entstehen durch Walzenwechsel und die eigentliche Bedienung. Über den Walzenwechsel wurde bereits oben ausführlich gesprochen. Moderne Prägekalander (Tafel V) sind so eingerichtet, daß der Kalanderführer alle Vorgänge von seinem Stand aus mittels Hebel und Druckknöpfen steuern kann. Er braucht also keinen Schritt zu tun, um beispielsweise beim Abreißen der Papierbahn die Maschine zu entlasten und die Walzen zu lüften.

Die Leistung moderner Prägekalander ist ebenfalls bedeutend höher, als dies bei den alten Kalandern von Haus aus der Fall war. Die Maschinen sind mit stufenlos regelbaren, druckknopfgesteuerten Antrieben ausgestattet, die ohne Wälzlager noch höhere Leistungen ergeben. Es sei aber in diesem Zusammenhang darauf hingewiesen, daß Wälzlager nicht für jede Prägung empfehlenswert sind.

Pappenprägung

Zu einer Beschreibung des Papierprägens gehören sinngemäß auch Ausführungen über das Prägen von Pappe. Im Rahmen der Veredelung von Papiererzeugnissen durch Prägen kommt ja der Pappenprägung eine besondere Bedeutung zu. Im besonderen stellt das große Gebiet der Kofferindustrie ständig sich steigernde Anforderungen an die *modische Gestaltung der Kofferpappen,* die man nicht zuletzt durch Prägen zu erfüllen sucht. Diese Anforderungen haben naturgemäß auch das Prägen selbst erheblich beeinflußt und verfeinert. Über diese Anforderungen muß man sich vollkommen im klaren sein, wenn ein Prägekalander für den genannten Zweck anzuschaffen ist. Man wähle stets eine Maschine, mit der auch auf den härtesten der in dem betreffenden Betrieb hergestellten Pappen ein gutes Ausprägen auch schwieriger Muster, wie z. B. Naturnarben, gewährleistet ist. Im allgemeine dürfte man mit einer maximalen Druckleistung von 80 000 kg das Auskommen finden. Lediglich in Fällen besonders harter Pappen, bei denen man z. B. bei der Stoffaufbereitung mit Kunststoffzusätzen gearbeitet hat, und bei Vulkanfieber empfiehlt es sich, eine höhere Druckleistung von etwa 120 000 kg vorzusehen (Tafel VI).

Standen früher die Naturnarben, die dem fertigen Koffer z. B. ein lederähnliches Aussehen geben sollten, im Vordergrund des Interesses, so sind diese heute unter oftmals völligem Verzicht auf die Lederimitation mehr und mehr zurückgetreten. Bestimmte *Naturnarben,* und das sind vor allem die kleinen Muster, wie z. B. Skytogen-, Peccary-, Saffian- und ähnliche Narben, dürften auch heute noch zur Standardkollektion gehören, während grobe Narben, wie z. B. Rindlederimitationen, fast völlig zurückgetreten sind. Die modernen Werkstoffe — auf die Verbindung mit Kunststoffen wurde bereits hingewiesen — wollen heute nicht mehr als „Ersatz", sondern als vollwertige Erzeugnisse neben den alten klassischen Werkstoffen gewertet werden. Diese Tendenz findet auch in der äußeren Gestaltung ihren deutlichen Ausdruck. Diese neuen Werkstoffe erfordern andere Dessins als die alten; neue, bisher unbekannte Muster kommen heraus. Diese neuartigen Dessins sollen den Werkstoff als solchen kennzeichnen unter völligem Verzicht auf Anlehnung an die klassischen Werkstoffe.

Bei der eigentlichen Prägetechnik hat diese Entwicklung unstreitig zu einer Verfeinerung geführt. Beim Prägen einer Kofferpappe mit Rindledernarben kam es früher nicht immer so genau darauf an, ob die Pappe sauber gearbeitet war, da die Prägung gewisse Mängel ohne weiteres verdeckte. Heute liegen die Dinge aber anders. Die moderne Gestaltung einer Kofferpappe durch Prägen stellt an die eigentliche Herstellung der Pappe höchste Ansprüche, was auch durch die besonders im Ausland beobachtende Tendenz unterstrichen wird, die Langsiebmaschine wegen der größeren Gleichmäßigkeit der Pappe bei entsprechender Steuerung des Stoffauflaufs zu bevorzugen.

Besondere Bedeutung kommt vor allem auch der *Gegenwalze* zu, da diese zur Erzielung einwandfreier Ergebnisse von großer Bedeutung ist. Bei allen kleinen Narben und Dessins, die infolge ihrer geringen Gravurtiefe ein volles Ausprägen der Oberfläche ohne Durchprägen erlauben, hat sich die Hartgußwalze immer noch am besten bewährt. Anders dagegen liegen die Dinge bei größeren Narben und Dessins, bei denen infolge der größeren Gravurtiefe durch die Verwendung einer Metall-Gegenwalze ein Beschädigen, wie z. B. ein Aufplatzen der Pappe, zu befürchten ist. Das trifft besonders auch auf Rindleder- und ähnliche Naturnarben zu, die sehr unregelmäßig Partien hinsichtlich Struktur und Narbe aufweisen. In solchen Fällen empfiehlt es sich, eine *elastische Gegenwalze* zu verwenden. An die elastische Gegenwalze werden besondere Anforderungen gestellt. Sie muß einerseits eine genügende Nachgiebigkeit haben, Narben und Dessins der geschilderten Art ohne Gefahr einer Beschädigung der Pappen prägen zu können, andererseits aber auch genügende Härte, um die lästigen Kantenmarkierungen zu vermeiden. Hier haben Baumwollfaserwalzen bisher die besten Resultate ergeben. In diesem Zusammenhang sei abschließend noch auf eine Prägung eingegangen, die durch die moderne Entwicklung bedingt ist: Bei bestimmten Dessins, wie z. B. *Gewebeimitationen,* wird zum Teil auch ein Durchprägen der Pappe gefordert, wobei also das Muster im Negativ auf der Rückseite erscheint. Die Verwendung eines Unionwalzensatzes verbietet sich in solchen Fällen, erstens wegen der hohen Kosten und zweitens wegen der meist zu geringen Gravurtiefe. Als Aushilfe verwendet man in solchen Fällen am besten eine normale eingelaufene Papierwalze, wobei man bei der Einführung der Pappen mit besonderer Sorgfalt zu Werke gehen muß.

Auch *farbige Prägungen* auf Pappe sind ohne weiteres möglich. Allerdings scheidet dabei das eingangs geschilderte Farbwerk völlig aus. Hier verwendet man am besten die *Überfärbemaschine* oder das *Rakel*verfahren. *Wichtig ist* dabei vor allem, daß die Pappe vor dem Prägen auf genaue Stärke kalibriert wurde, da sich sonst Ungleichmäßigkeiten in der Überfärbung zwangsläufig ergeben. Beim Überfärben geprägter Pappen muß man sich vor allem folgendes vor Augen halten, wenn man sich viel Ärger und Kosten ersparen will: Das Überfärben geprägter Pappen hat zur unbedingten Voraussetzung, daß die Gravur nach einer besonderen Technik für diesen Zweck eigens ausgeführt wurde. Vorhandene Walzen, die für normale Prägungen graviert wurden, eignen sich meist nicht zum Herstellen überfärbter Prägungen. Es bedarf meist der völligen Neugravur.

Papierkapseln und ihre Fertigung

Die Herstellung der Papierkapseln für Pralinen und Gebäck, die mit Wellenfalten versehen sind, sowie der „Tekturen" für Arzneiflaschen erfolgt heute durchweg maschinell. Bei einer Kapselmaschine mit Kraftantrieb werden die ausgestanzten Zuschnitte durch einen Revolvertisch dem Prägewerkzeug zugeführt. Diese Maschine eignet sich ausschließlich für die Herstellung von Pralinen- und Gebäckkapseln mit Wellenfalten. Vor allem aber sind daneben auch noch Kapselmaschinen für Fußbetrieb (Tafel VII/1) gebräuchlich; auch mit ihnen stellt man Pralinen- und Gebäckkapseln aus Papier mit Wellenfalten her, darüber hinaus aber eignen sie sich auch zum Herstellen von Pralinenkapseln aus Staniol oder Aluminium-Folien sowie für Flaschenkapseln (Tekturen) mit Plisseefalten.

Letztgenannte beide Kapselarten prägt man immer einzeln, Pralinen- und Gebäckkapseln aber stets in größerer Anzahl auf einmal. Die gleichzeitig geprägte Stückzahl richtet sich nach der Stärke des Papiers. Ist das Prägewerkzeug (Tafel VII/2) zum Beispiel für die Verarbeitung von 12 Blatt weißen holzfreien Papiers im Gewicht von 50 g/qm gefertigt, dann kann man mit dem gleichen Werkzeug etwa 16 bis 18 Blatt des gebräuchlichen Pergaminpapiers von 40 g/qm verarbeiten.

Die Kapselmaschine mit Kraftantrieb formt die Papierscheiben in der vorgenannten Anzahl, je nach Stärke des Papiers, zu Kapseln, die alsdann nach Durchgang durch ein beheiztes Rohr in einen untergestellten Behälter fallen (Tafel VIII). Der sich drehende Revolvertisch ermöglicht ein überaus schnelles und doch sicheres Arbeiten, da die bedienende Person immer nur die abgezählten Papierscheiben in die nacheinander erscheinenden Tischöffnungen zu legen hat; sie kann niemals mit ihren Händen unter den sich auf und nieder bewegenden Stempel gelangen. Der Revolvertisch hat vier oder fünf Einlegeöffnungen, um die Zuschnitte außerhalb des Arbeitsbereiches der Maschinen einlegen zu können. Er befindet sich während des Präge- und Durchziehvorganges in Ruhe, so daß wegen des dadurch überaus bequemen Einlegens der Zuschnitte schnelle Arbeitsleistung gewährleistet ist. Je nach der Größe der zu verarbeitenden Papierscheiben sind die Einlegeöffnungen des Revolvertisches mit größeren oder kleineren Ringen versehen. Diese Ringe haben den gleichen Außendurchmesser wie die Einlegeöffnung des Tisches, während die Bohrungen der Einlegeringe jeweils den Durchmessern der Papierscheiben entsprechen.

Die einzelnen Teile der Prägewerkzeuge (Unterform, Ziehstempel und oberer Faltenvorschlagteil) müssen genau aufeinander abgestimmt und eingepaßt sein. Alle mit dem Papier in Berührung kommenden Teile sind aus Rotguß gefertigt. Die Werkzeug-Unterteile werden mit Gas oder auch elektrisch beheizt. Ein gut gearbeitetes Werkzeug verarbeitet jedes zweckentsprechende Papier, auch verschiedener Stärke, wobei man beachten muß, daß der unveränderlich festliegende Zwischenraum zwischen dem Ziehkanal des Unterwerkzeuges und dem Ziehstempel durch das Papier vollständig ausgefüllt werden muß. Man kann also von stärkerem Papier weniger Blatt einlegen als von dünneren Papieren.

Das zu verarbeitende Papier muß eine bestimmte Feuchtigkeit haben. Steht, was das günstigste ist, ein feuchter Keller — dort gelagertes Papier kann man ohne zusätzliches Befeuchten verarbeiten — nicht zur Verfügung, so muß man besonders in der trockenen, heißen Jahreszeit oder in heißen Zonen das Papier in der Weise anfeuchten, daß man zwischen jeweils 20 oder 30 Bogen einen angefeuchteten Bogen saugfähiger Pappe legt. Werden nun in einem Werkzeug 12 Blatt gleichzeitig verarbeitet, so kann man die Bogen auch gleich abzählen und nach 12 Blatt immer ein dünnes Zwischenpapier beilegen. Natürlich darf das Papier auch nicht zu feucht sein. Nun stanzt man die Zuschnitte mittels eines Ausstanzeisens in Lagen von 100 Bogen und mehr auf einer Stanzmaschine aus. Die Zuschnitte kommen dann zur Kapselmaschine, wo die Bedienungsperson die entsprechende Blattzahl einlegt. Zwischenschießen eines dünnen farbigen Bogens vor dem Ausstanzen macht ein Zählen der Zuschnitte entbehrlich, vielmehr kann die Arbeiterin von Zwischenscheibe zu Zwischenscheibe einfach abgreifen, wobei es keine Rolle spielt, ob sie einmal ein Blatt weniger oder mehr einlegt. Bei richtigem Feuchtigkeitsgehalt des Papiers ergeben sich schön ausprägte, haltbare Kapseln. Hierfür sind das beheizte Werkzeug und der anschließende Trocknungsprozeß im Heizrohr des Werkzeuges von großem Einfluß.

Wie einleitend bereits erwähnt, kann man auf der Kapselmaschine für Fußbetrieb außerdem noch Pralinenkapseln aus Staniol oder aus Aluminiumfolien herstellen. Diese Kapseln werden einzeln hergestellt und können auch eine Bodenprägung erhalten. Die Leistung beträgt dabei etwa 10 000 Stück pro Tag. Weiter lassen sich in Einzelfertigung auch Flaschenkapseln (Tekturen) mit Plissefalten herstellen (Leistung wie bei Alu-Kapseln). Hierbei ist die Verarbeitung auch mit einem Futterpapier möglich. Auch diese Einzelkapseln gelangen im Unterwerkzeug in ein Heizrohr; sie sind in saubérster Weise auch mit kleinstem Bodendurchmesser herstellbar.

Eine dritte Art sind Falzrandkapseln mit plisseegefaltetem und oben doppelt umgefaltetem Rand. Auch sie stellt man wegen der Plisseefaltung einzeln her. Früher geschah dies auf Fußkapselmaschinen in drei einzelnen Arbeitsgängen unter Anwendung dreier Einzelwerkzeuge: Im ersten Arbeitsgang setzte man die gefaltete Kapsel in das Unterwerkzeug einer Glätt- und Umfaltform ein, dann preßte man die Plisseefalten nach und faltete den oberen Rand einmal um. Das dritte Werkzeug legte dann den Kapselrand nochmals um. Die Arbeit war also ziemlich umständlich, und man konnte mit nur einer Maschine und den drei nacheinander auszuwechselnden Werkezugen täglich nur etwa 3000 Kapseln herstellen. Man verwendete deshalb auch oft drei Maschinen nebeneinander, jede für einen der drei Arbeitsgänge, um eine entsprechend größere Leistung zu erzielen.

Heute gibt es für diese Kapseln einen Automaten, der die drei Arbeitsgänge in sich vereinigt; er verarbeitet das Papier von der Rolle und fertigt etwa 60 Kapseln in der Minute an.

Ungefähre Leistungsangaben :

Fußkapselmaschine: Bei der Herstellung von Pralinen- und Gebäckkapseln mit Wellenfalten bei Verarbeitung von weißem holzfreiem Papier im Gewicht von 50 g/qm und 12 Blatt pro Hub rund 40 000 bis 50 000 Kapseln pro Tag, wobei die niedere Zahl die größeren Gebäckkapseln und die höhere die kleineren Pralinenkapseln betrifft. — Pralinenkapseln aus Aluminium-Folien und Flaschenkapseln mit oder ohne Futterpapier täglich etwa 10 000 Stück. — Falzrandkapseln, die ebenfalls einzeln und noch dazu in drei eizelnen Arbeitsgängen hergestellt werden, täglich etwa 2500 bis 3000 Stück.

Kraftkapselmaschine: Pralinenkapseln bei 12 Blatt 50 g/qm Papier etwa 150 000 Stück, bei 18 Blatt Pergamynpapier etwa 215 000 Stück pro Tag.

Die Lieferung von Kapselmaschinen erfolgt meist mit einem eingebauten Werkzeug, so daß bei Ankunft der Maschinen nach dem Einschalten der Heizung sofort gearbeitet werden kann. Es empfiehlt sich, mit der eingespannten Form erst längere Zeit zu arbeiten, damit die Arbeiterin mit den Arbeitsgängen vertraut wird und sich einarbeiten kann. Erst dann sollte man die Form, falls notwendig, auswechseln. Dies gilt für die Maschine sowohl für Kraft- wie für Fußbetrieb.

Ein Kapselwerkzeug besteht zunächst aus einer beheizten Unterform, in deren leicht trichterförmige Fläche radiale Zähne eingefräst sind, die genau in die senkrecht im Durchziehkanal eingestoßenen Riefen einlaufen. Der Übergang von der trichterförmigen Schräge in den Durchziehkanal ist entsprechend abgerundet. Das zweiteilige Werkzeug-Oberteil besteht aus einem entsprechend gerieften, an den Werkzeugschaft geschraubten Ziehstempel und einem gleitend auf dem Schaft befindlichen oberen Faltenvorschlagteil. Bei der Fußkapselmaschine ergibt sich mit dem richtig eingespannten Werkzeug folgender Arbeitsvorgang: Die Zuschnitte werden in den Anlagering des Unterwerkzeuges eingelegt. Das obere Faltenvorschlagteil wird mit einem, entsprechend dem Schaftdurchmesser aufgeschlitzten Rundeisen („Anschlageisen") gegen den Support der Maschine abgestützt. Man hält es mit der rechten Hand. Nun führt man einen entsprechend harten Schlag durch Treten auf den Fußhebel auf die eingelegten Papiere aus, wodurch diese eine radiale Faltenmarkierung erhalten. Daraufhin läßt man den Fußhebel ein klein wenig nach, gerade soviel, daß man das Anschlageisen vom obereen Werkzeugschaft abziehen kann und tritt nun den Fußhebel langsam ganz durch. Hierbei wird das radial vorgeprägte Papierbündel, auf dem die Last des obereen Faltenvorschlagteils ruht, von dem Ziehstempel in den Ziehkanal des Unterwerkzeuges gedrückt und in das Heizrohr befördert. Dort trocknet das Kapselbündel weiter aus und wird bei den weiteren sechs bis acht Arbeitshüben — je nach Kapselrandhöhe — nach unten aus dem Rohr herausgedrückt, wo es auf einer Schräge in einen untergestellten Behälter gleitet. Bei der Kraft-Kapselmaschine besteht der wesentliche Unterschied gegenüber der Fußkapselmaschine nur darin, daß der Faltenvorschlag nicht durch ein Anschlageisen, sondern automatisch durch einen entsprechenden Maschinenteil erfolgt.

Es ist ein Beweis für den niemals rastenden, sondern immer Neues schaffenden Geist unserer Fachingenieure, die bestehenden Konstruktionen der Maschinenproduktion nicht als der Weisheit letzten Schluß zu betrachten, sondern immer wieder Verbesserungen zu erdenken, um auf Grund der in der Praxis gesammelten Erfahrungen die Leistungsfähigkeit der Lieferwerke hinsichtlich der Güte des Materials und exakter Arbeitsweise der fertiggestellten Erzeugnisse für den Fabrikanten auf den denkbar höchsten Stand zu bringen.

In den vorstehenden Ausführungen ist in der Hauptsache die Kapselmaschine mit Fußbetrieb berücksichtigt worden. Inzwischen hat der Hersteller seine Kapselmaschine mit Drehtisch in neuer, moderner Konstruktion auf den Markt gebracht.

Die Kapselmaschine ist bestens geeignet zur rationellen Herstellung von Pralinenkapseln aus Papier. Es können mit jedem Arbeitshub bis zu 25 Blatt Papier verarbeitet werden, so daß die tägliche Leistung bis über 200 000 Kapseln beträgt. Der größte zu verarbeitende Zuschnitt beträgt 130 mm Durchmesser, mithin kann die größte Kapsel bei einer Randhöhe von 32,5 mm einen Bodendurchmesser von 65 mm haben. Ebenso lassen sich alle kleineren Kapseln mit der Maschine herstellen, indem in die Öffnungen des Revolvertisches besondere Ringe eingelegt werden, die den kleineren Zuschnittgrößen entsprechen.*)

*) Im Interesse der Vollständigkeit der behandelten Themen ist dieser Abschnitt aus dem Buch „Die Praxis der Papierverarbeitung" übernommen worden.
Eine Abbildung dieser Maschine finden Interessenten auf der Bildtafel XXXXVIII des vorgenannten Fachbuches.

IV. Kapitel

Die Spitzenpapierfabrikation

Die Zweckbestimmung

Ben Akiba werden die Worte zugeschrieben — „es ist alles schon dagewesen!" Sie waren schon liebe alte Bekannte in den vielen Jahren der Vorkriegszeit, die Spitzenpapiere, und sind jetzt wieder zu haben, die von jeder Hausfrau so geschätzten preiswerten Torten-, Tisch- und Plattenpapiere aus Papier für die Ausstattung des gastlichen Tisches zur Erhöhung der gastronomischen Lebenskultur.

Schon vor dem Kriege waren diese Erzeugnisse ein begehrter Verkaufsartikel in den Papiergeschäften. Die wenigsten Verbraucher wissen, wie diese Erzeugnisse hergestellt werden. Sie wirken verkaufswerbend, weil sie billig, praktisch und formschön sind. Sie werden, soweit sie als Tellerdekoration dienen, nach jedesmaligem Gebrauch erneuert, da der niedrige Verkaufspreis des Einzelstückes solchen „Luxus" gestattet.

Auf den schmalen Kantendekorationen für Kartonagen der verschiedensten Art, wie Bonbonieren, Wäschepackungen u. a. haben wir alle schon unseren Blick ruhen lassen. Sie sind kleine Meisterwerke der Papierkunst.

Gerade die Kartonageindustrie ist ein dankbarer Abnehmer der Spitzenstreifen, die sie zur Innenausstattung von Kartons benötigt. Aus den unendlich vielen Mustern dieser Streifenpapiere ist zu ersehen, wie leistungsfähig die Technik auf diesem Gebiet ist.

Während in der guten alten Zeit die Tochter des Hauses oder gar die Hausfrau selbst sich bemühte, durch mühsame Klöppeleien Küchenkanten herzustellen, nimmt ihnen heute die Industrie nicht nur diese Arbeit ab, sondern liefert im Ansehen gleichwertigen Ersatz in den aus Papier gefertigten Erzeugnissen.

Handarbeiten können durch Maschinenarbeiten annähernd ersetzt werden. Die früher zu deren Anfertigung verwendete Zeit ist dadurch anderweitig verfügbar.

Teller- und Tortenpapiere

Die vielen Arten von Teller- und Tortenpapieren fesseln unsere Blicke. Wir glauben wirkliche Stickereien vor uns zu sehen, wertvolle Häkeleien und flandrische Spitzen. Die Wirklichkeit überzeugt uns aber bei näherem Be-

trachten davon, daß wir nur Papier vor uns haben und alles nur eine Nachahmung, ein billiger Ersatz für die mühseligen Handarbeiten, ist.
Von den „Kuchen-, sogenannten Dessertpapieren" ist zu sagen, daß farbige Stoffe wohl seltener als Herstellungsmaterial Verwendung finden.
Torten-, Kuchen-, Bratenpapiere sowie verschiedene andere Gattungen von Spitzenpapieren in vollendetster Form auf den Markt gebracht zu haben, das ist ein Verdienst des gegenwärtigen Standes unserer Industrie.
Die Walzwerke der Maschinen arbeiten so zuverlässig, vor allem aber so schnell, daß die darauf hergestellten Erzeugnisse sehr billig herzustellen sind. Dadurch wird einesteils der Verbrauch erhöht, andererseits ist die logische Folge hieraus die stärkere Beschäftigung der Industrie.
Die Formen dieser Artikel, welche die Stickerei in ihren verschiedenen Arten nachahmen, sind gar mannigfaltig: rund, oval, viereckig, in allen Fällen aber den Bestimmungen angepaßt, denen sie zu dienen berufen sind.
Ein besonderer Zweig der Luxuspapierfabrikation, deren Erzeugnisse unsere Aufmerksamkeit in hohem Maße verdienen, ist die Herstellung von Torten- und Spitzenpapieren.
Da diese auf Walzen gearbeitet werden, so dürfte es einleuchten, daß auch das Papier auf solche gewickelt ist und automatisch abgewickelt sowie geschnitten wird. Das Papier ist ausnahmslos sehr dünn, muß aber in sich sehr fest sein, um den vielen, dicht aneinanderliegenden Schneiden standhalten zu können, ohne auszureißen.
Ähnlich der Bauart der Gaufrierkalander ist die Maschine, welche zur Herstellung von Spitzenpapieren dient. Man weiß oftmals nicht, wem das größere Verdienst gebührt, den fleißigen Händen der Spitzenarbeiterinnen oder den Maschinen dieses Industriezweiges.
Torten- und Tellerpapiere sind es, welche dieser Handelszweig schafft. Die Art und Weise der Arbeitsleistung auf den Maschinen zu diesen Artikeln ist im Prinzip ebenfalls dieselbe wie beim Gaufrierkalander. Nur wird bei einigen Arten dieses Artikels nicht jedes Stück einzeln in die Maschine, sondern ähnlich wie bei dem Zeitungsdruck auf der Rotationsmaschine auf Rollen gewickelt eingeführt, die beim Arbeitsvorgang mechanisch abgewickelt und verarbeitet werden.

Die maschinelle Herstellung der Spitzenpapiere

Durch den Bau von Maschinen für endlose Streifen ist die Spitzenpapierfabrikation in vollständig neue Bahnen gelenkt worden. Wer die frühere stückweise Arbeitsmethode kannte, wird den ungeheuren Fortschritt erkennen. der auf diesem Gebiet der Papierverarbeitung vor sich gegangen ist; während man beim Arbeiten von einer gravierten viereckigen Platte mit Bleihammer oder Walzwerk nur notdürftig einen sauberen Schnitt oder einen mangelhaften Schein von Prägung erzielte, besorgen die heute gebauten Maschinen in einem

Arbeitsgange die vollständige Fertigstellung der Spitzenpapiere. Bei den Maschinen mit Bleiwalzen ist unterhalb derselben noch eine glatte Stahlwalze angebracht, welche die durch die Schneiden entstehenden Unebenheiten wieder glatt drückt.

Beginnen wir zunächst mit der Beschreibung der Maschinen und deren Arbeitsweise (Tafel IX). Sie bestehen aus einem fundamentalen Unterbau mit starken Seitenteilen, in denen die drei Arbeitswalzen gelagert sind, welche mittels starken Druckes gegeneinander das Papier schneiden und prägen. Das zu verarbeitende Papier wird in Breite der Walzen auf Spulen gewickelt. Von letzteren werden je nach Stärke des Papiers zwei, drei oder auch vier Spulen angebracht. Um ein leichteres Auseinandernehmen der zusammenlaufenden Papierbahnen zu ermöglichen, ist es notwendig, Talkumpulver zwischenzustreuen, was mittels Streuapparaten geschieht, die vor den Arbeitswalzen angeordnet sind.

Die mit Schneide- und Reliefgravierung versehene Stahlwalze lagert in der Mitte, unter dieser die glatte Stahl- oder Bleiwalze, während sich seitlich dazu die Papier- und Matrizenwalze befindet. Die zum Ausschneiden der durchbrochenen Teile dienende Stahl- oder Bleiwalze sowie die gravierte und die Papierwalze liegen in festen Lagern.

Die nach dem Talkumieren in eine Bahn zusammenlaufende Papierlage passiert zuerst die gravierte Stahl- und die glatte Unterwalze zur Herstellung des Durchbruchs, läuft um die erste herum und passiert dann wieder die gravierte Stahlwalze, während von der Seite die mit Relief versehene Papierwalze drückt und die schönsten Stickerei- und Häkelmuster hervorbringt.

Nur in sehr wenigen Fällen werden Spitzenpapiere auf Balancierpressen gearbeitet. Die Herstellung kann stets in mehreren Exemplaren erfolgen, doch ist die Fabrikation deswegen eine schwierige, weil vermöge des sehr dünnen Stoffes, der den Florpostpapieren zuweilen nahe kommt, unter Umständen viel Ausschuß entsteht und auch das flotte Weiterarbeiten sehr erschwert ist, weil die geschnittenen Stücke so fest zusammensitzen, daß sie nur unter Aufwendung großer Mühe auseinandergenommen werden können.

Die farbige Ausstattung der Spitzenpapiere

Äußerst sinnreiche Vorrichtungen an den Maschinen für Spitzenpapierfabrikation, wie beispielsweise das Anbringen eines Farbwerkes, ermöglichen es, einzelne Teile der Prägung gleichzeitig mit einer beliebigen Farbe zu versehen, wodurch dem Auge gefällige Abwechslung geboten wird. Wir finden diese Erscheinung wohl am häufigsten bei den sogenannten Küchenkanten, welche Häkelerzeugnisse nachahmen. Wir sehen eine Borte aus aneinander gereihten Spitzen, während der obere Fries durch blau oder rot gefärbte, in gewissen Abständen sich wiederholende Stellen sich angenehm von der sonst meist schneeweißen Färbung abhebt. Unter Anbringung aller Mittel der modernen

Technik und unter Benutzung moderner Maschinen ist der Industriezweig der Spitzenpapierfabrikation zu einer erstaunlichen Vollkommenheit gelangt.

Wenn wir der weiteren Veredelung noch mit wenigen Worten Erwähnung tun wollen, so seien noch die Blindprägung bzw. das Ausstanzen von Kuchenpapieren auf der Maschine und dann das farbige Anspritzen der Ränder in den mannigfachsten Variationen hervorgehoben. Vom einfachen Rot und Blau bis zu den erdenklichsten Phantasiefarben, changeantähnlich oder in zwei Farben abwechselnd, finden wir die Ränder, bei den früher so beliebten Küchenkanten die gesamte Fläche, farbig gespritzt im Handel. Für Jubiläen gibt es auch Papiere mit Gold- bzw. Silberrändern, welche allerdings etwas höher im Preise stehen als gewöhnliche Farbenspritzungen. Dafür haben sie den Wert des Originellen für sich.

Die Grundfläche wird — wie z. B. bei Tortenpapieren — selbstredend weiß bleiben, um nicht durch den Farbgeruch ein Anziehen und damit verbunden ein Verderben der Ware als eine unangenehme Begleiterscheinung zu zeitigen, besonders dann, wenn die Farbe nicht ganz rein ist vor schädlichen Stoffen. An Stelle des Farbapparates lassen sich auch Spritzpistolen so anordnen, daß die durchlaufend geprägten Stellen selbsttätig von links und rechts seitlich angespritzt werden können, wodurch die Wirkung des Reliefs bedeutend erhöht wird.

Die nach vorstehend beschriebenem Arbeitsgang erzeugten endlosen Streifen können je nach Wunsch auf der gleichen Maschine durch Druckwerke, die zu diesem Zweck besonders angeordnet sind, auch gleich in einem Arbeitsgang mehrfarbig bedruckt werden. Alsdann werden diese in einem Arbeitsgang erzeugten endlosen Streifen in kürzere Stücke von bestimmter Länge oder in Rollpackungen bis zu 100 m abgeschnitten und auch aufgewickelt. Das Zerschneiden der Stücke bis auf die Länge von ungefähr 1 m kann auch gleich auf der Maschine durch ein rotierendes Messer erfolgen.

Längere Streifen (Meterware) werden gerollt, wobei die Maschine so eingerichtet werden kann, daß nach einer bestimmten Meterzahl oder bei einer bestimmten Rollendicke die Maschine ein Klingelzeichen gibt, wobei dann das Bedienungspersonal die Rolle abtrennt.

Die so hergestellten Spitzenstreifen können natürlich auch bedruckt werden. Dies geschieht ebenfalls in einem Arbeitsgang, indem die Maschine mit einem oder mehreren Farbwerken ausgerüstet ist. Das Papier wird dann zuerst bedruckt, anschließend geprägt und längsgeschnitten, so daß also der ganze Arbeitsvorgang auf einer Maschine erledigt wird.

Das Papier für die Verarbeitung

Das zur Verarbeitung kommende Papier für die Spitzenstreifen usw. muß möglichst holzfrei und zähe sein, um nicht nur die Spannung beim Lauf durch die Walzen auszuhalten, sondern auch um feinen Spitzenmustern eine gewisse

Festigkeit zu geben. Außerdem ist es notwendig, daß von den Papierfabriken auf eine möglichst feste Wicklung Rücksicht genommen wird.
Dem Schreibpapier gleichwertige Stoffe dürften vermöge des hohen Herstellungspreises wohl nur weniger gut geeignet erscheinen, wohl aber dann Bedingung sein, wenn die Tellerdecke oder sonst welcher Teil farbig bedruckt werden soll. In diesem Fall ist holzfreies Papier Bedingung. Es ist ein gut geleimtes Papier erforderlich. Selbst zu Reklamezwecken sind die Torten- und Spitzenpapiere zu verwenden. Allerdings würde es hygienischen Ansprüchen schwerlich genügen, wollte man Reklametexte in Buchdrucktypen direkt auf den Papiernutzen aufdrucken. Unzweifelhaft würde die Farbe abziehen und sich auf die Ware geschmackstörend übertragen. Da hilft man sich durch Aufkleben kleiner Schilder, welche ausgestanzt und mit ornamentalen Verzierungen versehen, blind geprägt werden, worauf dann Name, Wohnort u. a. m., am besten in Bronzedruck, aufgebracht werden. Diese kleinen Blankette, die zudem meist gummiert geliefert werden, lassen sich bequem an irgendeiner Stelle, wo sie gesehen werden, ohne zu stören, aufkleben und erfüllen in jeder Weise ihren Zweck, ohne irgendwie aufdringlich zu wirken oder sonst Bedenken für ihre Zweckmäßigkeit aufkommen zu lassen.

Praktische Hinweise für die sachgemäße Herstellung

Um die einzelnen Papierstreifen aus den Druchbruchstellen leichter entfernen zu können, läßt man, wenn erforderlich, die fertigen Streifen noch zwischen zwei Walzen laufen, die mit langhaarigem bürstenartigem Plüsch überzogen sind.
Zum Ausschneiden der Durchbruchteile verwendet man entweder Unterwalzen aus Stahl oder Bleilegierung. Erstere werden nur für Streifen aus Schirting und für Papierstreifen mit möglichst offenen Mustern wie Stickerei-Imitation angewandt. Es ist daher notwendig, daß die gravierten Stahlwalzen vor dem Arbeiten genügend gehärtet werden, um ein Stumpfwerden der Schneiden zu verhüten. Für Häkelei und sonstige Durchbruchmuster ist es praktischer, Bleiwalzen zum Ausschneiden zu bnutzen. Diese werden aus einem bestimmten Gemisch von Blei, Antimon und Zinn gegossen, und das Material läßt sich, wenn abgenutzt, durch Umguß unter Hinzufügung neuen Materials wieder verwenden. Die Herstellung der Gravierung auf der eigentlichen Hauptwalze zu den Spitzenpapiermaschinen muß Spezialgraveuren übertragen werden, die große Erfahrung in diesem Fach besitzen.
Die Breite der Walzen richtet sich nach der Arbeitsbreite der Maschinen, die in 20 und 60 cm gebaut werden.
Auf Maschinen in Breite von 20 cm werden hauptsächlich Kartonagenstreifen, kleine Tortenpapiere, Aufleger für Konfektschachteln usw. hergestellt, während die Maschinen in Breite von 60 cm zur Herstellung von mittleren und größeren Tortenpapieren, ovalen Tellerpapieren, Shelfpapieren usw. dienen.

Tortenpapiere und Spitzenpapiere mit ringsherum abgegrenzten Mustern, die stückweise verkauft werden, fallen nicht einzeln aus der Maschine heraus, sondern sind durch Verbindungen zusammengehalten. Beim Auslauf aus der Maschine werden diese Bahnen an den Verbindungen mittels Querschneider abgetrennt. Diese Längen werden dann von besonderen Arbeiterinnen genau nach Muster fest aufeinandergelegt und dann in Lagen von 100 oder 144 Stück mittels Stechbeutel an den Enden der Verbindungen abgestochen.

Die Papier- oder Matrizenwalzen bestehen aus hydraulisch zusammengepreßten, auf einen Eisenkern aufgeschobenen Papierscheiben, die an beiden Enden der Walze durch angeschraubte runde Eisenplatten festgehalten werden. Nachdem die Oberfläche dieser Papierwalzen glatt abgedreht worden ist und genau denselben Durchmesser wie die gravierte Walze erhalten hat, läßt man beide Walzen längere Zeit in der Maschine fest zusammenlaufen. Die Gravur der Walze drückt sich dann in den Papiermantel ein, wodurch die eigentliche Matrize gebildet wird.

Küchenstreifen- und Schrankpapiere

Der Artikel „Küchenstreifen“ ist in den letzten Jahren mehr und mehr zurückgegangen, da diese Spitzen in Deutschland und im europäischen Ausland fast gar nicht mehr verlangt werden. Die neuzeitliche Wohnkultur bietet keine Möglichkeit mehr für ihre Verwendung.

In Deutschland werden heute die breiten Spitzen für Verpackungszwecke sehr viel gebraucht.

Unter den Küchenstreifen gibt es eine besondere Abart, die den Namen Schrankpapier führt. Diese Sorte findet ganz besonders Absatz auf dem englischen Markt, auf dem sie unter dem Titel Shelfpapier bekannt ist.

Diese Schrankpapiere unterscheiden sich von den gewöhnlichen Küchenstreifen dadurch, daß sie nicht wie letztere durch irgendwelche Befestigungsmittel an den Randlinien der Regalbretter ihren Stützpunkt finden, sondern daß unmittelbar an der inneren Kantenlinie ein glatter Papierfortsatz bleibt. An der Trennungslinie dieses Fortsatzes sowie des Spitzenmusters selbst wird das Stanzpapier gefalzt bzw. umgebogen. Wird nun auf die Kante des Regals dieses gefalzte Papier gelegt, so fällt jede besondere Befestigungsart ohne weiteres weg. Es zeugt dieses besonders für den englischen Markt berechnete Erzeugnis von dem praktischen Sinn unserer Vettern jenseits des Kanals.

Die technische Herstellung der Schrankpapiere ist genau die gleiche wie die der Küchenstreifen. Zu ihrer Herstellung finden lediglich breitere Papierrollen Verwendung.

V. Kapitel

Krepp- und Seidenpapierwaren

Kreppapier

Während man heute noch gewöhnliche Kreppapiere wie Toilettenkrepp und auch bestimmte Sorten Packpapier direkt in der Papiermaschine herstellt, um ihre Preise nicht wesentlich zu vertreuern, hat man für die Herstellung besserer Kreppapiere, wie solche für Verpackungs- und Dekorationszwecke, Hand- und Tischtücher, Blumentopfumhüllungen usw. Verwendung finden, besondere Maschinen gebaut.

Eine derartige Kreppmaschine besteht in der Hauptsache aus einem Leim- bzw. Farbbad, dem Kreppzylinder mit Kreppschaber und einem oder mehreren Trockenzylindern.

Als Leimbäder gibt es verschiedene Ausführungen, einmal eine sogenannte Unterfärbevorrichtung. Diese ist unmittelbar unter dem Kreppzylinder angeordnet und besteht aus einer in der Kupfermulde laufenden Gummiwalze mit seitlichen Gummimanschetten. Die Walze nimmt die Farbe mit und bildet an dem Kreppzylinder eine Farbflotte, durch die das Papier hindurchgeführt und von der Walze an den Zylinder anpreßt wird. Für starke und schwer saugfähige Papiere bedient man sich der sogenannten Vorfärbevorrichtung, die vor dem Kreppzylinder angeordnet ist. — Hier läuft ebenfalls eine Gummiwalze in gleicher Ausführung wie oben in der Farbmulde und hat als Gegenwalze eine solche aus Hartgummi. Die Mulde ist je nach Bedarf verschieden lang und kann in einer Länge bis zu zwei und mehr Meter ausgeführt werden. Es ist weiterhin die Möglichkeit vorgesehen, die Papierbahn mehrere Male hin und her zu führen. Diese Anordnung ist auch ein Vorteil, wenn besonders intensiv gefärbt werden soll, da hier dem Papier genügend Zeit gegeben wird, sich vollständig vollzusaugen.

Als Zusatz zu der Farbflüssigkeit wird ein bestimmter Prozentsatz Leim gewählt, und zwar verwendet man für Papiere, die einen weichen Griff erhalten sollen, wie Toilette-, Tisch-, Handtuch- usw. Kreppe, Pflanzenleim, während man für andere Kreppapiere, von denen man eine gewisse Steifheit fordert, Tierleim als Zusatz wählt.

Je nach den hauptsächlich zu verarbeitenden Papieren sind derzeitig Kreppzylinder bis zu einem Durchmesser von 1,5 Meter und Trockenzylinder bis zu 2 Meter Durchmesser gebräuchlich.

Hinsichtlich des Einkreppungsgrades wird derzeitig ein solcher von 300 Prozent als maximal angesehen.

Hinter dem Kreppzylinder ist der Kreppschaber leicht auswechselbar angeordnet. Die Feinheit der Kreppung richtet sich in erster Linie nach der Stärke des Schabers; je dünner dieser ist, um so feiner wird die Kreppung; außerdem ist sie aber von der Temperatur des Zylinders und der Stellung des Schabers abhängig.

Der Kreppvorgang erfolgt in der Weise, daß das mit Leimwasser gesättigte Papier durch die Wärme des Kreppzylinders und die hierdurch hervorgerufene Verdunstung des Wassers auf dem Zylinder festklebt. Bevor es aber vollkommen getrocknet ist, wird es von dem Kreppschaber abgestoßen, und so ensteht die dem Kreppapier eigene Struktur. Man unterscheidet Kreppungen bis 1:6, bei denen also 6 Meter eingelaufenes Papier 1 Meter fertiges Kreppapier ergeb. Die mehr oder weniger starke Kreppung ist von der Geschwindigkeit des Kreppzylinders abhängig. Zu diesem Zweck ist ein Reguliergetriebe in die Maschine eingebaut, das durch einfache Drehung eines Handrades gestattet, die Geschwindigkeit des Kreppzylinders und dadurch des Papiers zu beschleunigen oder zu verzögern.

Unmittelbar hinter dem Kreppschaber wird das noch feuchte Papier von dem Trockenfilz des Trockenzylinders aufgenommen und von diesem um den Trockenzylinder herumgeführt und getrocknet. Die Papierbahn kann dann entweder direkt aufgerollt oder auch vorher durch einen Längsschneider in mehrere Bahnen unterteilt werden. In einigen Fällen hat man noch direkt anschließend einen rotierenden Querschneider vorgesehen, der die Bahn in Formate unterteilt.

Bei größeren Geschwindigkeiten empfiehlt es sich, die Papierbahn direkt in der Maschine aufzurollen und auf einem besonderen Umroller weiterzuverarbeiten. Dieser hat eine Haspel bis zu 5 Meter Umfang. Auf dieser werden 25 oder 50 Lagen aufgewickelt und dann getrennt. Hierdurch erhält man Lagen von 25 oder 50 Bogen in beliebiger Länge.

Auf dem Gebiet des Maschinenbaues für Kreppapiere ist die Technik weit fortgeschritten.

Bei der Konstruktion der Hochleistungs-Kreppmaschine sind Einrichtungen vorgesehen worden, die den Rollenwechsel sowohl an der Abrollung als auch an der Aufrollung ohne Stillhalten der Kreppmaschine ermöglichen. Dadurch wird das Festkleben des Papiers auf dem Kreppzylinder bei Maschinenstillständen vermieden und viel Ausschuß vermieden. Schließlich sind diese Kreppmaschinen heute auch vollkommen druckknopfgesteuert. Die Maschinen können also von einem Bedienungsstand aus über Druckknopf auf „schneller“ oder „langsamer“ bzw. auf „aus“ und „ein“ gesteuert werden. Gewiß ist es auch möglich, Kreppapier direkt auf der Papiermaschine herzustellen, doch wird diese Art Kreppapier-Herstellung nur für einige Standard-Sorten durchgeführt. Abgesehen davon, daß es nicht leicht ist, eine Papiermaschine den verschiedenen Anforderungen anzupassen, die die Praxis oftmals in bezug auf die Ausführung der Kreppapier-Qualitäten stellt, ist auch das Kreppapier, das in einem separaten Arbeitsgang auf einer sogenannten Naßkreppmaschine hergestellt wird, was Aussehen, Elastizität, Faltenbildung und Färbung anbetrifft qualitativ besser. Die modernen Hochleistungs-Kreppmaschinen verfügen über Spezial-Färbeeinrichtungen, Tauchbäder und Kreppeinrichtungen, mit denen es möglich ist, individuell auf die Eigenart der zu kreppenden Papiere weitgehend einzugehen, was sich logischerweise verbessernd auf die Kreppapier-Qualität auswirkt. Ein Hauptgrund für die elastischere Beschaffenheit des Kreppapiers, das auf einer Naßkreppmaschine hergestellt wird, gegenüber dem Papiermaschinenkrepp liegt darin, daß das zu kreppende Papier auf der Naßkreppmaschine durch besondere Erweichungsleimbäder gewissermaßen einer Nachleimung unterzogen wird. Ergänzend zu vorstehender Abhandlung sei an dieser Stelle auch das sogenannte Doppelkreppapier erwähnt, d. h. solches, welches sowohl längs und quer oder aber auch von zwei Seiten diagonal eingekreppt wird, das vor dem letzten Weltkrieg eine gewisse Bedeutung erlangt hatte. Doppelkreppapier, d. h. nach zwei Seiten hin dehnbares Papier, wurde zu Dekorationszwecken infolge des hübschen baumrindenartigen Aussehens vielfach benutzt. Auch ist Doppelkrepp, aus Kraftpapieren hergestellt, als vollelastisches Packmaterial bekannt geworden. In Deutschland konnte jedoch Doppelkrepp nach dem Kriege noch nicht wieder in erhöhtem Maße Anwendung finden, was sehr wahrscheinlich auf den höheren Preis dieses Materials zurückzuführen ist.

Seidenpapierwaren

Wo früher zartes Leinen das Auge des Beschauers erfreute, da finden wir heute sehr häufig das wesentlich billigere Seidenpapier in seinem mannigfachen Verwendungsformen: Tischläufer, Tellerdeckchen, Papierservietten, alles, was zur Tisch- und Tafeldekoration gehört, wird aus Seidenpapier gefertigt, sofern die gesellschaftliche Form und der persönliche Etat es erforderlich machen, mit diesem Ersatz edleren Materials, wie es echtes Leinen darstellt, vorliebzunehmen.

Der Vorzug bei Gebrauch von Papierservietten besteht darin, daß diese billig sind und den Käufer in die Lage versetzen, die Muster öfter auszutauschen, was eine Abwechslung in der Ausstattung der Erzeugnisse voraussetzt. Die häufigere Erneuerungsmöglichkeit ist auch, vom hygienischen Standpunkt betrachtet, nicht ohne Bedeutung bei der Verwendung dieses Artikels.

Die Papierserviette gehört zu den bekanntesten Erzeugnissen der Papierwarenindustrie. Sie hat beispielsweise in Gaststätten, Kaffeehäusern, Konditoreien u. a. Eingang gefunden.

Der Inhaber eines solchen Unternehmens hat einen doppelten Vorteil bei der Verwendung von Papierservietten, weil die einmal benutzte leicht durch eine neue ohne große Mehraufwendung zu ersetzen ist. Zudem eignet sich die Fläche der Serviette, soweit diese nicht durch gedruckte Verzierungen vollkommen ausgenutzt ist, auch für eine Geschäftsreklame in wenig aufdringlicher Form.

Bei Gesellschaftsabenden besserer Kreise wird man natürlich seinen Gästen keine Papierservietten vorsetzen, die mit Reklame bedruckt sind, dagegen eignen sich solche für den Verbrauch in Gaststätten, Hotels, Pensionen usw. sehr gut für kundenwerbliche Zwecke.

Die nicht zu geschäftlichen Empfehlungen benutzte Serviette dürfen wir ohne weiteres jedem anbieten. Zu Obst wird sie wohl am meisten gereicht. Das künstlerische Verständnis des Gastgebers prägt sich nicht in letzter Linie in den ansprechenden Mustern aus.

Die Industrie hat eine geradezu unerschöpfliche Fülle von Motiven geschaffen, die saisonmäßig ergänzt werden durch Schaffung immer neuer, ansprechender und schöner Dessins, um dadurch die Kollektion reichhaltig und für die Abnehmer absatzfähig zu machen.

Die Serviettenherstellung auf Spezialmaschinen ermöglicht eine technisch einwandfrei nicht nur ein-, sondern auch mehrfarbige Ausführung mit und ohne Verwendung von Golddruck, um durch die reiche Ausstattung der Erzeugnisse diese in ihrem Äußeren ansprechend und kaufanregend zu gestalten.

Die Heimat der Papierserviette dürfte Japan sein, und wer bis zum Ausbruch des ersten Weltkrieges etwas von diesen Erzeugnissen hörte, der dachte unwillkürlich an dieses Ursprungsland. Die Ausfuhr unbedruckten Seidenpapiers seitens der deutschen Industrie war bis zum ersten Weltkrieg mengenmäßig hoch, z. B. besonders nach Japan, von wo aus es uns dann zuweilen als japanische Servietten wieder angeboten wurde.

Es soll unbestritten bleiben, daß echt japanisches Papier, das ausschließlich dort erzeugt wurde, von einem Laien nur schwer von einem nachgeahmten Erzeugnis zu unterscheiden ist. Die Einfuhr original japanischen Papiers soll in den Zeiten deutscher Weltgeltung ziemlich bedeutend gewesen sein.

Was andere Länder im Laufe des Jahres einführten, war nicht der Rede wert; während der deutsche Ausfuhrhandel an diesem Rohmaterial nach den Ländern des europäischen Kontinents sowie darüber hinaus nicht zu unterschätzen war.

Papierservietten — Tellerdeckchen

Der ständig steigende Verbrauch von Seidenpapier-Servietten zwang die Hersteller der hierfür erforderlichen Spezialmaschinen, diese immer mehr zu vervollkommnen, nicht nur in bezug auf die Geschwindigkeit der Arbeitsleistung der Maschinen, sondern ganz besonders auch für die weitere Verfeinerung des

Drucks. Genügten im Anfang Anilin-Spiritusfarben, so stellt man heute die Bedingung der Lichtechtheit und Wasserfestigkeit, die mit diesen Farben nicht immer erreicht werden kann.

Eine moderne Servietten-Maschine kann heute ausgestattet werden mit Fünffarben-Anilin-Pigment-Druckwerken und einer Farbe oder mehreren Farben Tiefdruck.

Das Tiefdruckverfahren eignet sich in diesem Zusammenhang besonders für das Drucken von Gold- und Silberbronzefarben. Frühere Modelle von Servietten-Maschinen waren mit einer Bronziermaschine gekoppelt. Bald stellte sich jedoch im Arbeitsprozeß heraus, daß das Bronzepulver, welches in der Bronziermaschine aufgetragen wurde, nicht fest genug an den Servietten haftete und beim Gebrauch abfärbte.

Diese Nachteile zeigt die im Tiefdruckverfahren aufgedruckte Goldbronze nicht. Außerdem eignet sich die Tiefdruckmaschine besonders zum Koppeln mit der Anilin-Druckmaschine, weil auch der Tiefdruck schnell trocknet.

So werden heute Geschwindigkeiten bis zu 18 000 Stück einfach bedruckter Servietten je Stunde von den betreffenden Spezialmaschinen erreicht.

Es ist interessant, einmal den Weg des Seidenpapiers durch eine solche Maschine zu verfolgen.*) Die Papierrolle hat die Breite der ungefalteten Serviette und läuft zunächst durch das Einfarben-Tiefdruckwerk, wo die Goldbronze aufgetragen wird. Im weiteren Verlauf des Papiers werden die Anilin-Pigmentfarben gedruckt, die, wie bekannt, nicht so schnell trocknen wie die Anilin-Schwefelfarben. Damit die Farben schnell trocknen, werden die Maschinen mit einem Heizzylinder oder Infrarottrockner versehen oder einer Kombination von beiden Trocknungsarten.

Erst jetzt läuft die so bedruckte und getrocknete Papierbahn in zwei Prägewalzen ein, wo das Papier mit einem Randmuster oder einem durchlaufenden Muster geprägt werden kann. Diese Prägung hat — wie vielleicht nicht allgemein bekannt ist — einen doppelten Zweck. Sie dient sowohl zur Verzierung und Verschönerung als auch zur Erhöhung der Griffigkeit der Serviette. Das ist für den Gebrauch von besonderer Bedeutung.

Die bedruckte und geprägte Papierbahn wird dann über einen Falztrichter geführt und in Längsrichtung auf die Hälfte gefalzt. Jetzt erst läuft sie in eine Querfalzvorrichtung ein, wo die Serviette auf Maß abgeschnitten und der Querfalz erzeugt wird.

Die fertigen Servietten werden auf einem Ablegetisch hintereinanderstehend gestapelt und gezählt, und zwar so, daß jeweils die 25. und 50. Serviette ein wenig aus dem Stapel heraussteht. Es ist der Maschinenführerin ohne Schwierigkeiten möglich, diese Stapel zu ergreifen und in die Verpackungsmaschinen einzulegen.

---

*) Tafel X zeigt die Abbildung einer Papierservietten-Maschine für gefaltete Servietten.

Wenn man bedenkt, daß alle diese Arbeitsvorgänge mit einer Geschwindigkeit — wie oben gesagt —, je nach Art des Drucks bis zu 18 000 Stück je Stunde erreicht werden, dann kann man sich eine Vorstellung machen von der Präzision und Erfahrung, die die Bedienung einer solchen Spezialmaschine erfordert. Den Drucker wird es interessieren zu erfahren, daß die oben beschriebene Maschine mit den modernsten Einrichtungen für das Verdrucken von Pigmentfarben ausgestattet ist. Wenn die Maschine gestoppt wird, heben sich automatisch die Dessinzylinder sowohl von der Papierbahn als auch von der Farbenübertragungswalze ab, so daß ein Ankleben an diese nicht möglich ist. Gleichzeitig schaltet sich ein Hilfsmotor ein, der die Farbwalzen bei stehender Maschine langsam weiterdreht und so die Farbe in Bewegung hält, so daß das gefürchtete Absetzen derselben im Farbkasten nicht möglich ist. Schaltet nun der Maschinenführer die Maschine wieder ein, dann setzt sich automatisch, ohne daß der Maschinenführer etwas Zusätzliches zu tun hat, der Dessinzylinder wieder in die richtige Lage und die Farbwalzen laufen mit normaler Geschwindigkeit weiter. Nur so ist es möglich, die heute von der Industrie geforderten hohen Dauerleistungen zu erzielen.

Wenden wir uns nun Tafelgarnituren in vielen Dessins aus Seidenpapier zu. Da waren zunächst die Tischläufer zu erwähnen, die im täglichen Gebrauch neben der Serviette eine Rolle spielen.

Ihre Ausstatung ist stets dekorativ und verschiedenartig. Golddecors, besonders als Rand- oder ornamentale Verzierungen, tragen nicht wenig dazu bei, das Aussehen dieser Erzeugnisse wirkungsvoll zu beeinflussen. Doch sollte sich jeder Fabrikant vor einem Zuviel hüten, da leicht der Eindruck des Überladenseins hervorgerufen wird.

Die Tellerdecken schließlich, die auch zu einer Garnitur gehören, dienen nur praktischen Zwecken. Die Fläche ist an und für sich zu klein, um künstlerische Embleme auf ihr anbringen zu können. Diese kleinen Decken werden meist zu Obst und als Eis- und Kaffeetassendeckchen benutzt.

Zu einer Garnitur von Kreppartikeln gehören Servietten, Tischläufer und Tellerdecken, deren Verpackung sich je nach dem erzielten Preis richten und dementsprechend verschieden sein wird.

Luxuspackungen finden wir selten, weil diese die Artikel unnötig verteuern würden.

In vielen Fällen erfolgt der Verkauf in Mappen, deren eine Seite mit einer schützenden durchsichtigen Hülle versehen ist, um durch die Aufmachung auf den Käufer zu wirken, ohne den Inhalt erst der Verpackung entnehmen zu müssen, um ihn den Kunden zu zeigen. Die Schachtelpackung zu 25/25 oder 50/50 wird meist nur für die Servietten und Tellerdeckchen gewählt, während Tischläufer in lange flache Kartons zu zwei bis drei Stück kommen.

Die Tafelgarnituren dürften als der praktischste und gebräuchlichste Verwendungszweck des Seidenpapiers zu betrachten sein.

Artikel aus Krepp oder Zellstoff

Der Ausstattung der Kreppapier-Artikel wollen wir noch einige Worte widmen. Durch Anwendung mehrerer Farben und durch geschickte Wahl der Motive werden natürlich sehr abwechslungsreiche Wirkungen zu erzielen sein, wodurch den Anforderungen der Mode entsprochen werden kann.

Die großblumigen Dessins werden meist verlangt: Klatschmohn, Rosen, das nie fehlende Veilchen, Schwertlilien sowie Obst- oder Spalierblüten, weil sie den Raum durch ihre Größe recht vorteilhaft ausfüllen. Streublumen werden wir dagegen als Motiv wohl seltener finden.

Bei dem Bedrucken ist eine ständige Wiederholung des Musters infolge der drucktechnischen Herstellung nicht vermeidbar.

Dadurch, daß der dekorative Schmuck mehr nach der Mitte des auszustattenden Artikels hin, sei es nun eine Serviette oder ein Tischläufer, verlegt wird, kommt dieser besser zur Geltung. Außerdem haben, was bei Tischläufern nicht außer acht gelassen werden darf, die Gläser auf dem unbedruckt gebliebenen äußeren Teil des verzierten Untergrundes Platz.

Die derzeitig hergestellten Tischläufer werden mit wasserechten Anilindruckfarben bedruckt, so daß etwa feuchte Gläser, die darauf stehen, keinen farbig ausgelaufenen Rand zeigen.

Bei der Ausstattung der Tischläufer können wir den jeweiligen Stand der Mode verfolgen. Entweder werden diese Erzeugnisse ganz glatt geliefert oder mit farbigen plissierten Rüschen versehen, wodurch recht ansprechende Wirkungen erzielt werden. Es liegt natürlich beim Hersteller, geschmackvolle und vor allem harmonische Farbenzusammenstellungen zu wählen.

Blumentopfhüllen aus Kreppapier

Blumentopfhüllen wurden in den chromolithographischen Kunstanstalten früher in 2—3 Größen auf Chromokartons gedruckt. Die aus den Bogen in Streifen geschnittenen Nutzen wurden im weiteren Verarbeitungsprozeß von der Platte geschnitten und im gleichen Arbeitsvorgang auf einer Reliefprägung versehen, um den mehrfarbig im Flachdruck gedruckten vorwiegend großblumigen Dessins durch die dadurch gewonnene plastische Form beim Publikum den Anreiz zum Kauf dieser Erzeugnisse zu erhöhen.

Derzeitig haben diese s. Zt. im In- und Ausland viel gekauften Erzeugnisse nur noch einen Platz in der Erinnerung der älteren Generation.

Gegenwärtig sind wir zu billigeren, zweckmäßigeren und einfacheren Ausstattungsmitteln herübergewechselt, wie sich der Geschmack des Publikums bekanntlich hinsichtlich der äußeren Gestaltung der vielen praktischen Gebrauchsgegenstände für den ständigen Bedarf „saisonmäßig" ändert.

Die derzeitige Verwendung des Kreppapiers besteht in der Nutzbarmachung dieses Sonderartikels für Hüllen zu Blumentöpfen. Diese wurden früher in

großen Mengen auf starkem Karton im Flachdruckverfahren hergestellt und fanden nicht nur in Deutschland, sondern auch im Ausland Absatz.
Wir werden uns indessen mit einem Verwendungszweck des gekreppten Seidenpapiers befassen, der ausschließlich der persönlichen Geschicklichkeit und dem Sinn für wirksame Farbenzusammenstellungen das Gelingen verdankt, in Form, Farbe und Verwendung eine wirksame farbenfreudige Ausstattung zu gelten.
Eine solche Manschette hat allerdings hinsichtlich ihrer Haltbarkeit und Ansehnlichkeit eine nur begrenzte Dauer, da die Farben, in denen die Seidenpapiere im Stoff eingefärbt sind, unecht sind, mithin im Laufe der Zeit ihre Leuchtkraft und dadurch ihre Farbenfreudigkeit einbüßen; das erfolgt um so rascher, je mehr sie ungeschützt den Sonnenstrahlen ausgesetzt sind.
Rosa und blaue Papiere und wie sie alle heißen mögen die vielen unendlich verschiedenen Farben sehen wir als Verpackungsschmuck um den Blumentopf gelegt, um dem Ganzen dadurch ein festliches, farbenprächtiges Aussehen zu geben. Vier Zipfel ragen kunstvoll in die Höhe, zwischen denen die oft weniger als die Manschette ansprechende Blume sehr dekorativ wirkt. Die lebhafte Farbe, die zu dieser im Gegensatz steht, wirkt recht ansprechend auf das Auge des Beschauers.
Glatte Seidenpapiere finden aus einleuchtenden Gründen für diesen Zweck weniger oft Verwendung als gekreppte. Erhöhte Ansprüche soll die verzierte Manschette erfüllen. Zur Herstellung dieser Sonderheit werden entweder zwei in der Färbung entgegengesetzte Papiere (grün und weiß) oder zwei in gleicher Farbe verwendet, die nur in der Tönung verschieden sind (hell und dunkel). Die Verwendung des gekreppten Seidenpapiers zu diesen Blumentopfmanschetten gehörte gewissermaßen zu den Obliegenheiten eines jeden besseren Kunst- und Handelsgärtners.
Bei der Herstellung der schwierigen Papierdekorationen für ein Blumenarrangement in Form einer Topfpflanze ist wie bei kaum einem anderen Dekorationsobjekt persönlicher Geschmack und vor allem Geschicklichkeit die erste Bedingung, um eine gute Wirkung zu erzielen.
Die soeben angeführte Wahl der Doppelfarben kann zur Erhöhung der Wirksamkeit auf den Beschauer dadurch erhöht werden, daß aus den aus mindestens zwei Bogen zusammengeklebten Kreppapierbogen zunächst einmal entsprechende Schleifen geschnitten werden. Auf den breiteren Streifen wird dann ein schmälerer gelegt, der hinsichtlich seiner Färbung den obigen Ausführungen entspricht.
Die eine Seite der Papierstreifen wird genau zueinander passend gelegt und dann vermittels in der Praxis erworbener Fingerfertigkeit zusammengerollt, wodurch eine absolute Haltbarkeit bei dem dann folgenden Umschlagen bzw. Umwickeln um den Topf, Korb, Bügel oder den Stiel der Pflanze selbst gewährleistet wird. Durch eine wendeltreppenförmige Form des Papierarrange-

ments, das noch mit der Hand in Falten gezogen wird, wodurch der Rand wie plissiert erscheint, was bei dem leicht ausziehbaren Kreppapier möglich ist, das nicht in seine ursprüngliche Lage zurückgeht, wird eine gute Wirkung erzielt durch die Geschicklichkeit des Dekorateurs.

Zuweilen werden auch die gekreppten Papiere nur in Streifen um den Topf geschlungen und dann vermittels Bänder aus dem gleichen Papier (zuweilen auch Papierband, Seiden- oder Stoffbänder usw.) festgehalten.

Das Umlegen dieser Kreppapierstreifen erfordert ebenso wie das der gewöhnlichen fertiggekauften Blumentopfmanschetten mit ihren in die Höhe ragenden Zipfeln keine besondere Geschicklichkeit, weil bei dem Kauf der Umhüllung die Grundform feststeht.

Wabenpapiere

Die wabenförmig zusammengeklebten, dann mittels Stanzeisen erzielten Ausschnitte spielen in der Luxuspapierwarenerzeugung eine große Rolle. Wäre der Krieg nicht dazwischengekommen, so hätten wir es mit einem Exportartikel zu tun gehabt, der noch ungeheure Absatzmöglichlichkeiten gehabt hätte. Die Wabenpapiere werden zu Erzeugnissen der Luxuspapierindustrie in mannigfachsten Formen als Schmuck in der Form von plastischen Gegenständen aller Art, wie Hüten, Eiern u. a. m. verwendet.

Die Wabenpapiere dienen vornehmlich zur Ausstattung von Kalendern, Wandtaschen, Reklameplakaten, doch auch andere Formen finden wir, je nach der phantasievollen Gestaltung der Erzeuger, die allerdings eine kritische Würdigung von rein künstlerischen Gesichtspunkten aus schwerlich vertragen.

Die Bezeichnung „Wabenpapiere" ist auf die Art der Klebung der Seidenpapierlagen zurückzuführen. Mehrere Lagen von Seidenpapierbogen werden zusammengeklebt, und zwar nur strichweise in bestimmten Abständen voneinander. Diese Abstände können sehr verschieden sein, je nachdem die Maschen des geklebten Papiers sein sollen. Wenn enge Maschen notwendig sind, müssen die Klebestreifen entsprechend nahe aneinander, und je nach Bedarf für weitere Maschen weiter auseinander gerückt werden.

Schneidet man nun vermittels eines Messerschnittes aus solchen zusammengeklebten Lagen Stücke heraus und zieht dieselben wie eine Harmonika auseinander, so glaubt man in das Innere eine Bienenkorbes zu sehen, da die Lagen große Ähnlichkeit mit den von den Bienen verfertigten Waben haben. Die Nutzbarmachung dieser Papiere in der Papierindustrie ist zwar keine ganz neue Erscheinung. Was alles auf diesem Gebiete geleistet wird, ist mit wenigen Worten nicht widerzugeben.

Wie das bei Industrieerzeugnissen, die in Massen auf den Markt geworfen werden, fast ausnahmslos der Fall ist, gibt es auf dem Gebiete der mit Wabenpapieren geschmückten Erzeugnisse neben einigen guten Ideen auch viel Schund, wenn bei dessen Erzeugung auch nicht gar so viel gesündigt wird, wie etwa früher auf dem Gebiete der Ansichtskartenerzeugung.

Schönheit und Formensinn wirken bei sinnreicher Verwendung dieser Wabenpapiere auf den Beschauer, dem oftmals Gegenstände wirklich dekorativer Wirkung geboten werden. Das ist beispielsweise bei einer Gattung von Artikeln der Fall, die eine Art Nachahmung von Gebrauchsgegenständen vorstellen sollen, z. B. bei Schalen, deren Grundform aus Wabenpapier gefertigt ist, aus der dann Blumen herausragen. Auch die Klappkarten bieten ein großes Feld für die Verwendung der Wabenpapiere, wenn auch deren Erscheinen auf dem Markte bei weitem nicht mehr den Umfang hat wie vor einer Reihe von Jahren. Durch das Auseinanderklappen solcher Karten werden die Seidenpapierbogen, die je nach Konstruktion der Erzeugnisse an der Innenwand solcher Klappkarten festgeklebt sind, auseinandergezogen und dadurch die Wirkung hervorgebracht, die sich uns als Rosenblüten oder Blumentöpfe u. a. in plastischen Formen darbieten.

Für Blumentopfhüllen ist ebenfalls die Wabenpapiermode in Schwung gekommen; allerdings mit einiger Verbesserung bezüglich des zur Verwendung kommenden Herstellungsmaterials. Gewöhnliches Seidenpapier leidet unter der Nässe, und dieser ist es doch mehr oder weniger bei Blumentopfhüllen ausgesetzt. Man hat daher aus extra starkem, äußerst haltbarem Zellulose-Wabenpapier die Hüllen gefertigt, die, mit farbigen Seidenpapierblümchen respektive Einsätzen dekoriert, neben der hübschen Ausstattung auch noch den Vorzug haben, daß sie zusammenlegbar sind.

Bei der Verwendung zu Reklameartikeln, bei denen nur die Rücklage des Wabenpapiers fest auf den auszuschmückenden Gegenstand aufgeklebt wird, wird die Vorderansicht durch Aufkleben eines sich den Formen des Seidenpapiers anpassenden Pappstückes vor Beschädigung geschützt. Um ein rohes Aussehen zu vermeiden, wird die Pappe vorher mit entsprechend gefärbtem dünnem Papier überklebt. Blechklammern sorgen für eine Befestigung des ausgezogenen Papiers auf dem zu dekorierenden Gegenstand.

Zu den besten Erzeugnissen dieser Art der Verwendung des Seidenpapiers gehört zweifellos die Nachbildung plastischer Gegenstände: Früchten (besonders als Tischkarten), Körben und selbst Hüten, die jedoch irgendeinen praktischen Wert wegen der Durchlässigkeit der Maschen des Papiers nicht haben und ihren Zweck vielmehr lediglich als Scherzartikel erfüllen.

Im übrigen ist die Anwendung dieses Schmucks bereits so ungemein vielseitig, daß irgendwelche neuen Schöpfungen auf diesem Gebiet wohl kaum noch zu erwarten sein dürfen.

Wir wollen noch bemerken, daß einfarbige, aus Maschen gebildete Schmuckstücke durch Fächer verziert werden können. Diese werden zusammengepreßt (also so, wie sie aus dem Stück vermittels des Messers gestanzt worden sind) und an der Seite vermittels in Spiritus gelöster Farbe angestrichen. Um eine gewisse Gewähr dafür zu haben, daß nicht zu viel Farbe in die Lagen der Maschen dringt, preßt man überschüssige Farbe nach erfolgtem Einfärben durch einfachen Fingerdruck aus dem ausgeschnittenen Material heraus. Das nur ganz schwach geleimte Seidenpapier ist für das Eindringen der Farbe in den Papierstoff besonders vorbereitet, und bei dem Auseinanderziehen der Maschen ergibt sich dann die gewünschte Farbenzusammenstellung. Nebenbei soll erwähnt werden, daß selbst mehrere Farben, wenn auch gerade nicht unmittelbar nebeneinander, so doch auf dem gleichen Gegenstand Anwendung finden können, je nachdem es die jeweiligen Umstände erfordern. Die zur Verwendung kommenden Wabenpapiere können weiß im Stoff gefärbt oder aber schon in Bogen zusammengeführt worden sein, und zwar derart, daß auf eine oder mehrere Lagen weißes gleiche Lagen farbiges Papier kommen. Die geschnittenen Waben, die bei der Verarbeitung um eine feststehende Achse bewegt werden können oder sich teilweise um eine solche herumlegen lassen, werden an der Umschlaglinie durch einen Schirting- oder Leinwandstreifen zusammengehalten, um einen festen Halt für die Umdrehung zu gewinnen und Ausreißen der geklebten Lagen an den Umdrehungsstellen zu vermeiden. Die Ausschlageisen, welche zu den Wabenverzierungen verwendet werden, müssen selbstverständlich den Konturen der Formen der darzustellenden Gegenstände angepaßt sein.

Das Befestigen der Wabenverzierungen erfolgt auf dem zu dekorierenden Gegenstand durch Aufkleben, während der freibleibende bewegliche Teil, wie erwähnt, durch Bekleben mit Pappstücken vor Beschädigungen geschützt wird. Zu solchem Futterzuschnitt verwendet man Holzpappe, aus der man vermittels eines Stanzeisens oder durch die Stahlplatte auf der Balancier- oder Kniehebelpresse die jeweils erforderliche Form ausschneidet. Von kleinen Formaten lassen sich bequem mehrere Stücke zu einer Schnittplatte vereinen. Solche Zuschnitte müssen bei entsprechenden Bestellungen immer bei der Hand sein, bevor der Buntdruck fertig ist, da das für ein rasches Arbeiten einen großen Vorteil bedeutet.

Das Anbringen von Blechklammern zum Zwecke der dekorativen Wirkung des Wabenpapierzuschnittes erfolgt auf verschiedene Weise und richtet sich nach der Art der Herstellung; die einfachste Art erfolgt durch Biegen und Aufdrücken der Blechkammern auf die damit zu versehenden Gegenstände, selbstredend kann das Aufdrücken auch auf maschinellem Wege erfolgen.

Die Herstellung der Papierblumen und -blätter

Im nachfolgenden soll eine Anleitung gegeben werden, wie Blumen jeglicher Art aus Papier erzeugt werden. Da jede kunstgewerbliche Tätigkeit einige Geschicklichkeit und eine gewisse Naturanschauung bedingt, so setzen wir diese beiden Bedingungen als etwas Selbstverständliches voraus, ganz gleich, ob sie aus Liebhaberei oder als Erwerb betrieben wird.

Wer Papierblumen aus Liebhaberei anfertigt, hat dabei die denkbar geringsten Anschaffungen nötig, hingegen derjenige, der aus der Herstellung einen Broterwerb machen will, schon etwas weiter ausholen muß; wer sie aber gar fabrikmäßig herstellen will, der wird gut tun, sich hierzu die neuesten Erfindungen auf dem Gebiete der Blumenstanz-, Preß- und Färbe- bzw. Malmaschinen zunutze zu machen. Zunächst wollen wir uns hier über die erste Herstellungsmethode verbreiten.

Als Werkzeuge dienen: eine Schere, ein Falzbein (auch Beinstäbchen), das möglichst gewölbt ist, eine 1 cm starke, 10 cm breite und 12 cm lange Gummiplatte, ein Pfriem, ein Riefer, auch genügt eine starke Stricknadel, eine Pinzette, 2—3 Höhler, das sind kleine Hölzer, an deren Enden Kugeln gedrechselt sind in Größe von $^1/_2$—$1^1/_2$ cm. Man kann hierzu auch Metallkugeln an Stäbchen (sogenannte Drücker) verwenden, die noch den Vorzug genießen, daß sie sich erwärmen lassen, was von großem Wert bei besseren Blumen ist, wie wir später sehen werden. Alsdann werden noch benötigt: Gummiarabikum mit Pinsel und ein Gefäß (Glasschale) zum eventuellen Färben.

An Materialien sind erforderlich: gutes Seiden-, Krepp-, eventuell auch Samtpapier in den verschiedensten Farben. Einige Proben Anilinfarben, Blumendraht und künstliche Staubgefäße. Letztere sind z. B. bei Margaretenblumen in Form von Fruchtböden der Kamille oder des Steinbrechs zu verwenden.

Da wir hier unmöglich die Grundformen für künstliche Blumen alle im Bilde wiedergeben können, so sei vorweg bemerkt, daß uns die Grundform (Modell) jede Naturblüte gibt, indem wir sie zerlegen, d. h. einzelne Blütenblätter, auch Kelche, abpflücken und uns diese als Vorbild dienen lassen. Aber nicht immer werden wir so ein Naturvorbild für die Kunst gebrauchen können, so würde z. B. die Herstellung einer gefüllten Nelke, einer Kornblume, ja selbst einer Margarete nach dem Originalblütenblatt unsägliche Zeit und Mühe kosten. Hier hilft man sich, indem man soviel Naturblütenblätter aneinanderreiht, bis dieselben einen Kreis beschließen (siehe Abbildung 4 a).

Abb. 4 a

Abb. 4 b

Abb, 4 c

Die Blütenblätter werden vorteilhaft ausgeschnitten, indem man das Papier zehnfach übereinandergelegt und dann nach Skizze (die in Pappe herzustellen ist) aufzeichnet und ausschneidet. Bei den Modellen a, b und c ist in der Mitte ein Loch mittels eines Pfriem einzudrücken zwecks Durchführung des Blumenrahtes. Bei Schnitten wie Abb. d und e erübrigt sich dasselbe, wir werden dies aus einer später gegebenen Erklärung herauslesen.

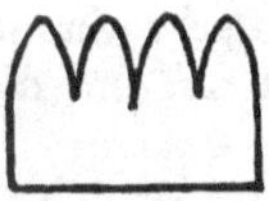

Abb. 4 d

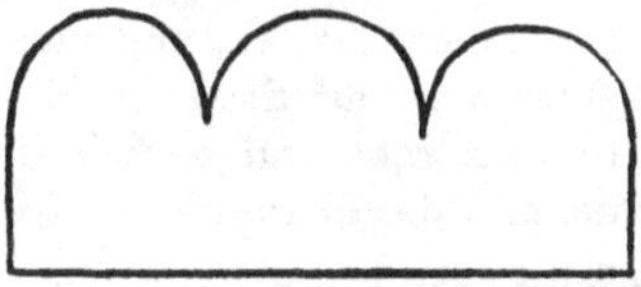

Abb. 4 e

Die so hergerichteten Schnitte (auch sind solche unter dem Namen „Blumenausschläge“ in Kunstblumenhandlungen käuflich) werden, wenn sie noch nicht den richtigen Farbton haben, nun erst gefärbt, und zwar in einer Anilinlösung. Die betreffende Anilinfarbe oder ähnliche, in Wasser oder Spiritus lösliche Farben werden mit siedendem Wasser aufgelöst, und dann werden dieser Lösung 10 v. H. Spiritus beigefügt. In diese Lösung werden die zehnfachgeschichteten Ausschnitte bzw. Ausschläge entweder ganz getaucht (z. B. bei weißem Papier) oder nur mit dem Rande oder je nachdem, wie es uns die Natur oder Phantasie vorschreibt. Soll sich die Farbe gut, d. h. ohne Rand über die Fläche verteilen bzw. schwach auslaufen, so ist zu empfehlen, die Päckchen zuvor gänzlich einmal in reinen Spiritus zu tauchen, auszudrücken und sofort zu färben. Will man Pünktchen oder gemengte Farben auf eine Unterfarbe auftragen, so muß der zur Färbung bestimmte Schnitt trocken sein; am besten ist es, man färbt sich ganze Bogen Papier extra für solche Zwecke, und zwar einzeln, da trockenes Papier den Farbstoff nicht so gleichmäßig durchläßt wie das mit Spiritus befeuchtete. Für Kelche bzw. Kelchblätter verwendet man etwas stärkeres Papier, sogenanntes Wachsblumenpapier oder auch leichtes Kartonpapier oder — was noch besser ist — man bezieht fertige Kelche. Diese sind aus Masse gefertigt und geben der Blume gleichzeitig einen guten Halt.

Nach dem Färben werden die Päckchen auf ein nicht rostendes Drahtsieb zum Trocknen gelegt. Sind dieselben vollends trocken, so kann man mit dem Formen, also Drücken, Riefen, Höhlen, Falzen usw. beginnen. Zu diesem

Zwecke legt man die Schnitte einzeln oder zu dreien auf die Gummiplatte. Schnitte für bessere Rosen werden mit dem entsprechend großen Drücker je einmal, mehr oder weniger stark, an jedem Bogenrand gedrückt. Schnitt c hingegen wird mit dem Riefer in der Mitte längs und Schnitt d quer gedrückt. Sollten sich die Formen nicht genügend ausprägen, so muß das Riefen bzw. Drücken auf warmem Wege geschehen.

Ein Schnitt wie e wird weder gedrückt noch gerieft, sondern gerollt, und zwar nimmt man hierzu eine Schere in die rechte Hand, bringt einen Zacken des Schnittes zwischen Scherklinge und Daumen, drückt ziemlich fest an, hält mit der linken Hand den Schnitt fest und macht nun mit der rechten Hand einen Zug auf jeder gerundeten Ecke; hierdurch entsteht eine Wölbung. Sind nun alle Zacken gleichmäßig gerollt, so beginnt man an einem Ende damit, den Streifen tütenartig zusammenzuraffen, und zwar so, daß man die gerade Seite nach außen nimmt. Hat man auf diese Art die Rosenform herausgebracht, so nimmt man einen Blumendraht und wickelt ihn einigemal recht fest um die untere geraffte Partie, und die Phantasierose ist fertig.

Rosen oben angeführter Art lassen sich auch schöner herstellen, indem *nicht* eine ganze Reihe gleichmäßiger Zacken dazu verwendet, sondern stets nur je drei Zacken und dann verschieden in der Größe und die einzelnen Dreizackenschnitte möglichst jede um einen Farbenton heller, so, daß der hellste Ton nach außen und der dunkelste für das Innere verwandt wird.

Die Zusammenstellung ist genau wie bei der beschriebenen Phantasierose, nur — bevor man den Draht herumlegt, lege man um die Rose einen aus grünem Papier strahlenartig geschnittenen Kelch herum und befestigte nun erst den Draht, welch letzterer mit einem schmalen Streifen grünen Papiers vom Befestigungspunkt an nach unten zu umwickelt wird.

Einfache naturähnliche Rosen, z. B. Teerosen, fertigt man nach Skizze b und c, indem man von jeder Form drei verschiedene Größen schneidet. Die Schnitte mit den spitzen Zacken werden von der Innenseite gerafft, die Schnitte mit den spitzen Zacken werden von der Innenseite gerafft, die Schnitte mit den runden Zacken hingegen werden wie die Zacken bei der Phantasierose behandelt. Ist dies geschehen, so nimmt man für die inneren Blätter einen kleinen, für die größeren auch einen größeren Höhler und preßt diesen in die Mitte des Schnittes. Selbstverständlich wird dieses Pressen auf einer Gummiplatte oder in der hohlen Hand vollführt. Sind so alle Formen und Größen fertig — die wiederum nach Farbenstufen gesetzt werden, nimmt man einen langen starken Blumendraht, biegt an diesem die Öse, nimmt einige Dutzend Staubfäden, befestigt sie mittels Zwirnfadens oder klemmt sie in die Öse fest und steckt den Draht nunmehr durch die fertig gerollten bzw. gerieften Schnitte, legt ein Kelchblatt oder besser einen aus Masse gefertigten Kelch, streift auch diesen auf und umwickelt ebenfalls mit grünem Papier den Drahtstiel.

Noch bessere, schönere, naturähnlichere Rosen fertigt man aus einzelnen Blütenblättern, wie sie uns die Natur zeigt. Diese werden am besten aus dreifachem Seiden- oder noch besser aus dreifachem Kreppapier geschnitten. Um recht schöne Farbtöne zu erzielen, legt man zwischen zwei hellen Farben stets einen etwas dunkleren Ton gleicher Farbe. Diese Blätter werden, wenn nötig, mit Klebstoff zusammengeklebt, alsdann einzeln um die am Draht befestigten Staubfäden mit einem Faden gewickelt. Soll auch der Stiel natürlicher erscheinen, so streift man über den Blumendraht einen grünen Gummischlauch und steckt mit etwas Klebstoff einige grüne Rosenblätter hinein, und die Rose ist fertig montiert.

Wir haben bisher vorwiegend von der Herstellung von Rosen gesprochen, und zwar mit Absicht, denn wer diese nach Angabe — von der einfachsten Phantasierose bis zur naturähnlichen Rose — anzufertigen imstande ist, wird ohne Frage auch andere Blüten und Blätter nachbilden können.

Weitere Hilfsmittel zur Erzielung höchster Naturtreue z. B. ist die Verwendung von kleinen Teilchen der Gansfeder als Staubfäden bei Nelken.

Zur Formung schöner Rosen- und anderer Knospen verarbeitet man Packwatte, die dann mit Papierformen überklebt wird.

Bei Vergißmeinnicht, Veilchen und ähnlichen Blumen, die eine kleine gelbe Mitte haben, bereitet man sich einen Brei aus gelber Farbe, Dextrin und Mehl oder Schlemmkreide, die mit Wasser angerührt wird, und betupft damit die Mitte der Blüten, nachdem man dieselben auf steifes Garn, Kordel oder Stoffstielen aufgespießt hat. Dieser Brei dient somit als Kleb- und Farbstoff. Mit diesem Brei fertigt man auch kleine und kleinste Knospen. Man schneidet sich zu diesem farbigen dünnen Bindfaden, Garn oder umsponnenen Draht in kurze gleichmäßige Enden, klemmt davon einen Teil gleichmäßig in eine Akten- bzw. Papierklammer und taucht dieselben nur mit dem äußersten Ende in die Masse. Werden die sich bildenden Knötchen vom einmaligen Tauchen noch nicht dick genug, so taucht man sie nach jedem Trockensein nochmals ein. Auf diese Weise stellt man sich selbst auch die Staubfäden her. Der Brei ist nach Bedarf und Farbe anzurichten.

Wer den Blumen nun noch einen Überzug geben will, der dieselben gegen Feuchtigkeit schützt bzw. sie abwaschbar präparieren will, der kaufe sich Wachsmasse (Paraffin mit weißem Wachs) in einer Drogerie, zerstückele die Masse, lege sie in ein Gefäß, stelle dasselbe in einen Kochtopf mit Wasser und dann auf Feuer. Sobald die Wachsmasse flüssig ist, tauche man die fertigen Papierblumen vorsichtig hinein und ziehe sie sogleich — aber ebenso vorsichtig — wieder heraus, spritze sie ein- bis zweimal ab und achte darauf, daß die Form die alte geblieben ist. Sollten die Blütenblätter zusammengeklappt sein, so öffne man sie mit einem Stab oder einer Scherenspitze.

Will man nun wiederum Natürlichkeit erzielen, so überschütte man die gewachsten Blüten mit Kartoffelmehl, wodurch der unnatürliche Glanz des Wachses gedänpft wird.
Wie bereits eingangs erwähnt, nehme man für Blumen, die gewachst werden sollen, starkes Seidenpapier, sogenanntes Wachsblumenpapier, zum mindesten aber dünnes Seidenpapier doppelt.
Den fertig gewachsten Blumen wird der Drahtstiel zu einem Haken gebogen und auf Schnüre zum Trocknen aufgehängt.
Wir hätten nun noch die Herstellung des Laubes und dessen Montierung am Stiel zu berücksichtigen; denn erst durch das Laub wird die Blüte zu ihrer Schönheit kommen, durch sie erst wird die Blüte zur Blume.
Genau wie bei der Blume ist auch hier die Natur stets das beste Vorbild. Wir müssen zugeben, daß die handmäßige Herstellungn des Laubes unsäglich viel Mühe kostet, wenn man Naturähnlichkeit erzielen will; weil da sind: sehr viele Formen, Größen, Farben usw. Besonders werden die gezackten und gezähnten Blätter Zeit und Genauigkeit erfordern. Um so stolzer aber wird man darauf sein können, wenn es gelingt, die Natur getreu kopiert zu haben. Aber nicht nur Laub für Blüten läßt sich schaffen, sondern auch schöne Laubzweige an sich; auch Laubranken. Man denke nur einmal an die malerischen Ranken des wilden Weines im Herbst.
Nun zur Herstellung selbst. Man nehme steifes, wenn möglich schwaches Kartonpapier, zeichne sich mit einem nach der Natur geschnittenen Modell die Konturen auf und schneide — nachdem man das Papier mehrfach übereinander gelegt hat — die Form aus. Zu bemerken ist, daß man sich von jeder Gattung Blätter wenigstens drei Größen anfertigt. Nun beginne man mit dem Färben, vorausgesetzt, es handele sich nur um grünes Laub, so nehme man grünes Papier und trage alsdann mit einem feinen Tuschpinsel die Hauptader mit dunkelgrüner Tusche auf.
Für Blätter, wie die von Begonien, Alpenveilchen usw., die sehr markante Farbzeichnungen aufweisen, fertige man sich am besten eine Schablone aus steifem Karton an und trage die entsprechenden Farben auf.
Herbstliche Schattierungen bringe man besser vor dem Ausschneiden zu Papier, und zwar in der Art, wie bei der Fräbung der Nelken beschrieben.
Will man nun noch weiter in der „Natürlichkeit“ gehen, wie z. B. von Raupen gefressene Blätter nachahmen, so nehme man den Riefer (oder irgendeinen starken, runden Eisendraht), mache ihn glühend und senge damit mehrmals dicht nebeneinander, auch an den Rändern der Blätter, Löcher hinein. Die Wirkung dieses „Vandalismus“ ist mehr denn originell.
Nun erfolgt das Prägen der Blätter. Hierzu nehme man in Ermangelung von Matrizen, wie die Fabriken sie verwenden, den Rücken der Scherenspitze, erwärme diese und versuche von der Rück- und Vorderseite die Haupt- und Nebenadern zu prägen.

Sind Formen und Farben des Laubes fertig, so beginne man mit dem Hinterlegen bzw. Anstielen desselben. Ein nachgeahmtes Rosenblatt hat wohl einen Stiel, er ist aber ohne Hinterlegung völlig haltlos; während ein Fliederblatt oder gar ein Akazienblatt ohne Drahtstiel undenkbar ist. Die Hinterlegung geschieht wie folgt: Man nehme übersponnenen, weichen Blumendraht, schneide denselben in erwünschte gleichmäßig lange Enden, bestreiche diese Enden mit Klebstoff (am besten Fischleim) und lege sie längs in der Mitte der Rückseite des Blattes und streife (drücke) denselben mit dem Fingernagel fest. Sind die zu hinterlegenden Blätter groß, so tut man gut, über den Draht noch einen schmalen Streifen grünen Seidenpapiers zu kleben, und zwar so, daß er rechts und links vom Draht noch das Blatt faßt. Gefiederte oder zusammenzusetzende Blätter, wie Kastanienblätter, werden einzeln hinterlegt und dann in der Basis zusammen an einen oder mehrere starke Drähte befestigt. Um nun solche Stiele natürlicher erscheinen zu lassen, umwickelt man dieselben schwach mit Watte oder Resterstreifen von Kreppapier und nun mit Wickelpapier, das die gleiche Farbe aufweist wie das Blatt.

Das Montieren (Zusammensetzen) von Blattzweigen oder -ranken geschieht in gleicher Weise wie das Verdicken der Stiele, indem zwischen den Blättern bzw. Zweiglein (Triebe) allemal Watte oder Papier und Wickelpapier gewickelt wird. Sollte durch das bloße Anlegen oder Umwickeln der Blattstiele um den starken Draht nicht genügend Halt in den Zweig kommen, so daß sich die Blätter drehen, so ist es notwendig, jedes einzelne Blatt mit ganz dünnem Draht (Wickeldraht) zu befestigen.

Soweit über die Herstellung der Papierblumen und -blätter mit der Hand. Wohl ließe sich die Beschränkung noch dahin ergänzen, wie diese und jene Blume noch besonderer Schnitte und Kniffe usw. bedarf, doch erschien uns dies überflüssig, da man erfahrungsgemäß sehr bald selbst dahinter kommt, ist nur der Anfang erst gemacht.

Im großen und ganzen ist der Gang der Herstellung bei der fabrikmäßigen Herstellung derselbe wie der zuvor beschriebene. Nur bedient man sich beim Herrichten der Schnitte nicht der Schere, sondern des Ausschlageisens oder der Stanzmaschine.

Mittels des Ausschlageisens — das nebenbei bemerkt sehr sauber und genau gearbeitet sein muß — lassen sich mit einem Schlage ein bis zwei Dutzend Schnitte bzw. Ausschläge herstellen. Während hier der Druck vom Schlage des Holzhammers (neuerdings verwendet man vorteilhaft Lederklöppel) herrührt, besorgt ihn bei der Stanze die Maschine. Stanzeisen für die Maschine sind ohne Aufschlaggriff. Wird der Auswurf der Ausschläge aus dem Eisen beim Ausschlageisen mittels Pflöckels besorgt, so besorgt ihn bei der Maschine eine automatische Feder.

Die Prägungen der Blütenblätter sowohl wie ganzer Blüten (Winden, Enzian, Glockenblumen) usw., desgleichen die Aderprägungen des Laubes werden von der sogenannnten Matrize erledigt. Die Matrize arbeitet wie ein Prägestempel, besteht also aus einem Negativ und einem Positiv (letzteres nicht ausgearbeitet, sondern aus Filz bestehend, in den sich das Negativ eindrückt), nur ohne Griff. Da der Druck von der Presse erledigt wird, ist zu bemerken, daß die Negative vor dem Pressen auf heißen Platten erhitzt werden. Ferner ist es aus zwei Gründen wichtig, die zu prägenden Blätter vorher anzustielen; denn erstens würde der Stiel schlecht auf dem geformten Blatt zu befestigen sein, zweitens wäre das Herausnehmen des Blattes aus der Matrize ohne Stiel eine sehr zeitraubende Sache. Sämtliche Farbtöne, bei Blättern sowohl wie bei Blüten, werden vor dem Pressen aufgetragen.

Wir wollen hierbei nicht zu bemerken vergessen, daß man zum Färben der Blätter wie Blüten sich vielfach der Luftmalapparate bedient und Farbeneffekte damit erzielt hat, die eine ganz neue Richtung auf dem Gebiete der Kolorierung zeitigten. Die Mal-, richtiger Spritzweise, wird, nebenbei bemerkt, bei fertig geprägtem Laub bzw. Blüten angewendet, denn gerade durch die durch Prägung entstandenen Unebenheiten kommen die schönsten Farbenspiele zustande.

Die so gefertigten Blätter werden — falls dieselben zum Montieren besserer Zweige dienen sollen — nun einzeln in warmes Wachs getaucht, abgespritzt und locker hingeworfen, brauchen also nicht einzeln auf Schnüre gehängt zu werden, wie dies zuvor von den Blüten gesagt wurde.

Sollen ungewachste, eventuell aus ungestielte Blätter verwendet werden (für billigste Zwecke), so falzt man das Blatt nur an der Basis der Länge nach ein und wickelt oder klebt das Blatt an die erwünschte Stelle.

Ähnlich verfährt man auch mit Blumen größerer Dimensionen, z. B. Riesenmohn oder Blüten, die für besondere Zwecke: Reklame, Lichtschirme, Nadelkissen, Maskeraden, Atrappen usw. in natürlicher Größe hergestellt werden müssen. Die Blütenblätter werden dann, meist zu 12 Stück, mit der warmen Kreppschere gekreppt, mit der Plisseemaschine plissiert oder mit großen warmen Drückeisen gedrückt.

Die Farbtöne derartiger übernatürlich großer Blüten und Blätter erzielt man am billigsten und einfachsten durch Verwendung verschiedenfarbiger Papiere. Will man z. B. zartrosa Rosen machen, so legt man beim Stanzen bzw. Kreppen usw. immer einen weißen Bogen auf kräftigrosa. Sollen die Farbtöne nach der Mitte hin kräftiger sein als an den Rändern, so legt man vor dem Drücken usw. ein entsprechend kräftigfarbiges Stück Papier ein.

Große billige Blüten werden am besten auf von einem Wattedraht angestielten Stück Pappe geklebt, der Kelch unterseits angeklebt, während das Laub an den Wattedraht — dieses sind mit Stoff und Papier umsponnene Drähte — mittels feinsten Haardrahtes, Garn oder Klebstoff befestigt wird. Soll der Stiel dicker und länger werden, so legt man den Draht entsprechend mehrfach an.

Für Massenfabrikation lohnt sich auch die Anschaffung einer Drahtschneidemaschine oder einer größeren, anschraubbaren Drahtschere mit langem Hebel. Offene, auch halboffene Blüten, die außer den Staubgefäßen — letztere kann man aus Papierschnitzeln herstellen — noch einen sogenannten Fruchtboden aufweisen müssen, arbeitet man um letzteren herum. Für Mohnblüten kommen z. B. die natürlichen leeren Mohnköpfe in Betracht. Für andere Blüten verwendet man fast durchweg Balais, eine hierzu besonders fabrizierte Watteart. Balais wird meist mit umsponnenen Draht in der Mitte derart umklammert, daß er tief einschneidet und nicht zum Vorschein kommt. Muß der Fruchtboden sehr groß sein, wie beispielsweise bei Sonnenrosen oder großen Margariten, so fügt man mehrere nebeneinander oder klebt entsprechende Partien ein. Den Fruchtboden der Blüte einer Sonnenrose würde man am besten aus gelbem, den einer Skabiose aus dunkelrotem Balais fertigen. Muß der Fruchtboden bunt sein wie der einfachen Aster, der einfachen Georgine usw., so betupft man das Balais mit Klebstoff und streut gefärbten Grieß oder gefärbte Grütze darauf, die Natürlichkeit ist verblüffend; auch Erika wird auf diese Weise mittels Chenille hergestellt. Zum Färben von Grieß verwende man Spiritusfarben.

Dies wären die wichtigsten Angaben über die Erzeugung der Papierblumen und Papierblätter bzw. Zweige usw.

Daß man Blüten und Blätter durch Wachsen wasserfest machen kann, wurde bereits anfangs bemerkt. Auch gibt es ein chemisches Verfahren, mittels dessen man Blüten und Blätter feuerfest macht, doch sind dies teils Geheimnisse der betreffenden Chemiker, die die dazu nötige Flüssigkeit nur lizenzweise abgeben, oder es sind Geheimnisse der Papierfabriken, die Asbeststoffe u. dergl. dabei verwerten.

Zum Schluß sei noch der Herstellung der zusammenlegbaren Papiergirlanden gedacht, die spezielle Verwendung bei Saal- und Straßendekorationen finden, und zwar aus Gründen der Haltbarkeit, der Billigkeit und der Leichtigkeit des Gewichts. Hinzu kommt noch die bequeme Handhabung und Versandfähigkeit. Alles Vorzüge gegenüber der Naturgirlande.

Die Herstellung als Massenartikel ist ganz besonders empfehlenswert, eigentlich als solcher erst lohnend. Nehmen wir an, es soll eine Eichenlaubgirlande von gleichmäßig runder Form (Boaform) gefertigt werden, so denke man sich fünf Eichenblätter derart in einen Kreis gelegt, daß sich die Stielenden der Blätter auf einem Punkte treffen. Hiervon entwerfe man eine Schablone, die ein ganzes, also ein fünfblättriges Eichenblatt darstellt und in der Mitte ein kleines Loch erhält. Von dem Modell wird eine gleichartige Stanzform angefertigt. Von diesen aus dunkelgrünem Papier gewonnenen Blättern klebe man immer je zwei Schnitte an ihren fünf äußersten Spitzen zusammen, ziehe die fertigen auf eine Schnur (10 bis 20 geklebte Teile je nach Größe genügen für ein Meter) und klebe diese aufgezogenen Teile nun erst mit ihren äußeren Seiten in der Mitte zusammen, so daß dieselben beim Auseinanderziehen wie eine Harmonika erscheinen. Am Anfang und Ende der Girlande wird ein aus Pappe gestanztes Blatt aufgeklebt, der Bindfaden verknotet, und die Girlande ist fertig.

Derartige Girlanden lassen sich selbstverständlich durch andere Formen, Farben sowie durch Dazwischenfügen bzw. -kleben von Blüten, Wimpeln, Lampions usw. abwechslungsreich herstellen.

Blüten, die man zwischen den Laubgirlanden anbringen will, sind derart zu falzen, daß stets vier (beispielsweise) Rosenschnitte je zweimal geknifft werden und die vier gekniffften Schnitte — mit ihrer Basis zusammengeklebt — je eine Blüte zum Zwischenfügen ergeben, ähnlich der Blüten, wie man sie bei Aufstell-Gratulationskarten macht.

Girlanden, die auf diese Art hergestellt sind, würden bei einer ausgezogenen Länge von 5 m im zusammengelegten Zustande höchstens einen Raum von 10 zu 10 cm ergeben; woraus sich wiederum ergibt, daß dieser Handelsartikel einen vorzüglichen Versandartikel abgibt.

VI. Kapitel

Das Papier im Dienste der Hygiene

Die wachsende Bedeutung und Vielseitigkeit von Papier in der Hygiene

Im Rahmen dieser Betrachtung sei zunächst einmal hingewiesen auf die hygienische Bedeutung des Papiers für verschiedene Berufszweige, z. B. für das Friseurgewerbe und die Kosmetik. Wir alle kennen das Abschminkpapier sowie die Friseurrollen in den Herrensalons, die nicht mehr fortzudenkenden Zellstofftaschentücher — fälschlicherweise Papiertaschentücher genannt —. Ein großer Verkaufsartikel sind die hygienischen Damenbinden geworden und last not least die unentbehrlichen Toilettenpapierrollen.

Eine Reihe praktischer Erzeugnisse, die man heutzutage zum Teil wasser- und wischecht aus Papier herstellt, sind ein Beweis für die Vielseitigkeit von Papier in der Hygiene. Ein weiterer Beweis für die industrielle Bedeutung hygienischer Papiererzeugnisse ist die maschinelle Ausrüstung einzelner Firmen zur Herstellung dieser Handelsartikel.

Ein führendes Werk der Zellstoffwatte-Taschentücher z. B. arbeitet mit Automaten einer Spezialmaschinenfabrik, von denen allein 22 Maschinen derzeitig bei diesem einen Herstellungsbetrieb stehen. 11 weitere der gleichen Firma wurden einem anderen Betrieb geliefert, der ebenfalls zu den führenden Firmen auf diesem Gebiet gerechnet wird.

Es sei am Rande bemerkt, daß die bekannteste Herstellerfirma von Damenbinden mit mehr als 30 Bindenmaschinen dieser Spezialmaschinenfabrik ausgerüstet ist.

Die derzeitig gehandelten Erzeugnisse halten sich streng an die äußere Form der Textiltücher. Sie haben zuweilen wohl auch gepreßte Ränder oder zeigen schmale Randverzierungen. Vorherrschend sind dagegen solche Sorten, welche keinen Schmuck tragen und mit größtmöglicher Einfachheit, gestützt auf ihren praktischen Wert, auf den Markt gebracht werden. Als Grundstoff wird ein leichter, weißer, gut saugfähiger Zellstoff genommen, der vor allem sehr schmiegsam sein muß. Ich erwähne z. B. die bekannten Tempo-Taschentücher, die den Vorzug der Ribbelfestigkeit haben, antibakteriell bestrahlt und auch zur Erleichterung bei schweren Erkältungen mit Menthol getränkt sind.

Der niedrige Preis dürfte wesentlich dazu beigetragen haben, diesem notwendigen Erzeugnis den Weg zum Massenverbrauch geebnet zu haben.

In neuerer Zeit hat sich das zweimal quergefalzte Taschentuch in Deutschland durchgesetzt. Er ermöglicht eine kleinere handliche Taschenpackung und bietet

nicht nur als Taschentuch, sondern auch noch für viele andere Zwecke eine willkommene Bereicherung für den täglichen Gebrauch.
Es hat sich im Sprachgebrauch eingebürgert, von Papiertaschentüchern zu sprechen. Das ist durchaus abwegig, denn diese Taschentücher werden hergestellt aus Zellstoffwatte, und um diese Watte zu erzeugen, werden drei, vier oder fünf hauchartig dünne Papierbahnen aufeinandergelegt, was man in der Industrie als Dublieren bezeichnet. Die einzelne Lage wiegt etwa 10 g/qm. Die mehrlagige Watte muß auf einer Papphülse aufgerollt sein. Die Rolle hat schon die Breite des Taschentuches; es findet also in der Herstellungsmaschine kein seitliches Beschneiden mehr statt. Die Watte soll weich und fest sein. Diese mehrlagige Bahn läuft dann in die Taschentuchmaschine ein.
Die Herstellungsmaschine (Tafel XI) hat eine Abwickelvorrichtung zur Aufnahme der Zellstoffwatte-Rolle. Mittels Konen wird die Hülse auf der Welle festgespannt. Ferner hat die Maschine zwei Kalandereinrichtungen. Die untere ist zur Aufnahme eines Walzensatzes zum Satinieren bestimmt. Die Wattebahn läuft durch zwei polierte Stahlwalzen, wodurch die drei oder vier Lagen fest aneinandergepreßt werden. Hierdurch entsteht gleichzeitig eine größere Weiche des Materials, und ferner erhält die Bahn auf beiden Seiten eine gewisse Glätte, die später dem fertigen Taschentuch ein vorteilhaftes Aussehen gibt. — Die obere Kalandereinrichtung dient zur Aufnahme eines Präge-Walzensatzes. Die Taschentücher erhalten allgemein nur eine sogenannte Randprägung. Um diese zu erhalten, wird eine entsprechend gravierte Stahlwalze benötigt, die mit einer Papiergegenwalze (als Matrize) eingewaschen wird. Die Prägung läßt das fertige Taschentuch wertvoller erscheinen und bezweckt außerdem eine weitere Festigung der dublierten Watte, die dann nicht mehr in die einzelnen Lagen auseinanderfallen kann.
Nach Verlassen der Satinier- und Prägeeinrichtung erfolgt die Falzung der Bahn. Zunächst wird in der Mitte der Längsfalz ausgeführt. Nun ist also nur noch die Hälfte der ursprünglichene Bahnbreite vorhanden. Anschließend läuft die Bahn zwischen zwei Zylindern hindurch, wo das Abschneiden auf Taschentuchlänge erfolgt. Der obere Zylinder saugt außerdem das abgetrennte Taschentuch an, was durch einen eingebauten Saugventilator erreicht wird. Ein weiterer Zylinder mit Falzmessern sorgt nun dafür, daß das einzelne Tuch exakt die Querfalzung erhält. Sobald dieses geschehen ist, fällt das fertige Taschentuch in einen Bändertransport, von wo es sofort auf den Ablegetisch geschoben wird. Eine Zählvorrichtung, die mit den Falzstationen verbunden ist, sorgt nach Ablage einer bestimmten Stückzahl für ein Hochstellen des letzten Taschentuches, damit die gewünschte Verpackungsmenge deutlich gekennzeichnet ist.
Im allgemeinen werden die Taschentücher im Format 22×22 cm hergestellt. Das fertige Tuch würde dann nach der Kreuzfalzung 11×11 cm messen.

Durch Ergänzung der Längs-Falzstation kann auch ein Verpackungsformat von 11×5,5 cm erreicht werden. Die Maschine wird für die Herstellung einer bestimmten Taschentuch-Größe ausgestattet. Da sie jedoch zwischen 22 und 37 cm variabel ist, läßt sie sich innerhalb dieses Bereichs für die verschiedensten Taschentuch-Größen durch entsprechende Zubehörteile ausrüsten. Auch die Zählvorrichtung kann durch Auswechseln bestimmter Teile für die Erzielung einer anderen Verpackungs-Stückzahl eingerichtet werden.

Für den Antrieb der Maschine wird ein Elektromotor von $2^1/_2$ bis 3 PS gebraucht. Je nach Materialbeschaffenheit und Taschentuchformat kann mit einer Stundenleistung von 10 000 bis 12 000 Stück gerechnet werden.

„Die Hochleistungs-Taschentuchmaschinen der Firma J. H. SPOERL, Düsseldorf, erreichen eine Leistung von 20 000 Tüchern in der Stunde einbahnig und 35 000 Tüchern zweibahnig. Eine solche Maschine ist auf Tafel XII/1 abgebildet. Sie ist besonders geeignet, um mit schnellaufenden Verpackungsmaschinen kombiniert zu werden. Die Tücher kommen abgezählt aus der Maschine heraus. Weltbekannte Firmen verwenden diese Hochleistungsautomaten der Firma SPOERL.

Als einen besonders wichtigen hygienischen Artikel können wir die Damenbinden bezeichnen. Eine alte und bedeutende Fachfirma für Damenbindenautomaten dürfte ebenfalls die vorgenannte Firma sein, deren Automat BN 4 auf Tafel XII/2 abgebildet ist. Diese gesetzlich geschützte Maschine ist das Endglied einer jahrzehntelangen Erfahrung und erreicht eine Leistung von über 60 000 Binden in acht Stunden .Auf der gleichen Maschine können sowohl Schlauchbinden als auch Mullbinden hergestellt werden. Es ist sogar möglich, die Zellstoffwattekerne in der Maschine automatisch mit Baumwollwatte zu umhüllen. Diese Maschine dürfte mit ihrer Leistung und Universalität als eine der schnellsten und modernsten Maschinen dieser Art in Europa anzusprechen sein.

Das Programm der Firma SPOERL wurde kürzlich erweitert durch das neue Modell BN 1, das speziell für mittlere und kleinere Betriebe konstruiert wurde. Diese kleine Maschine hat eine Leistung von 60—80 Binden in der Minute, nimmt außerordentlich wenig Platz ein und hat doch alle wesentlichen Einrichtungen der größeren Automaten.“

Auch die Maschinenfabrik Hobema, Düsseldorf, baut eine vollautomatische Maschine zur Herstellung von hygienisch einwandfreien Damenbinden aus Zellstoffwatte im Netzschlauch, arbeitend von normal 7 cm, Bindenlänge 22 cm, Schlauchlänge variabel von 40 cm bis 52 cm, Leistung bis ca. 32 000 Binden in acht Arbeitstunden. Die Maschinenanlage gestattet die Herstellung von Damenbinden mit abgeschrägten oder gerundeten Enden (Tafel XIII).

Für die Binden-Herstellung wird die Wattebobine auf den Abrollständer der Stanz- und Schneidemaschine gesetzt. Man läßt die Maschine nun so weit durchlaufen, bis einige Abschnitte gestanzt und geschnitten sind. Die Abschnitte fallen infolge der ruckartigen Bewegung des Transportgurtes bei voller Maschinengeschwindigkeit in den Kettentransport zur Einschlagmaschine. Dabei ist zu beachten, daß die Abschnitte jeweils zwischen zwei Mitnehmer fallen. Das Umhüllen der Binden mit Schlauch geschieht auf der Einschlagmaschine dadurch, daß der außen auf dem Rohr aufgegebene Schlauch durch das Innere des Rohres abgezogen wird. Dabei werden gleichzeitig in gleichmäßigem und wegen der festen Anordnung der Mitnehmer an der Transportkette gleichbleibendem Abstand die Bindenzuschnitte in das Rohr eingeführt. Sie werden von dem in Bewegung befindlichen Schlauch erfaßt und durch das Rohrinnere geführt. Von der Vorzugsgeschwindigkeit des Schlauches hängt es nun ab in welcher Länge der Schlauch je Binde entsteht.

Ein Schlauchaufziehrohr nimmt etwa 1,2 bis 1,3 kg Schlauch auf, entsprechend ca. 500 m. Man arbeitet zweckmäßig mit wenigstens zwei Schlauchrohren, um eine Unterbrechung der Produktion während des Schlauchaufziehens zu vermeiden.

Der Bindenvorzug der Einschlagmaschine leitet den Schlauch zum Schneidkopf, trennt den Schlauch jeweils zwischen zwei Bindenzuschnitten und arbeitet im gleichen Takt mit der Transportkette. Die Einstellung kann von einem Schlosser durchgeführt werden. Bei der Einstellung des Schneidkopfes kommt es darauf an, daß die Querschneidemesser auf der ganzen Breite gleichmäßig gut schneiden. Diese Einstellung erfolgt am Obermesser. Des weiteren muß der Schneidmoment so liegen, daß der Schlauch zwischen zwei Binden geteilt wird; in den meisten Fällen werden die Schlauchlängen verschieden lang gewünscht, Differenz ca. 2 bis 3 cm, und zwar muß dann das vorliegende Ende das längere sein. Die Einstellung des Schneidkopfes in bezug auf den Schneidmoment wird dadurch erreicht, daß man die Klemmschrauben des Untermesserzylinders löst und die Maschine von Hand durchdreht. Man erkennt dann leicht den Zeitpunkt, zu welchem der Messerzylinder wieder festgeklemmt werden muß. Nach jeder Verstellung muß die Stapelschiebersteuerung entsprechend korrigiert werden. Der Stapelschieber muß seine Hubbewegung dann beginnen, wenn die Binde den Stapelanschlag erreicht hat. Zur guten Bindenführung soll der Stapel nie ganz entleert werden. Es ist zweckmäßig, wenn etwa zehn Binden im Stapel verbleiben oder vor Inbetriebnahme in die Stapelführung gelegt werden. Die Packerin entnimmt die fertigen Binden dem Stapel.

Die Herstellung von Toilettenpapierrollen

Wir wollen die Darstellungen über das Papier in der Hygiene abschließen mit einer fachlichen Abhandlung über die Herstellung von Toilettenpapier-Rollen, den mir eine westdeutsche Spezialfirma für die Herstellung derartiger Erzeugnisse zur Verfügung gestellt hat.

Der größte Anteil allen Toilettenpapieres wird in solchen Fabriken hergestellt, in denen gleichzeitig auch das Rohpapier erzeugt wird. Die wichtigsten Sorten in der Toilettenpapiererzeugung sind Rollen mit 200, 400 und 1000 Blatt. Das Distributeur-Toilettenpapier in Blattform findet man auf dem deutschen Markt kaum, dagegen ist es im Ausland noch weit verbreitet. Die Ursache dafür liegt in der rationelleren Herstellung des Toilettenpapieres in Rollen anstatt in Blättern. Besonders in den letzten zehn Jahren wurde der Marktanteil in farbigen Toilettenpapieren stark vergrößert. Hier werden die Farben Rosa und Gelb sehr bevorzugt, es folgen Grün und Blau.

Das Rohpapier zur Herstellung dieser Rollen wird im Naß- oder Trockenkreppverfahren gekreppt. Das Flächengewicht dieser Papiere liegt zwischen 30 und 40 g/qm.

Die zur Herstellung von Toilettenpapier notwendigen Maschinen sind im wesentlichen nach dem Prinzip einer Umroll- und Meßmaschine gebaut. Die Arbeitsbreite der Umrollmaschinen richtet sich nach der Papiererzeugungsmaschine und liegt zwischen 1250 mm und 2500 mm. Die Maschine besteht im wesentlichen aus der Abrollvorrichtung mit einer Bremse auf der Abrollstange und der Bahnregulierung. Es folgt eine Streichleiste, die das faltenlose Einlaufen des Papiers in die eigentliche Maschine gewährleistet. Vorzugsrollen bringen das Papier an die Messerpartie, die das Längsschneiden der gesamten Papierbahn vornimmt. Die Papierbahn wird im Scherenschnitt geschnitten mit Ober- und Untermesser. Nach dem Längsschneiden folgt die Querperforation der einzelnen Bahnen. Die Perforation wird durch gezahnte Flacheisen, sogenannte Kämme vorgenommen, die gegen eine Nute arbeiten. Die Kämme sind auf einer Walze befestigt; die Kammwalze und die Nutwalze rotieren gegeneinander. Sofort nach der Perforation werden die einzelnen Papierbahnen aufgewickelt. Die Maschinen werden von Hand in Betrieb gesetzt und mittels eines elektrischen Zählers ausgeschaltet. Dieser Zähler ist so eingerichtet, daß man die gewünschet Blattzahl einstellen kann. Der Impuls für das Registrieren der Blätter im Zählwerk wird durch die Perforiereinrichtung vorgenommen. Die Aufrollung erfolgt auf eine sehr leichte Aufrollstange, die vorher mit den Innenhülsen für das Toilettenpapier versehen wurde. Nach Beendigung der Aufrollung wird die Rollstange von Hand aus der Maschine entnommen und eine neue eingelegt, und der Wickelvorgang kann von neuem beginnen. Die fertige Rollstange wird seitlich aus den Rollen herausgezogen, die dann von Hand zur manuellen oder maschinellen Banderolierung kommen. Die zur Herstellung von Toilettenpapier erforderlichen Innenhülsen und Banderolen werden in den meisten Fällen in den Herstellerwerken selbst angefertigt. Für die Herstellung der Innenhülsen kommen die normalen Hülsenmaschinen in Frage, die Banderolen werden meist im Anilindruckverfahren bedruckt.

Aus der vorstehenden Abhandlung gewinnen die Leser eine Vorstellung über die Fertigung von Toilettenpapier. Die Firma *Hobema*-Maschinenfabrik in Düsseldorf zeigt die Abbildung einer der üblichen Wickel-, Schneide- und Perforiermaschinen für die Herstellung von Toilettenpapier-Rollen (Tafel XX/1).

Von dieser Maschinenfabrik wird jetzt außerdem eine vollautomatische Maschine geliefert*); die folgende Arbeiten in einem Durchlauf ausführt: selbsttätige Wicklung und Verleimung der inneren Papphülse, Ankleben der Papierbahn an die Hülse, Perforieren der Bahn zur Erzielung der einzelnen Blätter, Aufwickeln der Bahn auf die Hülse, Zählen der Blätter und automatisches Abtrennen der Bahn nach Wicklung der gewünschten Blattzahl, Ankleben des letzten Blattes an die Wickelrolle, Schneiden der Wickelrolle einschließlich Papphülse in die einzelnen Röllchen nach gewünschter Breite, Ausstoßen der verpackungsfertigen Röllchen.

Der neue *Hobema*-Vollautomat sichert also durch die Vielfalt der kombinierten Arbeitsvorgänge die kontinuierliche Arbeitsweise ohne Handbedienung sowie durch eine weitaus höhere Laufgeschwindigkeit ganz bedeutende Vortele hinsichtlich Rentabilität und Leistung. Außerdem steigert sich die Wirtschaftlichkeit der Produktion noch durch den Fortfall des bei der üblichen Herstellung von Toilettenpapier-Rollen notwendigen separaten Hülsen-Wickelautomaten mit eigener Bedienung, des Hülsentransports zur Toilettenpapier-Wickelmaschine, des Hülsen-Aufsteckens auf die Wickeldorne und des Einlegens der Dorne in die Aufwickelstation.

Ich möchte die Leser zum Schluß dieses Kapitels noch mit einer Spezial-Rollenschneid- und Wickelmaschine für die Herstellung von Toilettenpapier bekannt machen, die von der Maschinenfabrik Erwin Kampf in Bielstein/Mühlen hergestellt wird: die Spezial-Rollenschneid- und Wickelmaschine T. 3.

Diese Spezialmaschine stellt eine einfache Konstruktion dar, die sich infolge ihrer soliden und zweckmäßigen Bauweise trotz ihrer herkömmlichen Arbeitsweise großer Beliebtheit erfreut. Mit der Maschine kann sowohl gekrepptes als auch ungekrepptes Papier einwandfrei geschnitten werden. (Tafel XXIV/2)
Der Perforateur ist als Zick-Zack-Perforateur ausgerüstet und zwar nicht für Stich-, sondern für Schnittperforation. Die Perforationskämme sind aus Spezialstahl hergestellt, gehärtet und geschliffen, so daß eine unbedingt lange Lebensdauer garantiert ist.

*) Eine Beschreibung des Vollautomaten zur Herstellung von Toilettenpapier-Rollen ist zu finden im Fortsetzungsband „Die Praxis der Papierverarbeitung“, erschienen 1960 im gleichen Verlag, Kapitel X (Papierspezialitäten).

Die Aufwicklung des geschnittenen Papieres erfolgt pendelnd an einer Tragwalze, die gleichzeitig als untere Messerachse ausgebildet ist. Die Aufwickelspindel ist zur Aufnahme der Papphülsen mit Federn ausgerüstet. Im übrigen wird dieselbe mit einem feinfühlig regulierbarem Friktionsgetriebe angetrieben, so daß ganz nach Belieben weiche und auch härtere Rollen hergestellt werden können.

Technische Daten:

Arbeitsbreite bis 1500 mm,
Originalrollen-Durchmesser bis 1000 mm,
Fertigrollen-Durchmesser bis 200 mm,
Arbeitsgeschwindgikeit bis 200 m/min.

Papierwaren für pharmazeutische Zwecke — Die hygienisch einwandfreie Pulverkapsel

Einen großen Bedarf an Papierwaren aller Art haben Apotheken und Drogerien besonders an viereckigen, runden oder ovalen Etiketten, die zumeist in Buch- oder Steindruck hergestellt werden und größtenteils gestanzt oder auf der Schneidemaschine passend geschnitten werden. Um seitens des Verbrauchers ein schnelles Aufkleben dieser Etiketten auf Tuben, Flaschen oder Schächtelchen zu ermöglichen, werden alle derartigen Etiketten gummiert geliefert, so daß sich das Aufkleben derselben ohne jede Schwierigkeit bewerkstelligen läßt.

Groß ist auch der Bedarf an recht- und spitzwinklig geschnittenen Einwickelpapieren, welche zum Teil aus weißen oder farbigen Pergament- oder Wachspapieren hergestellt werden und je nach Bedarf mit oder ohne Firmendruck geliefert werden.

Daneben nennen wir noch Pillenschachteln aller Art, viereckig, rund und oval, sowie Puderdosen in den verschiedenen Ausführungen.

Wir wollen uns mit einem der Hygiene dienenden Artikel beschäftigen, der geradezu in enormen Mengen benötigt wird und dem man daher auch aus verschiedenen Gründen mehr Beachtung schenken sollte. Es handelt sich um die Pulverkapsel.

Die Pulverkapsel in ihrer gerbräuchlichsten Form besteht in der Hauptsache aus einem etwa 12 cm langen und etwa 7 bis 8 cm breiten Stück weißen Papiers, welches zunächst schlauchartig übereinandergefalzt wird und dessen beide Enden nach erfolgter Füllung ineinandergesteckt werden, so daß die gefüllte Pulverkapsel ähnlich verschlossen ist, wie die Reichspost ein Telegramm zu verschließen pflegt.

Daß die ganze Art und Weise, in der das Füllen der Pulverkapsel vor sich geht, in hygienischer Hinsicht recht anfechtbar ist, darüber sind wir uns wohl alle einig. Zumeist wird dabei so verfahren, daß man die schlauchartig gefalzte

Kapsel, wenn sie sich beim Füllen nicht sofort in der gewünschten Art öffnet, an den Mund führt, hineinbläst und dann nach erfolgter Füllung an den beiden Enden ineinandersteckt. Ein Vorgang, den man fast täglich beobachten kann und der für manchen Patienten ungemein peinlich ist. Weiter soll daran erinnert werden, daß das Falzen und Füllen der Pulverkapseln eine sehr zeitraubende Beschäftigung ist. Es vergeht meist eine ganz geraume Zeit, ehe der männliche oder weibliche Apothekerlehrling, dessen Privilegium das Falzen und Füllen derartiger Pulverkapseln ist, sich soviel Fingerfertigkeit angeeignet hat, daß er es auf eine größere Anzahl täglich bringt. Dadurch werden natürlich die so billig gekauften Pulverkapseln nachträglich wesentlich verteuert.

Wir wollen daher im folgenden auf eine neue Art von Pulverkapseln hinweisen, die allerdings in bezug auf die Herstellungskosten etwas teurer zu stehen kommt, die jedoch in *hygienischer Hinsicht völlig einwandfrei ist.* Die Pulverkapseln können in zwei verschiedenen Ausführungen hergestellt werden. Wir unterscheiden dabei offene, nur leicht vorgebogene oder auf maschinellem Wege vorgefalzte Kapseln und geklebte, bereits zum Einfüllen fertige Kapseln.

Als Material zur Herstellung derartiger Kapseln verwendet man am zweckmäßigsten dünnen weißen Naturkarton im Gewicht von 250 bis 275 g pro Quadratmeter. Dieser Karton darf jedoch keineswegs stark satiniert werden, muß vielmehr rill- bzw. prägefähig sein. Die Herstellung selbst geht wie folgt vor sich. Man verwendet dazu durchweg in bestimmte Breiten geschnittenen Rollenkarton, welcher auf die an der Siegelmarkenpresse befindliche Rollenspindel aufgesteckt wird.

Die Kapseln selbst werden auf einer Siegelmarkenpresse in einem Arbeitsgange gestaucht, gestanzt, gezählt und je nach Bedarf auch gleichzeitig mit Reklame- oder Firmendruck versehen. Je nach der Bauart der Maschine können hierbei vier bis acht Stück in einem einzigen Arbeitsgange hergestellt werden, so daß in einem Arbeitstage ganz bedeutende Mengen fertiggestellt werden. Das zu verarbeitende Material läuft hierbei auf einem endlosen Gummituch von der endlosen Rolle zwischen dem Stahlstempel der Maschine und der Matrize hindurch. Bei jedem Niedergange des Druckknopfes werden jedesmal mehrere Kapseln gestanzt und gestaucht, nach vorne zu auf dem Gummituch automatisch weitergeleitet, so daß sie von der die Maschine bedienenden Arbeiterin mit Leichtigkeit abgenommen werden können.

Die fertigen Kapseln werden nun zunächst in Mengen von 100 oder mehr gebändelt oder in bereitstehende Kartons verpackt. Diejenigen Abnehmer, welche ungeklebte Kapseln beziehen, verfahren nun beim Einfüllen der Pulver wie folgt:

Die Kapseln werden zunächst in kleinen Stößen so gelegt, daß die Innenseite nach oben liegt. Jetzt werden die beiden schmalen seitlichen Fälze nach innen zu umgebogen. Hierauf wird das Pulver unter Zuhilfenahme eines kleinen Holzlöffelchens eingefüllt und die mit Zungenverschluß ausgestattete Schlußklappe in den Schlitz der Vorderseite eingesteckt, so daß die Kapsel jetzt völlig verschlossen ist. Durch einen leichten Druck mit dem Handballen auf die gefüllte Kapsel wird das im Innern der Kapsel befindliche Pulver gleichmäßig auf die Innenfläche verteilt. Die beiden seitlichen Fälze, sowie die untere Klappe und die Verschlußklappe sorgen dafür, daß das Pulver an keiner Stelle der Kapsel heraustreten kann. Das Einfüllen der Pulver wird dadurch wesentlich erleichtert, weil die Bruchstellen der Kapsel bereits auf der Siegelmarkenpresse vorgebogen oder gestaucht werden.

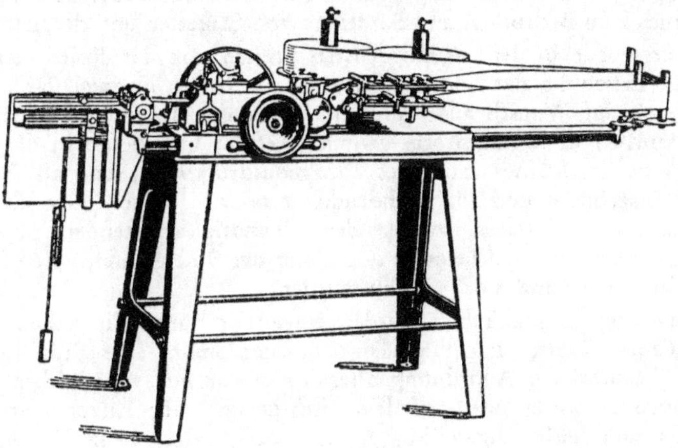

Abb. 5: Pulverkapsel-Automat der Firma C. Maul, Dresden

Noch schneller geht das Füllen der seitlich geklebten Kapseln vor sich.

Man übt hierbei einen leichten Druck mit dem Daumen und Zeigefinger auf die seitlichen Kanten der geklebten Kapsel aus, so daß sich die im Moment öffnet. Jetzt wird das Pulver hineingeschüttet und die Kapsel durch die obere Zungenklappe verschlossen.

Natürlich werden die seitlich geklebten Kapseln etwas teurer im Preise sein als die offenen und ungeklebten Kapseln. Dafür erfordert jedoch deren Füllen auch nur noch ein Minimum an Zeit und kann von jedem Laien im Handumdrehen bewerkstelligt werden. Beide Arten der hier erwähnten Pulverkapseln lassen sich leicht und verhältnismäßig preiswert herstellen und sind vor allen Dingen in hygienischer Hinsicht vollkommen einwandfrei.

Einen Pulver-Kapsel-Automaten, der zum Patent angemeldet wurde, baute vor dem Kriege eine Dresdener Maschinenfabrik, die sich seit vielen Jahrzehnten mit dem Bau von Spezialmaschinen des Papierverarbeitungs- und Kartonagenfaches befaßte. Sie brachte mit dieser Konstruktion eine Maschine auf den Markt, die bisher vielfach vermißt wurde. Der Automat war für Hand- und Kraftbetrieb eingerichtet und diente namentlich zum gleichzeitigen Paraffinieren, Schlauchen, Falzen, Drucken und Schneiden der bekannten Apotheker-Pulverkapseln, die auch unter dem Namen „Falzkapseln" im Handel waren. Er stellte das Vollkommenste und Modernste auf diesem Gebiete dar und konnte weiterhin noch vielseitig verwendet werden, insbesondere auch zur Herstellung von Kapseln für Farben- und Bronzepulver, zur Herstellung von einfach und doppelt gefalzten oder auch geklebten Schläuchen, zur Erzeugung von Zwischenlagestreifen für Schokoladenfabriken, sowie auf Wunsch auch zum Bedrucken und Schneiden von Etiketten und dergleichen.

Das Papier wurde in den verschiedensten Breiten von der Rolle verarbeitet. Es lief zur Erhöhung der Leistungsfähigkeit am besten in zwei Papierbahnen übereinander, auf Wunsch auch gefüttert ineinander durch die Maschine. Die Kapseln wurden in Schlauchform zweimal gefalzt und liefen in diesem Zustande durch ein kleines modernes Präzisionsdruckwerk, das als Zylinderfarbwerk ausgebildet und für Buchdrucksatz oder Klischees eingerichtet war. Die Kapseln oder Streifen wurden der selbsttätig arbeitenden Abschneidevorrichtung zugeführt und fielen in den hinter der Schere befindlichen Sammelbehälter, in dem sie auch noch gezählt wurden.

Die gewünschten Kapsellängen wurden eingestellt durch Umstecken von gefrästen Wechselrädern aus Stahl. Die Maschine stellte eine Präzisionsarbeit dar, die übersichtliche Anordnung aller Teile war ein wesentlicher Vorteil. Die Papierrollen waren oben auf dem Tisch gelagert, die Falzer übereinander angeordnet und leicht zugänglich, da der obere Falzer beim Einstellen der Maschine nach oben geklappt werden konnte. Als Druckwerk wurde ein Zylinderfarbwerk mit Farbverreibung verwendet. Durch einen Handgriff konnte das Farbwerk außer Betrieb gesetzt und auch ohne Druck gearbeitet werden. Da der Druckhebel, an dem sich die Zurichtung befand, regulierbar eingerichtet war, spielten Höhenunterschiede der Klischees keine Rolle. Es wurde so ein langwieriges Zurichten vermieden. Durch eine besonders sinnreiche Konstruktion war ein Verwischen des Druckes trotz des sehr schnelllaufenden Mechanismus gänzlich ausgeschlossen. Der Antrieb der Maschine erfolgte durch Riemenscheibe mit Reibungskupplung von Transmission oder auch direkt durch Elektromotor. Auf Wunsch wurde die Maschine auch mit einer Vorrichtung zum Kleben des Falzes oder zum Rillen der Falzkapseln in der Längs- und Querrichtung geliefert, um die Kapseln besser öffnen zu können. Ferner wurde auf Wunsch ein kleines Paraffinierwerk eingebaut, das regulierbar elektrisch beheizt wurde.

Die Leistung dieser Maschine betrug etwa 200 bedruckte Falzkapseln in der Minute bei einer Papierbahn, oder etwa 350—400 Kapseln in der Minute bei zwei Papierbahnen, ohne Druck, was einer Tagesleistung von etwa 160 000 bis 200 000 Stück entsprach. Die Bedienung war äußerst einfach und konnte von jedem Mädchen vorgenommen werden.

Überwachung der Perga-Packung während der Herstellung
Von den Rohstoffen bis zur versandfertigen Packung

Otto Krumm, Düsseldorf

Die Perga-Packung wird dem Kunden als füllfertiges Gefäß verkauft. Damit übernimmt der Produzent zwangsläufig die gesamte Verantwortung zur Überwachung des Herstellungsprozesses in qualitativer und besonders in hygienischer Hinsicht. Daß diese Verantwortung bei unseren Produkten das übliche Maß übersteigt, ergibt sich aus der Tatsache, daß hauptsächlich das lebensnotwendige Volksnahrungsmittel, die Milch mit ihren Nebenprodukten, darin verpackt wird.
Der Gesetzgeber hat sich mit Hilfe des Lebensmittelgesetzes und speziell des Milchgesetzes Möglichkeiten geschaffen, mit denen er bei evtl. Beanstandungen ohne weiteres auf den Hersteller der Verpackung zurückgreifen kann. Außerdem läßt sich die Fabrikation von qualitativ einwandfreier Ware auf unserem Spezialgebiet auf die Dauer nur dann erzielen, wenn sämtliche Ausgangsprodukte sowie jeder einzelne Vorgang im Arbeitsprozeß einer ständigen Prüfung unterzogen wird. Wir unterscheiden somit:

I. Prüfung der Ausgangsprodukte.
   A. Prüfung des Rohkartons
   B. Prüfung des Paraffins
   C. Prüfung des Klebstoffes und der Dispersion
   D. Prüfung der Druckfarben auf Paraffinechtheit.
II. Überwachung der Produktion.
   A. Maschinenkontrolle nach genauem Plan
   B. Schnellmethoden bei laufender Produktion an der Maschine
   C. Labormäßige Hauptkontrolle, worunter auch bakteriologische Prüfungen fallen.
III. Kontrolle des Fertigproduktes.

I. Prüfung der Ausgangsprodukte

A. Kartonprüfung
Dieser Prüfung muß ein besonderer Platz eingeräumt werden, da von der Qualität dieses Ausgangsproduktes in höchstem Maße das Gesamtergebnis abhängt. Jede einzelne Kartonlieferung wird deshalb an Hand von Proben labormäßig erfaßt, geprüft und die gesamten Prüfungsergebnisse auf einem Vordruck schriftlich fixiert. Lieferungen, die den Forderungen nicht entsprechen, werden ausgeschieden.

Die Kartonprüfung erstreckt sich auf folgende Punkte:

1. Kartongewicht.
2. Raumgewicht (errechnet aus Gewicht/Dicke). Es soll zwischen 0,8 und 0,9 liegen. 1-Liter-Karton etwa 0,8; 180-g-Karton etwa 0,9.
3. Stoffleimung, geprüft durch die Tintenstrichprobe (Prüftinktur), wobei die Striche nicht auslaufen dürfen.
4. Reißlänge, wobei im Prüfbericht die Reißlänge längs und quer sowie das Mittel hiervon angegeben werden muß. Zu verlangen ist hier eine Reißlänge längs größer als 6.000 und quer größer als 3.000.
5. Dehnung längs und quer.
6. Naßdehnung. Dieselbe ist von besonderer Wichtigkeit, da bei hoher Naßdehnung unbedingt damit zu rechnen ist, daß sich die Packungszuschnitte nach kurzer Lagerung krümmen.
7. Berstdruck. Derselbe soll nicht unter 1,5 kg pro 100 g liegen und wird als relativer Berstdruck angegeben, da er auf ein Einheitsgewicht des Kartons von 100 g bezogen wird.
8. Steighöhe. Dabei wird ein Kartonstreifen von 10 mm Breite eine Stunde lang in Wasser getaucht. Die Steighöhe des Wassers muß gleich 0 sein.
9. Wasseraufnahme (Benetzung) soll unter 30 Prozent liegen und wird nach zweistündiger Benetzung unter einer 10 cm hohen Wassersäule gemessen.
10. Füllstoffe im Karton sollen so gut wie nicht vorhanden sein. Auf alle Fälle darf der Aschegehalt nicht über 3 Prozent liegen.
11. Der Wassergehalt des Kartons sollte nach Möglichkeit auf 8 Prozent durch Klimatisierung gesteigert werden, da bei hoher Feuchtigkeit weniger Paraffin aufgenommen wird und die Dichte des Kartons trotzdem nicht nachläßt. Dagegen bricht trockener Karton sehr leicht.

Weitere Untersuchungen des Kartons erfolgen zusammen mit stets gleichbleibendem Normalparaffin. Dabei unterscheidet man vorwiegend zwei Prüfungen mit sehr unterschiedlichen Tauch- und Abschwitzzeiten.

1. Kartonprobe 20 Sekunden lang bei 80 Grad getaucht und 5 Minuten bei 60 Grad abgeschwitzt. Die Paraffinaufnahme liegt dabei durchschnittlich bei 28 bis 30 Prozent. Sehr hohe Aufnahme ist unerwünscht, da optimaler Paraffinauftrag auch in der Praxis hierbei überschritten wird. Anschließend erfolgt die Benetzungsprüfung, sowie die Kontrolle der Verfärbung mit sogenanntem braunen Wasser nach zweistündiger Füllung des Zylinders. Die Benetzung soll nicht über 6 Prozent, die Verfärbung möglichst geringer sein. (Braunes Wasser ist eine Lösung von 1/2 Prozent Papierbraun in Wasser und ist mit etwas Phenol haltbar gemacht. Papierbraun ist ein wasserlöslicher, substantiver, organischer Farbstoff.)
2. Die Kartonprobe wird 1 Sekunde lang bei 80 Grad getaucht und 5 Minuten bei 120 Grad abgeschwitzt. Dann erfolgt die Prüfung der Imprä-

gnierung, um zu sehen, wie das Paraffin den Karton beeinflußt hat, was sich auf Grund der durchzuführenden Falzzahlprüfung feststellen läßt. Die Probe zeigt also, inwieweit der Karton durch die Imprägnierung brüchig wird. Die erste Tauchprüfung dagegen lehnt sich an die Verhältnise in der Praxis an.

Sämtliche Kartonprüfungen finden mit klimatisiertem Material statt, d. h., nach einer Lagerung von 16 bis 24 Stunden bei einer Luftfeuchtigkeit von 65 Prozent. Diese Feuchtigkeit soll auch für das gesamte Rohstofflager zutreffend sein, da, wie schon erwähnt, zu trockener Karton besonders bei höherem qm-Gewicht sehr leicht bricht.

B. Paraffinprüfung

Vorauszuschicken ist, daß als Selbstverständlichkeit das Paraffin vollraffiniert sein muß und der Ölgehalt unter 0,5 Prozent zu liegen hat. Die Auswahl des Paraffins muß mit größter Sorgfalt erfolgen.
Geprüft wird auf:

1. Fließ- und Tropfpunkt mit einem Thermometer im Glyzerinbad bei sehr langsamer Erwärmung, besonders in der Nähe des kritischen Punktes. Normales Paraffin hat einen Fließpunkt von 54—55 Grad und einen Tropfpunkt von 55—56 Grad.
2. Erstarrungspunkt: Dabei genügt im allgemeinen die Schnellmethode mit Hilfe des rotierenden Thermometers.
3. Viskosität bei 80 Grad im Engler-Viskosimeter. Nach Engler soll dieselbe 1,4 Grad optimal betragen.
4. Geruch durch Schitzelung des Paraffins und 24stündiger Aufbewahrung dieser Schnitzel in einem verschlossenen Gefäß. Unzulässig muß dabei ein Geruch nach Petroleum oder Stearin sein. Letzterer deutet auf Oxydationserscheinungen hin. Eine besondere Beachtung dieses Punktes ist erforderlich.
5. Farbe.
6. Sauberkeit.
7. Paraffinaufnahme mit Testkarton bei 80 Grad und 60 Grad und hiervon
8. Benetzung und Flächenverfärbung.
9. Fluoreszenz mit der Analysenlampe aus Hanau.
10. Knitterprobe mit Testkarton: Erfolgt über schwarzem Papier, wobei die paraffinierte Kartonscheibe zerknittert und die Absplitterung beurteilt wird. Die Probe wird stets bei 80 Grad 20 Sekunden lang paraffiniert. Die gesamte Paraffinprüfung wird ebenfalls auf einem Vordruck schriftlich erfaßt und beurteilt.

C. Prüfung von Klebstoff und Dispersion

Die absolute Gleichmäßigkeit dieser Produkte ist unbedingt erforderlich. Zur Kontrolle der angelieferten Ware empfiehlt sich die Feststellung der Konzentration durch Spindeln oder evtl. Messung der Viskosität.

Der Heißsiegelaufstrich wird in seiner Auftragshöhe durch die Differenzmessungen zwischen beschichtetem und unbeschichtetem Karton geprüft. Eine Extraktion ist meist zu langwierig. Die Siegeltemperatur wird mit Hilfe eines Handheißsiegelgerätes mit genauer Temperaturkontrolle bei einem Druck von 15 kg pro cm^2 und Anpreßdauer von 5 Sekunden festgestellt. Starke Schwankungen abseits der optimalen Siegeltemperatur sind zu vermeiden.

D. Die Paraffinechtheit der Druckfarben

läßt sich durch Verschmelzen von Paraffin und Farbe kontrollieren. Der Geruch der Druckfarben nach Öl usw. ist untragbar, da derselbe sonst bei verpackter Ware durchschlägt und sie unbrauchbar machen kann.

II. und III. Überwachung der Produktion, Kontrolle des Fertigproduktes

Beides kann gemeinsam besprochen werden, da die einzelnen Prüfungen nicht in jedem Falle getrennt werden können.

Die laufende Kontrolle der Herstellungsanlage erfolgt in Verantwortung der Schicht- und Maschinenführer, die jeweils die ausgefüllten Prüfformulare abzuzeichnen haben. Der mechanische Lauf der Maschinen ist von dem Maschinenführer zu überwachen. Die Qualität der herzustellenden Packung wird von einem Mädchen durch ständige Entnahme und Prüfung der Halbfertig- und Fertigware kontrolliert. Alle 20 Minuten werden somit kurz vor dem Paraffinbad Proben gezogen und durch Wasserfüllung geprüft. Weiterhin werden in jeder Schicht dreimal von jedem einzelnen Dorn Packungsrohlinge entnommen und speziell die Längsnaht auf gute Klebung kontrolliert. Außerdem hat dieselbe Person jede Stunde eine fertige Perga-Packung auf Klebung (Boden und Naht), Siegelung, Vorbrechung und evtl. Splitter durchzuprüfen, sowie die Temperaturen der einzelnen Maschinenstationen schriftlich zu erfassen.

Die Einhaltung der vorgeschriebenen Temperaturen ist Voraussetzung für die Gleichmäßigkeit der Fabrikation. Geringe Schwankungen der Temperatur bringen z. B. schon ausschlaggebende Veränderungen der Imprägnierung. Bei optimaler Imprägnierung ist die Packung durchparaffiniert und trägt außerdem einen leichten Paraffinfilm.

Die entnommenen Proben müssen zur evtl. Nachkontrolle aufgehoben werden. Eine genaue Dienstanweisung, die an jeder einzelnen Anlage angebracht ist, regelt die jeweilige Tätigkeit der verschiedenen Bedienungspersonen.

Die Schnellmethoden direkt an der Maschine dienen dazu, Störungen schnellstens erfassen und beheben zu können. Eine Untermauerung dieser Prüfung erfolgt durch die Hauptkontrolle in den Laboratorien, die sich neben der Qualitätsprüfung auf die bakteriologische Überwachung des Fabrikationsprozesses erstreckt.

Für die mechanische und chemische Hauptkontrolle im Labor werden etwa alle drei Stunden paraffinierte und unparaffinierte Packungen entnommen und wie folgt geprüft:

1. Unparaffinierte Packungen
   Prüfung der Klebestellen.
   Die Längsnaht muß vollkommen verfilzt sein, wobei besonderes Augenmerk dem oberen und unteren Ende der Naht geschenkt werden muß. Ebenso muß die Verfilzung der Bodenklebung selbstverständlich durchgehend sein. Die Kontrolle der Packungsdichte erfolgt durch Aufreißen der Klebestellen bzw. durch Wasserfüllung als Schnellprobe.

2. Paraffinierte Packungen
   Die Messung des Paraffinauftrages auf der gesamten Packung erfolgt durch Differenzmessungen, neuerdinags auch durch Extraktion mit Tetrachlor-Kohlenstoff, da hierdurch genauere Werte ermittelt werden können. Zur Extraktion werden Stücke aus verschiedenen Stellen des Mantels geschnitten und extrahiert und somit festgestellt, wie das Paraffin auf die Packungsoberfläche verteilt ist. Auf Grund des Produktionsverlaufes trägt der Packungsmantel im oberen Teil weniger Paraffin als in der Nähe des Bodens. Diese Paraffinverteilung wird den Anforderungen in der gefüllten Packung gerecht. Größere Unterschiede ergeben sich hauptsächlich durch die verschiedene Fließfähigkeit des Paraffins sowie die verschiedene Festhalte- und Saugfähigkeit des Kartons.

   Wie die unparafinierte Packung wird auch das fertige Erzeugnis auf Dichte und zusätzlich Standfestigkeit mit braunem Wasser geprüft, wobei je drei Packungen gefüllt werden und über Nacht stehenbleiben. Parallel dazu erfolgt die Kontrolle der Heißversiegelung. Nach Beendigung der Lagerung wird die Verfärbung der Packung registriert und dadurch ein Aufschluß über das Verhalten der Packung in der Praxis erzielt. Die Längsnaht sowie der Boden und die Ecken der Packung werden logischerweise besonders beansprucht. Eine totale Verfärbung des Packungsmantels ist als ausgesprochen fehlerhaft zu betrachten und erfordert unter Umständen ein Nachparaffinierung. Der Packungsboden darf außerdem nicht durchhängen.

   Eine weitere Prüfung zielt auf die Erfassung von Schmutzpartikeln, Paraffinsplittern und Paraffintropfen hin. Dazu wird je eine Packung mit Nekallösung (1/2 Prozent Nekal in Wasser gelöst) über Nacht gefüllt, die

Flüssigkeit filtriert, das Filter getrocknet und mikroskopisch durch Auszählen der Schmutzteilchen beurteilt.

Von besonders instruktivem Wert ist die Transportfrüfung auf der Schüttelmaschine. Von drei mit braunem Wasser gefüllten Packungen wird je eine 5, 10 und 20 Minuten geschüttelt und dann auf Stauchungen, Brüche und Risse geprüft. Hier wie bei vielen der erwähnten Prüfungen müssen Erfahrungswerte zur Beurteilung der Ergebnisse dienen.

Zur weiteren Überwachung der Herstellung werden auch von seiten des Labors bei jedem Probeziehen die Temperaturen der einzelnen Maschinenstationen registriert. Außerdem werden jede Woche einmal sämtlichen Tauchbändern Proben entnommen und das Paraffin auf Aussehen und Geruch geprüft, und zwar mit Hilfe der schon erwähnten Schnitzelprobe. Bei Feststellung von Verschmutzung oder Oxydationserscheinungen wird das Tauchbad ausgetauscht. Eine nachlässige Kontrolle des Tauchbades kann die Qualität der gesamten Produktion in Frage stellen.

In gewissen Abständen ist es zu empfehlen, Laborversuche mit den in der Praxis verwendeten Füllgütern zu machen. Man sichert sich hierdurch einmal gegen haltlose Angriffe der Praxis und erhält weiter wertvolle Hinweise auf praktische Verhältnisse und evtl. Mängel in der Produktion.

Bakteriologische Prüfungen

Da der weitaus größte Teil unserer gesamten Packungsproduktion in den Lebensmittelsektor wandert, sehr leicht verderbliche Güter verpackt werden und außerdem von gesetzgeberischer Seite sehr hohe hygienische Anforderungen gestellt werden, ist eine bakteriologische Überwachung unerläßlich.

Man kann sich auf den Standpunkt stellen, daß nur eine Untersuchung des Fertigproduktes notwendig ist, darf dabei aber nicht vergessen, daß die Verpackung auf dem Wege zum Verbraucher großen Beanspruchungen ausgesetzt ist und durch unsanfte Behandlung die Möglichkeit besteht, daß nicht nur die oberste Paraffinschicht mit dem Füllgut in Berührung kommt. Demzufolge ist zu empfehlen, neben ständigen Prüfungen der fertigen Packungen auch ab und zu Stufenkontrollen einzuschalten. Selbstverständlich ist die Stufenkontrolle auch der einzige Weg, bei schlechten Ergebnissen in der fertigen Packung die Infektionsquellen im Produktionsverlauf festzustellen.

Als tägliche bakteriologische Kontrolle ist es ausreichend, von jeder Anlage einmal Proben zu ziehen und folgende Prüfungen durchzuführen:

1. Prüfung auf Keime der Coli-Aerogenes-Gruppe
2. Prüfung auf Sporenbildner
3. Prüfung auf Fäulniserreger
4. Prüfung auf Gesamtkeimzahl
5. Prüfung mit Hilfe der Schnitzelprobe.

Für die ersten vier Untersuchungen wird die unter entsprechend hygienischen Voraussetzungen entnommene Packung mit sterilem Wasser gefüllt, geschüttelt und einige Minuten stehengelassen. Vor der Beimpfung der Petri-Schalen wird nochmals durchgeschüttelt und dann verschiedene Verdünnungen mit den vorbereiteten spezifischen Nährböden angesetzt.

Die Prüfung auf Coli erfolgt mit dem auch in der Milchwirtschaft durchweg verwendeten gentianavioletten Gallennährboden, also im Reagenzglas mit Durhamröhrchen. Die Auswertung geschieht nach etwa 48stündiger Bebrütung.

Bei der Schnitzelprobe werden auf vorbereiteten Nährböden in Petri-Schalen unter sterilen Bedingungen kleine Stücke von Packungen aufgelegt und bebrütet. Diese Probe ist sehr instruktiv und erfaßt zum Teil auch Keime, die unter der Paraffinschicht sitzen, da die Schnittstellen hauptsächlich mit dem Nährboden in Berührung kommen.

Eine weitere sehr zu empfehlende Prüfung kann mit Hilfe von Abklatschplatten erfolgen. Hiermit lassen sich nicht nur Packungen, sondern auch Maschinenteile und sonstige Gerätschaften durch direkte Berührung mit dem Nährboden auf ihre bakteriologische Beschaffenheit kontrollieren.

Um meßbare Vergleiche zwischen den einzelnen bakteriologischen Prüfungen zu bekommen, wird der Gesamtkeimgehalt einer Packung mit einem Schema in Vergleich gebracht, wie es vom Verband Großstädtischer Milchversorgungsbetriebe der Bundesrepublik seit Jahren bei Milchflaschen angewendet wird. Zu 99,9 Prozent schneiden unsere Untersuchungen nach diesem Schema mit „sehr gut" ab. Weiterhin wurden bis heute in keinem Falle Keime der von Molkereien sehr gefürchteten Coli-Aerogenes-Gruppe gefunden.

Bei einer gut überwachten Produktion sind von bakteriologischer Seite aus keine Beanstandungen zu befürchten. Unsere Erfahrungen in Düsseldorf haben gezeigt, daß die wenigen bisher von Kundenseite an uns herangetragenen Reklamationen auf bakteriologischem Gebiet in jedem Falle auf unsachgemäße Behandlung während der Füllung der Packungen zurückgeführt werden konnten.

Zusammenfassend muß gesagt werden, daß bei den vielen Faktoren, die die gesamte Packungsfabrikation beeinflussen können, nur durch wirklich umfassende und exakte Prüfung aller Rohstoffe und des Produktionsverlaufes vom ersten bis zum letzten Arbeitsgang mit abschließender Kontrolle der fertigen Packung auf die Dauer eine Stabilität in der Erzeugung gewährleistet sein kann.

VII. Kapitel

Die Herstellung von Briefhüllen

Begriffsbestimmung

Bei Briefhüllen unterscheidet man zwei verschiedene Ausführungen, und zwar:

1. Briefumschläge,
2. Taschen.

Laut Normblatt DIN 1651 versteht man unter Briefumschlägen „Briefhüllen mit Klappen an der *langen* Seite", während Taschen „Briefhüllen mit Klappen an der *kurzen* Seite" sind.

Abb. 6

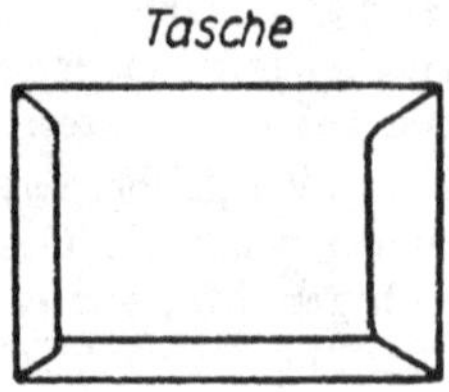

Abb. 7

Konstruktive Grundsätze

Bei der Herstellung von Briefhüllen mittels Maschinen, mag es sich um ein kleines Format zur Aufnahme einer Besuchskarte oder ein großes Format für Drucksachen, Akten usw. handeln, sind im wesentlichen drei laufend ineinandergreifende Arbeitsgänge notwendig:

1. Zuschneiden der Blätter in der gewünschten Größe und Schnittform,
2. Kleben und Gummieren,
3. Falzen der Seiten-, Boden- und Schlußklappen.

Nach Vollzug dieser drei Arbeitsgänge werfen die Maschinen die fertigen Briefhüllen aus, die dann mit der Hand abgenommen, gebündelt und verpackt werden. Dabei wird von neuzeitlichen Briefhüllenmaschinen außer der Erzielung eines möglichst vollkommenen Erzeugnisses vor allem folgendes verlangt:

1. hohe Leistung,
2. leichte und schnelle Umstellung von einem Format auf ein anderes innerhalb möglichst weit gehaltener Verstellbarkeitsgrenzen,

3. vielseitige Verwendungsmöglichkeit der Maschine, derart, daß möglichst viele Schnittformen und Papiersorten auf *einer* Maschine bearbeitet werden können,
4. kleiner Papierverlust und Ausschuß,
5. kräftige und zweckmäßige Bauweise der Maschine, die eine lange Lebensdauer und möglichst geringe Instandsetzungs- und Unterhaltungskosten verbürgt,
6. geringer Kraftverbrauch,
7. geringer Raumbedarf.

Im allgemeinen werden Briefumschläge und Taschen nicht auf ein und derselben Maschine hergestellt, sondern man hat für die Herstellung beider Ausführungen von Briefhüllen auch verschiedene Maschinen-Konstruktionen entwickelt. Briefumschläge werden also auf sogenannten Briefumschlagmaschinen, Taschen auf sogenannten Taschen- oder Flachbeutelmaschinen gefertigt. Während nun *Taschen* überwiegend auf vom *Blatt* arbeitenden Maschinen hergestellt werden, ist man bei der Herstellung von *Briefumschlägen* in baulicher Hinsicht zwei Wege gegangen:

Einmal faßt man die drei Hauptarbeitsgänge auf *einer* Maschine zusammen, wobei die Verarbeitung von der ablaufenden *Papierrolle* aus erfolgt; oder man sieht für das eigentliche Zuschneiden der Schnitte eine besondere Maschine, eine Stanze, vor, und läßt die beiden anderen Arbeitsgänge, das Kleben und Gummieren sowie Falzen, auf einer besonderen Maschine vornehmen. Im zweiten Falle wird das Papier nicht mehr von der Papierrolle aus zu Umschlägen verarbeitet, sondern vom *einzelnen Papierblatt*, das auf der Stanze aus stapelweise übereinanderliegenden Papierbogen herausgestanzt und dann auf der eigentlichen Falz- und Klebemaschine zu fertigen Umschlägen geformt wird. So entstanden zwei verschiedene Maschinenarten, die „von der Rolle" und die „vom Blatt" arbeitenden Briefumschlagmaschinen.

Die *von der Rolle* arbeitenden Briefumschlagmaschinen bieten dort Vorteile, wo stets hohe Auflagen für *ein* Format oder doch nur *wenige* Formatgrößen vorliegen, d. h. wo die Maschine möglichst lange auf ein und dasselbe Format eingestellt arbeiten kann und selten umgestellt werden muß. Ferner ist dabei Voraussetzung, daß es sich um Briefumschlagformate ahndelt, die als unbearbeitete Zuschnitte die ausgesprochene Rhombenform aufweisen, sogenannte Spitzschlußformate, da diese Maschinen im allgemeinen nur dann sparsamer als die vom Blatt arbeitenden Briefumschlagmaschinen sind.

Die *vom Blatt* arbeitenden Briefumschlagmaschinen besitzen demgegenüber eine vielseitigere Verwendungsmöglichkeit und sind schneller und leichter von einem Format auf das andere umzustellen. Sie dürften dort wirtschaftlicher arbeiten, wo es für den Hersteller von Briefumschlägen darauf ankommt, auch kleine Aufträge auszuführen und den vielseitigen Wünschen der Abnehmer hinsichtlich Formatgrößen und Schnittformen zu entsprechen. Die Praxis verwendete bisher in der Mehrzahl *vom Blatt* arbeitende Briefumschlagmaschinen. Nachdem seit einigen Jahren aber auch von *der Rolle* arbeitende Rotations-Briefumschlagmaschinen auf den Markt gekommen sind, die in der Leistung die bisherigen vom Blatt arbeitenden Rotationsmaschinen noch übertreffen, dürfte sich diese Maschinenart ebenfalls mehr und mehr durchsetzen, vor allem zum Herausarbeiten größerer Auflagen der gebräuchlichsten DIN-Briefumschlagformate (z. B. C 6 = 114 × 162 mm und DL = 110 × 120 mm). Beide Maschinenarten sollen im folgenden in ihren Grundzügen beschrieben werden.

Arbeitsgänge und Konstruktionseinzelheiten

Stanzmaschinen. Sollen Briefumschläge auf vom *Blatt* arbeitenden Maschinen gefertigt werden, müssen die Blätter vorher auf die gewünschte Größe und Schnittform zugeschnitten werden. Hierzu verwendet man Stanzmaschinen, auf denen mit *festen* oder *verstellbaren* Messern die Briefumschlag-Zuschnitte aus gestapelten Bogen herausgestanzt werden. Man bezieht diese Papierbogen von den Papierfabriken gewöhnlich nicht in Form eines Rechteckes, sondern eines schiefwinkligen Parallelogrammes; dadurch wird der Papierbogen beim Stanzvorgang besser ausgenutzt und der Papierabfall auf ein Mindestmaß beschränkt (Abb. 8). Je nach Schwere und Güte des Papiers stanzt man in Lagen von etwa 250 bis 500 Bogen.

Eine solche Stanzmaschine liefert in achtstündiger Arbeitszeit i. M. 200 000 fertige Zuschnitte. Unter Zugrundelegung einer mittleren Tagesleistung von 100 000 Umschlägen, die auf einer neuzeitlichen Rotations-Briefumschlag-

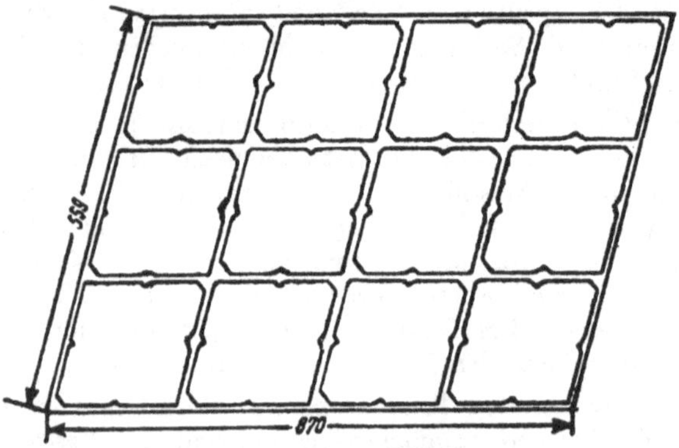

Abb. 8: Richtige Ausnutzung eines Papierbogens beim Ausstanzen von Blättern für einen Geschäftsumschlag der Größe 125 × 155 mm

maschine erzielt wird, kann eine solche Stanzmaschine genügend Stanzschnitte für die volle Ausnutzung von zwei Briefumschlagmaschinen liefern.

Briefumschlagmaschinen. Abb. 9 veranschaulicht den Werdegang des Briefumschlages auf einer Hochleistungs-Briefumschlagmaschine, auf der die ausgestanzten Zuschnitte zu fertigen Briefumschlägen verarbeitet werden (Abb. 10).

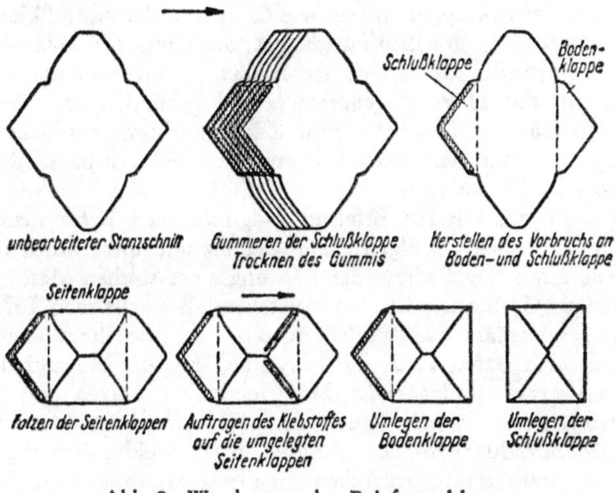

Abb. 9: Werdegang des Briefumschlages
auf einer neuzeitlichen Rotations-Briefumschlagmaschine
(vom Blatt arbeitend)

Die Stanzschnitte werden je nach Papierstärke in Stößen von 2000 bis 4000 Stück in die verstellbare Einlegevorrichtung a gelegt. Die Spitze der Bodenklappe des jeweils *untersten* Stanzschnittes wird von einem Sauger erfaßt und in die segmentartig ausgebildete Einzugwalze b gebracht, die diesen Stanzschnitt unter dem Blätterstapel hervorzieht. Bei dem nun folgenden Staffelrad c werden die Stanzlinge in der gewünschten Breite der Schlußklappen-Gummierung gestaffelt, wodurch eine Papierbahn dachziegelartig übereinanderliegender Stanzschnitte entsteht. Bei ihrem Weiterlauf wird diese Papierbahn, von Gurtbändern gehalten, unter einer Gummiervorrichtung d hindurchgeführt, wo die Schlußklappen-Gummierung in der gewünschten Breite und Stärke aufgetragen wird. Die Stanzschnitte werden dann von Trockengurten w aufgenommen, zur Vermeidung des Zusammenklebenes an den Rändern etwas auseinandergezogen und durchlaufen die unter der Maschine angebrachte Trockenvorrichtung, die aus dem Heißluftkanal e, dem Gebläse h und dem Heißluftofen i besteht. Am Ende k der Trockengurtbahn f sind die gummierten Schlußklappen vollkommen getrocknet. Die

Stanzschnitte werden durch ein Gurtband und eine Walze l ganz auseinandergezogen und einzeln einer Ausricht-Vorrichtung m zugeführt. Eine Knickwalze n erfaßt die Blätter und versieht sie mit dem Vorbruch an Boden- und Schlußklappe, worauf die beiden Seitenklappen gefalzt werden und der Klebstoff auf die Seitenklappen mittels umlaufender Gummierflügel p aufgetragen wird. Umlegen der Bodenklappe durch zwei Walzenpaare und Andrücken an die Seitenklappen q, so wie Umlegen der Schlußklappe r vollenden die Fertigstellung des Briefumschlages, der dann der Ablage s zugeführt wird. Hier werden die Umschläge zwangsläufig hintereinander aufgestapelt und können mit der Hand abgenommen und gebündelt bzw. zu 500 oder 1000 Stück eingeschachtelt werden. Eine Zählvorrichtung t schiebt immer den 25. Umschlag etwa aus dem Stapel heraus und ermöglicht so das Abheben von je 25 oder 50 Umschlägen.

Bei der Konstruktion älterer Briefumschlagmaschinen hatte man im allgemeinen die menschlichen Handgriffe nachgeahmt und diese durch *schwingende* Maschinenteile ersetzt. Das setzte der Leistung einer solchen Maschine zwangsläufig bestimmte Grenzen. Auf der vorstehend beschriebenen Briefumschlagmaschine hingegen läuft das Werkstück ohne jegliche Bewegungsumkehr in einer fortlaufenden Bahn durch die Maschine, und die Stanzschnitte werden fast durchweg mittels *umlaufender* Maschinenteile (Walzen und Rollen) bearbeitet. Infolgedesseen werden auf dieser Maschine hohe Leistungen erzielt (etwa 230 Briefumschläge in der Minute). Irgendwelche Arbeitspausen beim Einlegen neuer Stanzschnitte entstehen bei dieser Maschine deshalb nicht, weil immer der unterste Stanzschnitt von dem Blätterstapel in die Maschine eingezogen wird und somit neue Blätter eingelegt werden können, ohne daß man die Maschine stillsetzen muß.

Die Maschine ist von Millimeter zu Millimeter verstellbar; es können auf ihr alle Briefumschläge in den Größen von 90 × 120 mm bis 162 × 290 mm hergestellt werden. Zur Bedienung genügt im allgemeinen ein Mädchen, das vor dem Packtisch sitzt, die fertigen Umschläge bündelt und verpackt und von Zeit zu Zeit den Blätterstapel in der Einlegevorrichtung auffüllt.

Im Gegensatz zu der vorstehend beschriebenen *vom Blatt* arbeitenden Rotationsmaschine zeigt Abb. Tafel XIV/2 eine Rotations-Briefumschlagmaschine, die direkt von der ablaufenden *Papierrolle* bis zum fertigen Briefumschlag in einem Arbeitsgang arbeitet. Bei dieser Maschine wird die Papierrolle auf einen Dorn geschoben und in die Einlegevorrichtung der Maschine gebracht. Die Papierbahn durchläuft zunächst ein oder mehrere Druckwerke (Anilindruck), wo der Außendruck bzw. Innendruck erfolgt. Von hier wird das Papier durch eine Schneidvorrichtung geführt, in der die Papierbahn zuerst in diagonale Zuschnitte zerlegt wird. Diese Zuschnitte werden dann weitergeleitet in die Eckenschneidstation. In dieser werden die vier Ecken des Papierzuschnittes, in denen die Falze des Kuverts zusammenstoßen, aus-

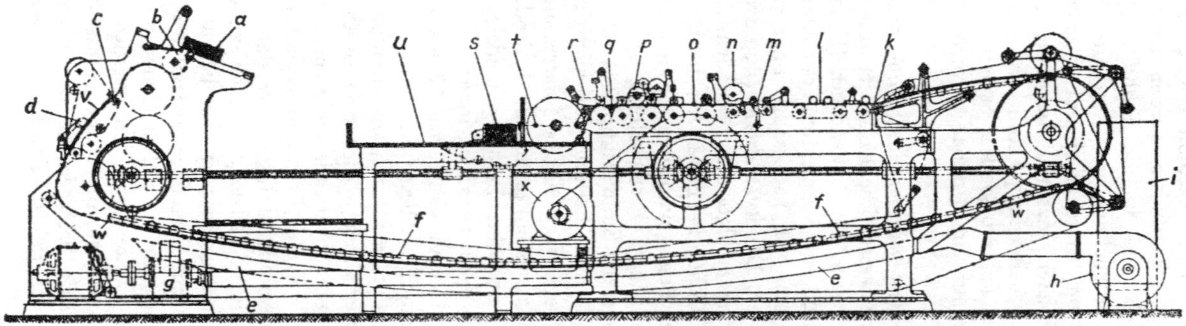

Abb. 10: Rotations-Briefumschlagmaschine (vom Blatt arbeitend) *)

a Einlegevorrichtung zur Aufnahme der Stanzschnitte
b Einzug der Stanzschnitte in die Maschine mittels Sauger und Einzugwalze
c Staffeln der Stanzschnitte in der gewünschten Breite der Schlußklappengummierung
d Gummierung der Schlußklappe
e Heißluftkanal zum Trocknen der gummierten Schlußklappe
f Trockengurtbahn
g Pumpe zum Erzeugen der Saugluft
h Gebläse für Heißluftofen
i Heißluftofen (beheizt durch Gas oder Elektrizität)
k Ende der Trockengurtbahn
l Gurtband und Walze zum Auseinanderziehen der übereinanderliegenden Stanzschnitte
m Ausrichten der einzelnen Stanzschnitte vor dem Einlauf in die Falzvorrichtung
n Knickwalze zum Vorbrechen der Boden- und Schlußklappen
o Falzen der beiden Seitenklappen
p Auftragen des Klebstoffes auf die beiden Seitenklappen mittels umlaufender Gummierflügel
q Umlegen der Bodenklappe und Anpressen auf die Seitenklappen
r Umlegen der Schlußklappe
s Ablage der fertigen Briefumschläge
t Packtisch
v Gurtbänder
w Trockengurte
x Hauptantriebsmotor

*) Siehe auch Tafel XIV/1.

geschnitten, durch eine Pumpe abgesaugt und aus der Maschine geleitet. Sämtliche Schneidvorgänge erfolgen rotierend. Die Zuschnitte werden nunmehr dachziegelartig übereinanderliegend gestaffelt und in die Schlußklappengummiervorrichtung gebracht. Die weitere Bearbeitung der Zuschnitte geht dann in der gleichen Weise wie bei der vom Blatt arbeitenden Maschine beschrieben, vor sich. Die Dauerleistung dieser Maschine liegt bei etwa 330 fertigen Umschlägen in der Minute. Sie arbeitet hauptsächlich bei *großen* Aufträgen außerordentlich wirtschaftlich, weil keine besondere Stanzmaschine mehr erforderlich ist und der Papierabfall auf ein denkbar geringes Maß beschränkt wird,

Druckmaschinen zur Herstellung des Briefumschlag-Innen- und Außendrucks. Das Bedrucken der Briefumschläge spielt eine wesentliche Rolle, da fast alle Briefumschläge, die geschäftlichen Zwecken dienen, mit Außendruck (Firmenaufdruck usw.) und vielfach auch Innendruck zur Vermeidung des Durchscheinens gewünscht werden. Früher bediente man sich, hauptsächlich zur Herstellung des Innendrucks, der verschiedensten Druckverfahren (Buchdruck, Steindruck, Offsetdruck, Tiefdruck). Der Druck erfolgte meist *vor* dem Ausstanzen der Zuschnitte aus den Papierbogen. Wichtig bei dieser Art des Druckvorganges war vor allem, daß der Stapel der Bogen nach dem Druck an den Anlageseiten genau übereinanderlag, da sonst nach Fertigstellung des Umschlages die obere Spitze des Innendruckes und die Schlußklappenspitze nicht auf ein und derselben senkrechten Linie lagen. Einfacher und auch wirtschaftlicher bedruckt man die Briefumschlag-Innenseite aber mittels *Sondermaschinen*, die die fertig ausgestanzten Briefumschlagzuschnitte einzeln bedrucken. Natürlich muß es sich dabei um Maschinen mit hoher Leistung handeln, da hier bei dem einzelnen Arbeitsgang immer nur je *ein* Umschlag innen bedruckt wird, während beim Bogendruck ja mehrere Innendrucke (etwa 12 während jeden Arbeitsganges) zustande kommen. Beim Bau dieser Sondermaschinen hat man sich die großen Fortschritte des *Anilindruck*verfahrens zunutze gemacht, und tatsächlich hat das Anilindruckverfahren in der Briefumschlagindustrie, wenigstens was den Innendruck angeht, heute die anderen Druckverfahren fast vollkommen verdrängt. Gerade in der Briefumschlagindustrie sind ja die Vorteile des Anilindrucks besonders augenfällig, da er dank des schnellen Trocknens der spiritushaltigen Anilindruckfarben, abgesehen von der Ersparnis des Durchschießens, *sofortige* Weiterverarbeitung der bedruckten Zuschnitte ermöglicht. Erfolgt also der Druck auf derartigen Spezial-Anilindruckmaschinen, können die Briefumschlagzuschnitte nach dem Druck sofort auf den eigentlichen Briefumschlagmaschinen weiterverarbeitet werden. In ihrer Leistung lehnen sich diese Anilindruckmaschinen, die entweder nur den Außen- oder Innendruck oder beides gleichzeitig besorgen, an die neuzeitlichen Briefumschlagmaschinen an. Leistungen von 150 000 Drucken und mehr in acht Stunden sind daher keine Seltenheit.

Neben diesen Sonderdruckmaschinen gibt es aber heute auch Hochleistungs-Briefumschlagmaschinen, die, entweder von der Rolle oder vom Blatt arbeitend, nicht nur den Umschlag falzen, kleben und gummieren, sondern in die auch noch *Anilindruckwerke* zur gleichzeitigen Herstellung des Innen- und Außendruckes eingebaut sind. Hier sind also fast alle Arbeitsgänge, die in der Briefumschlagindustrie vorkommen, auf *einem* Maschinen-Aggregat zusammengefaßt. Die Abbildung zeigt eine solche vom Blatt arbeitende Briefumschlagmaschine, die zustäzlich mit einem Farbwerk für den Innendruck, und zwei Farbwerken für den Außendruck ausgerüstet ist. Sie eignet sich vor allem für die Herstellung von *Luftpost*briefumschlägen mit zweifarbiger Umrandung und Innendruck. Hier durchlaufen also die Blätter nach dem Einzug zunächst hintereinander die drei Druckwerke, bevor sie gummiert, geklebt und gefalzt werden (Tafel XIV/1).

Futter- und Fenstereinklebemaschinen. Zum Herstellen von *gefütterten* Briefumschlägen verwendet man Sondermaschinen, auf denen die Seidenpapiere auf die Briefumschlagzuschnitte geklebt werden. Die gefütterten Stanzschnitte werden dann genau so wie ungefütterte Blätter auf den Briefumschlagmaschinen weiterverarbeitet. Der Verbrauch an gefütterten Briefumschlägen ist verhältnismäßig gering, da diese fast nur für privaten Schriftwechsel verwendet werden.

Eine andere Art von Briefumschlägen findet dagegen immer größere Verbreitung, nämlich der *Fensterbriefumschlag.* Sein Vorzug gegenüber dem gewöhnlichen Briefumschlag liegt darin, daß die Anschrift nur einmal geschrieben werden muß, nämlich auf dem Brief selbst, wodurch neben Zeit- und Arbeitsersparnis auch eine Sicherung gegen die Verwechslung von Brief und Umschlag gegeben ist. Man unterscheidet den Briefumschlag mit Lackfenster und den mit eingeklebtem Fenster aus Pergamin, Cellophan oder einem anderen durchsichtigen Stoff. Das Herstellen beider Fensterarten ist verschieden und erfolgt auf besonderen Maschinen.

Der Werdegang des Lackfenster auf einer solchen Maschinenanlage ist folgender: Die Zuschnitte werden stapelweise in die Einlegevorrichtung gebracht, mittels Saugluft einzeln in die Maschine eingezogen und auf Bändern und Gummiwalzen dem Druckwerk zugeführt. Von dort gelangen die bedruckten Stanzschnitte zur Lackauftragvorrichtung, die aus dem Lackbehälter, der Stahlschöpfwalze und der Lackübertragwalze besteht. Diese gibt den Lack an einen umlaufenden Stempel ab, der den Lack auf die Briefumschlagzuschnitte aufdruckt. Der Stempel muß hierbei die Masse der gewünschten Fenstergröße haben. Die Zuschnitte werden dann dem mit Asbestplatten isolierten Trockenturm zugeleitet und an dessen Einlauf von einer endlosen Stahlkette übernommen. Auf dieser Kette durchlaufen die bedruckten und lackierten Zuschnitte von unten nach oben und von oben nach unten in etwa 8 bis 15 Minuten den elektrisch oder mit Gas beheizten Trockenturm. Hier wird die Lackschicht stufenweis erwärmt; der Lack dringt tiefer in das Papier ein, und schließlich bildet sich eine feste Deckschicht, ein „Film", auf der mit Lack bedruckten Fläche der Zuschnitte. Auf dem Ablagetisch kühlt die Lackschicht auf Raumtemperatur ab und kann erstarren. Die Zuschnitte werden selbsttätig auf einem Stapel abgelegt, von wo sie abgenommen und auf den eigentlichen Briefumschlagmaschinen zu Umschlägen verarbeitet werden können.

Bedeutend jünger als der Lackfenster-Briefumschlag ist der *Umschlag mit eingeklebtem Fenster.* Nachdem schon vor dem Kriege schnellaufende Maschinen entwickelt worden sind, die in einem Arbeitsgang die Fensteröffnung in die Briefumschlagzuschnitte ausstanzen, das Fenster aus Pergamin oder ähnlichen glasklaren Stoffen auf die Fensteröffnung aufkleben und den Fensterranddruck, Firmenaufdruck und Innendruck ausführen, gewinnt diese Art von Fensterbriefumschlägen immer mehr an Bedeutung. Der Umschlag mit eingeklebtem Fenster hat gegenüber dem Lackfensterumschlag zweifellos den Vorzug einer noch besseren Durchsichtigkeit des Fensters. Auch die Herstellung ist einfacher und billiger .

Die Maschine (Tafel XV/1) stanzt in Briefumschlagzuschnitte die Fensteröffnung, klebt das Fenster aus Pergmain ein und nimmt den Außen- und Innendruck vor. Die Zuschnitte werden aus dem Stapel in der Einlegevorrichtung in die Maschine eingezogen und werden dann auf einem umlaufenden Stahlzylinder, auf dem die Zuschnitte durch Saugluft festgehalten werden, zunächst an den Druckwerken vorbeigeführt, um den Innendruck, sowie den Randdruck und gegebenenfalls den Schriftdruck, vorzunehmen. Der folgende Vorgang für den Fensterausschnitt spielt sich in zwei Arbeitsgängen ab: Mittels zweier Messer auf der Stahlwalze werden zunächst die beiden *senkrechten* Einschnitte des Fensters, unter der zweiten Messerwalze werden die beiden *waagerechten* Einschnitte vorgenommen. Der ausgeschnittene Papierbogen wird zur Ablage geleitet. Diese Trennung des Schneidvorganges hat den Vorzug, daß die Schneidvorrichtung bis zu einem gewissen Grad für verschiedene Fenstergrößen verstellbar ist. So können z. B. bei gleichbleibender Höhe der Fensteröffnung und veränderter Länge die gleichen Höhenmesser verwendet werden, die dann seitlich verschoben werden müssen.

Der Zuschnitt gelangt jetzt auf einen zweiten Stahlzylinder, wird dann an der Gummiervorrichtung vorbeigeführt und erhält dort den Klebstoffauftrag um den Rand des Fensters. Inzwischen wird die Pergaminpapierbahn von der Papierrolle unter die Schneidstelle geleitet, wo das Pergaminfenster in der gewünschten Größe abgeschnitten, von der Saugwalze erfaßt und beim Weiterlauf auf den Briefumschlagzuschnitt gepreßt wird. Der Zuschnitt wird darauf zur Ablage geleitet, wo die Zuschnitte wieder so aufgestapelt werden, daß sie mit der Hand abgenommen und auf den Briefumschlagmaschinen zu fertigen Fensterbriefumschlägen verarbeitet werden können.

Taschenmaschinen

Es wurde bereits eingangs erwähnt, daß man unter Taschen „Briefhüllen mit Klappen an der *kurzen* Seite“ versteht. Taschen werden im großen und ganzen als sogenannte Lohn- und Zahltaschen, aber auch zum Versand von Prospekten, Akten, Katalogen usw. verwendet und auf Taschenmaschinen je nach Wunsch mit Seitenklebung oder Mittelklebung und ohne oder mit Schlußklappen-Gummierung hergestellt.

Tafel XV/2 zeigt eine vom Blatt arbeitende Rotations-*Taschen*maschine mit Schlußklappen-Gummiervorrichtung, auf der Taschen in den Größen von etwa 100 × 130 mm bis 255 × 400 mm gearbeitet werden können (Leistung: etwa 9000 Stück in der Stunde). Die Arbeitsweise dieser Maschine lehnt sich eng an die der beschriebenen, vom Blatt arbeitenden Rotations-Briefumschlagmaschine an:

Die Zuschnitte werden in Stößen bis zu 4000 Blatt in die Stapelvorrichtung der Maschine eingelegt. Eine unter dem Blätterstapel rotierende Walze zieht mittels Saugluft jeweils den untersten Zuschnitt ab, wobei gleichzeitig der erste Längsfalz gebildet wird. Unter Steuerung durch eine Reguliervorrichtung durchläuft der Zuschnitt nun weitere Walzen, wobei die übrigen Falze vorgerillt werden. Dann passiert er die erste Gummierstation, wo der Klebstoff auf die Seitenklappe aufgetragen, diese anschließend umgelegt und durch ein Walzenpaar gefalzt wird. Nachdem die Bodenklappe umgelegt, gefalzt und wieder geöffnet ist, gelangt der Beutel in die zweite Gummierstation, wo der Klebstoff auf die Bodenklappe aufgetragen wird. Anschließend wird die Bodenklappe mittels Falzmesser und Schlaufe endgültig umgelegt. Hierauf erfolgt die Gummierung der Schlußklappe, wobei der Gummiauftrag in jeder gewünschten Form erfolgen kann. Die gummierten Taschen laufen dann in die Federn des Trockenrades ein, die die Tasche leicht gewölbt halten, so daß der Neigung der gummierten Schlußklappe zum Rollen und Kräuseln entgegengewirkt wird. Nach vollständiger Trocknung der Schlußklappe werden die Taschen zur Ablage geleitet, wobei die Schlußklappe nach Wunsch noch vorher umgelegt werden kann.

Die beschriebene Taschenmaschine eignet sich auch zur Herstellung von *Fototaschen* und kann auch mit einer zusätzlichen Einrichtung zur Herstellung von *Taschen mit Selbstklebung (Latex)* ausgerüstet werden.

Herstellung von Selbstklebeumschlägen

Das Neueste auf dem Gebiet der Briefumschlagherstellung sind Selbstklebeumschläge, die verschlossen werden können, ohne daß die Klebestellen angefeuchtet zu werden brauchen.

Diese Umschläge kleben vielmehr zu, sobald die mit einem Sonderklebstoff (Paragummi) versehenen Klebeflächen auf der Rückseite des Umschlages durch

Druck mit dem Finger aufeinandergepreßt werden. Bekannt ist diese Selbstklebung durch die Selbstklebepostkarten. Eigentümlich ist dieser Selbstklebung, daß sie nur dann klebt, wenn zwei Flächen aufeinandergepreßt werden, die beide mit diesem Klebstoff versehen sind, nicht aber, wenn eine Fläche mit Gummi gegen eine solche ohne Gummi gepreßt wird. Man mußte also eine Form des Briefumschlages finden, die es gestattet, bei den unbenutzten Briefumschlägen die mit dem Klebstoff versehene Schlußklappe umzulegen, ohne daß diese mit der mit Klebstoff versehenen Gegenfläche in Be-

Abb. 11: Selbstklebeumschlag (Rückseite)

rührung kommt. Abbildung 11 zeigt einen Selbstklebe-Briefumschlag, bei dem diese Frage wie folgt gelöst wurde: Auf der Rückseite des Umschlages befindet sich unterhalb der Schlußklappe noch eine zweite Klappe, die bei dem unbenutzten Umschlag beide nach unten umgebogen sind. Werden nun beide Klappen, deren Innenseiten mit dem Selbstklebestoff versehen sind, nach oben geklappt und wird die Schlußklappe dann wieder so umgelegt, daß sie auf die zweite Klappe zu liegen kommt, so ist ein Verschließen durch einfaches Anpressen möglich. Auch für diese Selbstklebeumschläge, die sich durch ihre einfache Handhabung auszeichnen, gibt es bereits *Sondermaschinen,* die diese Umschläge mit einer Stundenleistung bis zu 12 000 Stück völlig selbsttätig herstellen und gleichzeitig auch noch mit Innen- und Außendruck versehen.

Die Tatsache, daß der Käufer von Briefumschlägen und Taschen sowohl hinsichtlich Formatgröße als auch hinsichtlich Schnittform und Papierart die vielseitigsten Wünsche hat, und ferner die Tatsache, daß diese Ware als Massenverbrauchsgegenstand billigste Preisstellung voraussetzt, zwingt den Hersteller von Briefhüllen dazu, an neuzeitliche Briefhüllenmaschinen höchste Anforderungen zu stellen. Berücksichtigt man dabei noch die Sprödigkeit und Eigenart des zu verarbeitenden Stoffes, dann ist es verständlich, daß die Herstellung leistungsfähiger Maschinen für die Briefhüllenherstellung fast ganz auf wenige Betriebe in den hochentwickelten Industrieländern Deutschland, England und Nordamerika beschränkt geblieben ist. Es stellt deutscher Ingenieurkunst und deutscher Werkmannsarbeit das beste Zeugnis aus, daß sie in zäher und rastloser Arbeit im Bau dieser Sondermaschinen eine führende Stellung auf dem Weltmarkt errungen haben.

VIII. Kapitel

Die Tüten- und Beutelfabrikation

Die Tütenfabrikation von Hand

Die Verwendung von Papiertüten zu Gebrauchszwecken hat eine ungeahnte Ausdehnung angenommen. Es gibt kaum einen Handelszweig, der die Tüte für Verpackungszwecke missen kann. Bäcker und Konditor, Kolonialwarenkaufmann und Drogenhändler, Obsthändler und Apotheker, Metzger und Zigarrenhändler, Hutmacher und Modewarenhandlungen usw., alle brauchen die Tüte bzw. den Beutel, um ihre Waren dem Käufer in gefälliger und handlicher Form zu übergeben.

So unbegrenzt der Verwendungszweck, so verschiedenartig sind auch die Papierqualitäten. Die billigsten Tüten braucht der Obst- und Gemüsehandel. Fast ausschließlich verwendet man hierzu das sogenannte graue Schrenzpapier. Dieser Stoff, fast das Billigste, was es auf dem deutschen Papiermarkt gibt, wird aus Altpapier hergestellt. Die größten Anforderungen hinsichtlich der Papierqualität stellt das Kolonialwarengeschäft. Es kommen hier meistens zweiseitig oder einseitig hochgeglättete gefärbte Tauen- und Zellulosepapiere in Anwendung. Noch erheblich höher im Wert stehen die besonders in Kaffeegeschäften üblichen Tüten.

Die Qualitäten des Papiers sowie auch die Ausstattungen bezüglich des Aufdruckes und der Machart sind vielseitig.

Die ersten Firmen der Tütenbranche beschäftigen eigene Zeichner und Lithographen. Der Geschmack des Publikums muß, wenn der Tütendruck als Reklame wirken soll, getroffen werden. Die feinsten Ausführungen werden in mehrfarbigem Steindruck bzw. Tiefdruck hergestellt und man findet Aufmachungen, die der graphischen Industrie zur Zierde gereichen. Meistens sind es Kaffeebeutel, die in hervorragend schöner Weise bedruckt sind.

Für die Verarbeitung kommt das zu verwendende Papier flachliegend (plano) und in Rollen auf den Markt. Die flachliegenden Papiere braucht man für alle Tüten und Beutel, die in Handarbeit ausgeführt werden. Jede Tütenfabrik muß ein Größenverzeichnis haben. Die Größen sind mit rohem Kaffee auszuprobieren. Man braucht Beutel in Kreuzboden oder Flachform von $^{1}/_{2}$ bis 30 Pfund Inhalt.

Die Papiergewichtsbestimmungen, die Papierbestellung

Folgende Größentabelle für Beutel entspricht denen der Tütenfabriken:

1/2 Pfd. =	70 g pro qm	13 × 19 1/2	cm
1 Pfd. =	80 g pro qm	16 × 23	cm
1 1/2 Pfd. =	90 g pro qm	18 × 25	cm
2 Pfd. =	100 g pro qm	19 × 28	cm
3 Pfd. =	100 g pro qm	21 × 32	cm
4 Pfd. =	100 g pro qm	21 × 35	cm
5 Pfd. =	105 g pro qm	23 × 37	cm
6 Pfd. =	110 g pro qm	25 × 40	cm
8 Pfd. =	115 g pro qm	26 1/2 × 43	cm
10 Pfd. =	120 g pro qm	29 1/2 × 48	cm
12 Pfd. =	125 g pro qm	31 × 50	cm
15 Pfd. =	130 g pro qm	33 × 54	cm
20 Pfd. =	135 g pro qm	35 1/2 × 59	cm
25 Pfd. =	140 g pro qm	38 1/2 × 67	cm
30 Pfd. =	150 g pro qm	42 × 70	cm

Wie aus obiger Größentabelle ersichtlich, verwendet man für jede Beutelgröße eine entsprechende Grammschwere des Papiers. Die Schwere des Papiers wird nach Quadratmetern bezeichnet. Zum Beispiel: ein qm Papier = 10 000 cm^2, wiegt 50 g, so bezeichnet man das Papier als 50-g-Ware. Die oben bezeichneten Grammgewichte sind für Durchschnittsware bestimmt. Selbstverständlich gibt es auch Sorten, die in allen Größen erheblich leichter oder schwerer sind. In diesen Fällen ist das Papier qualitativ wertvoller, so daß der dünnere, aber auch teuere Papierstoff im Verkauf im Gewicht für den Konsumenten ausgiebiger ist. Bei besonders dicken Papieren ist es umgekehrt. Nach Gewicht werden die gewöhnlichen Beutel für Kolonialwarenhändler und Bäcker, denn diese sind die Hauptverbraucher, fast ausschließlich gehandelt. Um nun die nötigen Papiergrößen für die in Handarbeit herzustellenden Tüten und Beutel zu ermitteln, nimmt man die doppelte Breite des Beutels und etwa 2 cm für den seitlichen Klebestreifen, die Länge des Beutels und etwa 2 cm für den Klebstreifen am Boden. So braucht man z. B. für den 5-Pfund-Beutel folgendes Format:

Beutelgröße 5 Pfund in Flachform ist 23=37 cm, gebraucht wird 48×39 cm:

$$23 + 23 + 2 = 48 \text{ cm},$$
$$37 + 2 = 39 \text{ cm}.$$

Diese nun festzustellenden Papierformate sind auch zugleich für Kreuzbodenbeutel in Handarbeit zu gebrauchen. Natürlich weicht die Länge des Kreuzbodenbeutels von umstehender Tabelle um soviel ab, als die Umfalzung des Bodens beträgt.

Für Spitztüten gilt folgende Größentabelle:

20 g	Inhalt =	10 cm Höhe	
35 g	Inhalt =	12 cm Höhe	
50 g	Inhalt =	14 cm Höhe	
75 g	Inhalt =	16 cm Höhe	
$1/4$ Pfd.	Inhalt =	19 cm Höhe	
200 g	Inhalt =	21 cm Höhe	
$1/2$ Pfd.	Inhalt =	24 cm Höhe	70 g pro qm
$3/4$ Pfd.	Inhalt =	26 cm Höhe	75 g pro qm
1 Pfd.	Inhalt =	29 cm Höhe	80 g pro qm
$1\,1/2$ Pfd.	Inhalt =	31 cm Höhe	90 g pro qm
2 Pfd.	Inhalt =	34 cm Höhe	100 g pro qm

Die nötigen Papierformate ergeben sich wie folgt:
Zum Beispiel: Eine 1-Pfund-Tüte = 29 cm hoch = 29 × 31,
Höhe des Papiers 29,
Breite des Papiers 29 + 2 für den Klebestreifen.

Nach diesen nun feststehenden Formaten kommen wir zu der Papierbestellung. An Papierfabriken ist in Deutschland kein Mangel. Es ist jedoch Erfahrungssache, für die anzuschaffenden Sorten die richtigen Fabriken herauszufinden. Die Papiererzeugung ist kompliziert und in jeder Beziehung abhängig von dem Fabrikationswasser und den zur Verfügung stehenden Rohstoffen. Außerdem betreibt jede Fabrik gewisse Spezialitäten. Schon aus diesen angeführten Gründen ist ersichtlich, daß der Tütenfabrikant seine verschiedenen Qualitäten nie von einer Fabrik beziehen kann.

Jede Papierbestellung muß so groß sein, daß sie eine Anfertigung ergibt. Hierunter versteht man im allgemeinen 500 kg pro Format und Grammschwere. Man wird nun allerdings das Papier nicht in den Formaten bestellen, wie sie zur Anfertigung der einzelnen Beutel gebraucht werden. Da das Papier in den meisten Fälle vor der Klebung bedruckt wird, so vergrößert man die einzelnen Tüten und Beutelformate auf ein gängiges Format der vorhandenen Druckmaschinen.

Zum Beispiel: Es steht in einer Tütenfabrik als in Betracht kommende Buchdruckschnellpresse eine Maschine mit dem Format 70 × 100 zur Verfügung, so werden danach die Papierformate für Handklebung einzurichten sein. So brauche ich für den am meisten gebrauchten 1-Pfund-Beutel, der 16 × 23 cm groß ist, das Papierformat 34 × 25 cm. Ich habe für diese Größe nun ein Format zu bestellen, das in 70 × 100 aufgeht.

34 : 25
2 × 4 = 8 Beutel aus einem Bogen
68 × 100 = zu bestellendes Format.

Der Vorteil ist ohne weiteres klar. Der Druck wird ungemein verbilligt. Habe ich z. B. 50 kg 1-Pfund-Tüten mit Buchdruck in Handklebung zu liefern, so werde ich das Format 68 × 100 einmal durchschneiden, so daß ich das Format 50 × 68 erhalte = 4 Beutel aus einem Bogen usw. Für die großen Beutel, etwa von 12 Pfund Inhalt an, bestellt man das Papier in einfachem Format bzw. nur doppelt. Diese Beutel werden weniger gebraucht und die Druckkosten sind erheblich billiger, weil das Papier dicker ist und daher auf 100 kg nur eine beschränkte Beutelzahl kommt. Diese Art der Papierherstellung hat einen weiteren Vorteil. Fast jede Tütenfabrik ist zugleich mehr oder weniger Papiergroßhandlung. Sie kann daher die besten Formate in den entsprechenden Schweren zugleich ihren Reisenden zum Verkauf als Packpapier mitgeben. Es kommen hier besonders die dünneren Sorten von 70 bis 80 g pro qm in Betracht.

Nach Eingang des Papiers aus der Papierfabrik müssen die einzelnen Ballen sofort ausgepackt werden. Da die Lattenverpackung in der Fabrik unter Zuhilfenahme von Pressen unter großem Druck ausgeführt wird, so drücken sich die Holzleisten oben und unter derartig in das Papier ein, daß es wellig und faltig wird. Dies ist jedoch für die weitere Verarbeitung ein großes Hindernis. Packt man hingegen die eingehenden Ballen sofort aus, und schichtet sie in großen Stößen sauber auf, so legen sich die Falten mit der Zeit aus. Hat man als Papierlager einen Keller oder Raum zu ebener Erde, so kann man die Papierstöße so hoch als irgend möglich schichten. Man verhindert hierdurch das Austrocknen des Papiers, was einmal der Verarbeitung hinderlich und weiterhin für den Verkauf der Tüten nach Gewicht ein nennenswerter Schaden ist. Papierlagerräume in den oberen Stockwerken, eventuell sogar unter dem Dach, bedeuten einen andauernden Verlust. Besonders im Sommer, unter der Einwirkung der Sonnenstrahlen, ist die Veränderung des Papiers hinsichtlich des hohen Prozentsatzes des Austrocknens (Entziehung der Feuchtigkeit) nicht zu unterschätzen. Auch ist das Papierlager möglichst dunkel zu halten. Gewisse Papiersorten, zum Beispiel weiße Zellulosepapiere, verbleichen am Tageslicht in ganz kurzer Zeit.

Für die Verarbeitung auf Tüten- und Beutelmaschinen wird das Papier in Rollen bestellt. Ein Aufpreis tritt seitens der Papierfabrik hierdurch nicht ein. Die nötigen Rollenbreiten ergeben sich aus der doppelten Breite der gewünschten Beutel und etwa 3 bis 5 cm für den Einschlag. Bei der Maschinenklebung muß der Einschlag im Gegensatz zur Handklebung reichlicher sein. Zum Beispiel braucht man für den

1-Pfund-Beutel 16 + 16 + 3 cm = 35 cm breite Rollen,
10-Pfund-Beutel $29^1/_2$ + $29^1/_2$ + 5 cm = 64 cm breite Rollen.

Hinsichtlich der Aufbewahrung der Papierrollen gilt das gleiche wie für Formate. Der Schaden bei der Verarbeitung auf der Maschine ist hier, falls das

Papier ausgetrocknet ist, noch viel größer. Sprödes trockenes Papier reißt bei dem schnellen Gang auf der Maschine häufig ab und dadurch entstehen fortgesetzt Störungen. Bekommt man das Papier bereits von der Fabrik in ausgetrocknetem Zustande, so bleibt nichts übrig, als die Rollen auf einer Umrollmaschine anzufeuchten und umzurollen. Man kann sich bei langsam laufenden Maschinen auch dadurch helfen, daß man das Papier während der Verarbeitung feuchtet. Entweder von Hand mit einem Schwamm oder durch einen Feuchtapparat, der unter der Maschine anzubringen ist.

Der Zuschnitt

Die kalkulatorische Grundlage der Tütenpreise hängt wesentlich von der richtigen Einteilung des Papiers, dem sogenannten Formatmachen ab.

Um ein günstiges Format zu machen, d. h. auf einen größeren Bogen Papier verschiedene Tüten und Beutel derart zu zeichnen, daß es fast keinen oder solchen Abfall gibt, der für andere Zwecke verwendbar ist, sind vor allen Dingen mehrere Aufträge aus einer Papiersorte notwendig. Je mehr Aufträge, desto vorteilhafter läßt sich ein Formatbogen zeichnen und die Druckmaschine ausnutzen.

Man hat zwar für jede Tütengröße ein bestimmtes, schon von der Papierfabrik geliefertes Format, so daß bei größeren Aufträgen oder solchen von ganz verschiedener Grammstärke eine besondere Zusammenstellung unlohnend ist. Trotzdem kommt es oft vor, daß man eine andere Einteilung machen muß. Es sind z. B. für A in B 100 Pfund $^1/_2$pfündige Spitztüten und für C in D 100 Pfund 1pfündige Flachbeutel aus einer Papiersorte mit Druck anzufertigen. Zu beiden Aufträgen kann man nur 75—80 g/qm schweres Papier verwenden. Es wäre nun verkehrt, wollte man hierzu die lagernden zwei Formate nehmen, man hätte dann auch zwei verschiedene Druckauflagen. Man sucht mit Hilfe von Pappschablonen der $^1/_2$-Pfund-Tütengröße und der Pfund-Beutelgröße beide Größen auf einen Bogen zu bringen. Es muß schon merkwürdig zugehen, wenn dies nicht gelingen sollte, da im angenommenen Fall mindestens sechs verschiedene vorrätige Papiergrößen zur Verwendung kommen können, nämlich die Papiergrößen von 1-, $^1/_2$- und $^1/_4$pfündigen Spitztüten und von $^1/_2$-, 1- und 1$^1/_2$pfündigen Flachbeuteln.

Für diese Arbeit trifft das Sprichwort zu: „Probieren geht über Studieren." Wer gute große Formate zusammenstellen kann, bringt dem Geschäft großen Nutzen. Man muß aber auch ein gut Teil Ausdauer und Findigkeit haben, wenn es immer passen soll. So mancher hat manchmal schon die Zusammenstellung mehrerer Größen und Mengen aufgegeben, und schließlich ging es doch.

Um nach dem Druck das Format richtig auseinanderzuschneiden, bedarf es gleichfalls großer Aufmerksamkeit und vieler Erfahrung. Die Zuschneider in

Tütenfabriken sind in der Regel gelernte Buchbinder, aber es gibt auch andere, die mit ebensoviel Geschick als Zuschneider beschäftigt sind. Stets müssen es aber zuverlässige Leute sein, die Papiere, Maschinen und das Kleben der Beutel genau kennen. Wer beim Zuschnitt sparen will und hierzu billige, ungeeignete Leute einstellt, dem ist nicht zu helfen. Der Zuschneider kann mit einem unüberlegten Schnitt eine ganze Auflage vernichten und in unbewachten Augenblicken mit nur einem Schnitt mehr in den Papierkorb wandern lassen, als sein Tagesverdienst beträgt.

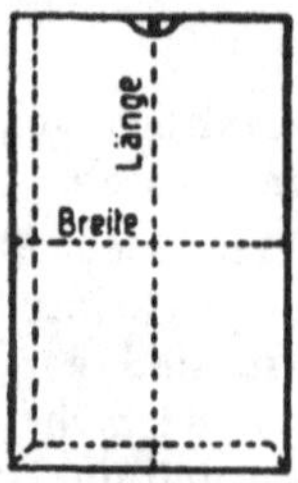

Abb. 12

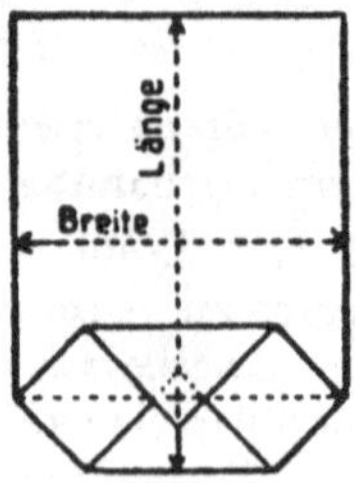

Abb. 13

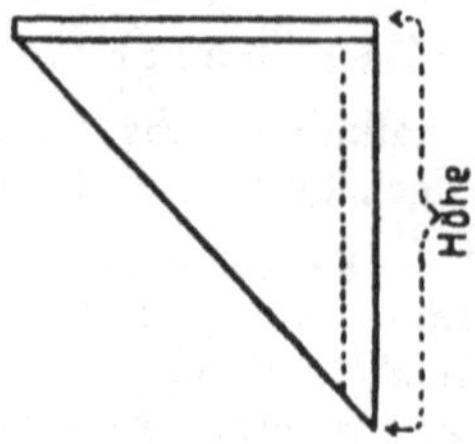

Abb. 14

Der Arbeitsplatz des Zuschneiders muß geräumig, hell und sauber sein. Seine Maschinen sollen wöchentlich einmal gereinigt und täglich geölt werden. Ebenso müssen die Riemen gepflegt werden, damit beim Schneiden elastischer Papiere nicht Stockungen entstehen. Der Zuschneider muß sich beim Auseinanderschneiden der Formate streng an den vorgezeichneten Zuschnittbogen halten und diesen zur steten Kontrolle aufbewahren. Wenn sich dennoch Unregelmäßigkeiten ergeben, z. B. der Druck nicht genau in der Mitte des Beutels steht, so kann ein geschickter und geübter Zuschneider die Auflage immer noch richtig herausbekommen.

Die Streitigkeiten zwischen dem Drucker und dem Zuschneider können zuweilen unerträglich werden, einer schiebt dann die Schuld auf den andern.

Genaue Prüfung der Druckstellung ist daher noch vor der Zurichtung zu empfehlen.

Die größte Übung ist zum Schneiden von Kaffeebeuteln aus starkgeprägten Pergaminpapieren erforderlich. Nur wenn kleine Lagen von nur etwa 5 cm Höhe genommen werden, kann man sicher auseinanderschneiden, auch sollte man hierzu nur ganz scharfe Maschinenmesser benutzen.

Kleine Drogenbeutel und Zigarrenbeutel müssen, wenn sie mit der Maschine geklebt werden, stets mit Stanzen auf gewöhnlichen Stanzmaschinen ausgestanzt werden. Aber auch für Betriebe, in denen diese Beutel von Hand geklebt werden, ist die Anschaffung von Stanzen im Interesse gleichmäßiger Arbeit zu empfehlen.

Werden Drogen- und Zigarrenbeutel auf der Schneidemaschine zugeschnitten und dann ausgekröpft, so ist die Arbeit zeitraubender und kann nie so genau werden. Dagegen kann eine gewöhnliche Stanze von einem Mädchen bedient werden, und sind solche Beutel dann von Hand sauber geklebt, so sind sie von Maschinenarbeit nicht zu unterscheiden.

Die Handklebung

Diese war früher ein Schmerzenskind des Tütenfabrikanten. Für die gewöhnliche Ware, Spitztüten, Flach- und Kreuzbeutel mit einfacher Buchdruckausführung ist die Handarbeit fast ganz ausgeschaltet.

Die älteren Tütenfabriken werden unter den Schwierigkeiten der Handklebung weniger zu leiden haben, da die Grundbedingung, eingearbeitetes Personal, von früheren Zeiten her zu haben, vorhanden ist. Anders ist es bei neuen Unternehmungen. Junge Mädchen hierzu anlernen müssen, bedeutet von vornherein einen Verlust. Obgleich die Akkordlöhne für alle Tütenarbeiten in den letzten Jahren ganz erheblich gestiegen sind, bleibt die Bezahlung hinter der in anderen Industrien weit zurück. Die Ursachen sind leicht zu ergründen. Ältere Fabriken, die vor etwa 15 bis 20 Jahren schon Handklebereien besaßen, haben die ehemaligen jungen Mädchen heute als perfekt eingearbeitete Handkleberinnen. Diese Frauen haben erstens eine Fertigkeit, die nur durch jahrelange Übung zustande kam, und zweitens hilft ihnen zu Hause die ganze Familie in unbegrenzter Arbeitszeit. Ein weiteres schweres Hindernis für die Heranziehung von Handkleberinnen ist die Strafanstaltsarbeit. Fast alle diese Anstalten beschäftigen sich mehr oder weniger mit der Handklebung und verhindern dadurch die Wertsteigerung der Handklebung.

Die erste und einfachste Arbeit ist das Kleben der Spitztüten. Man klebt die Tüte auf zwei Arten. Entweder den Einschlag nach innen oder nach außen. Die erstere Arbeit ergibt eine saubere Tüte, während bei der Außenklebung durch das Hervortreten von Kleisterteilchen eine Tüte an der anderen leicht kleben bleibt und das Papier dadurch beschädigt wird. Ein etwa 5 cm hoher Papierstoß wird gut passend geradegestoßen und mit Zuhilfenahme eines Falzbeins ausgestrichen, so daß Abstände von $^1/_2$ bis 1 cm, je nach Tütengröße und Papierart, entstehen. Bei dünnen Zellulosepapieren genügt $^1/_2$ cm, hingegen muß man bei rauhen Bastpapieren bis 1 cm ausstreichen. Liegt nun eine derartige Papierbahn gleichmäßig auf dem Tisch, so bestreicht man die ausgestrichenen Kanten gleichmäßig mit Kleister. Hierbei ist jedoch auf die Papierqualität zu achten. Handelt es sich um dünnes Pergamin, so muß man möglichst wenig anstreichen, da dieses und auch ähnliche Papiere sehr stark und schnell durchweichen, dadurch wellig werden und Falten schlagen. Bei anderen, besonders dicken Papieren, muß man wieder eine recht lange Bahn mit Kleister bestreichen, damit das Papier durchweicht und geschmeidig wird. Jetzt klebt man die Tüte zusammen, ohne sie anzudrücken. Hat man einen genügend großen Stoß geklebt, so schichtet man sie sorgfältig zusammen, drückt den Stoß tüchtig an der ganzen Klebeseite und löst die etwa aneinander haftenden Stellen. Die Tüte muß also gut kleben, darf jedoch nicht aneinander hängenbleiben. Durch ähnliches Ausstreichen, wie vorher beschrieben, legt man die Tüten zum Trocknen in dünnen Lagen übereinander. Eine geübte Kleberin brachte es bis auf 5000 bis 7000 Stück pro Tag, je nach Größe und Papiersorte, in zehnstündiger Arbeitszeit. Allerdings gehört zur Erreichung dieser Quantität schon große Fertigkeit.

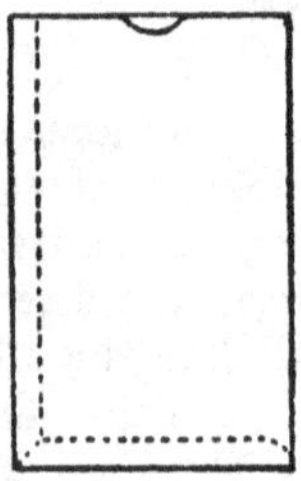

Abb. 15

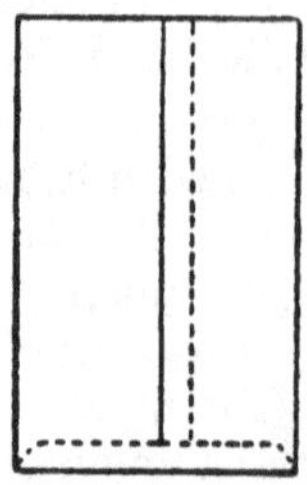

Abb. 16

Die nächste hauptsächlichste Klebearbeit ist die Herstellung der Flachbeutel. Hier unterscheidet man Flachbeutel mit Seitenklebung und mit Mittenklebung. Der Vorgang beim Kleben ist bei beiden Sorten fast der gleiche und

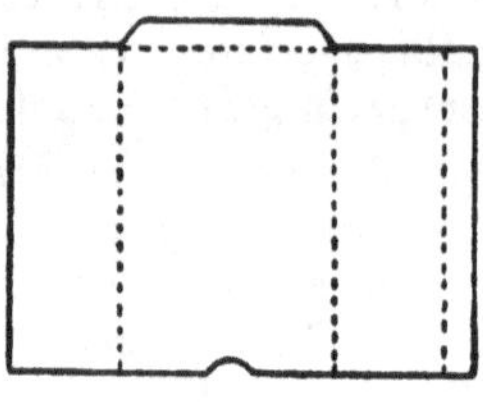

Abb. 17

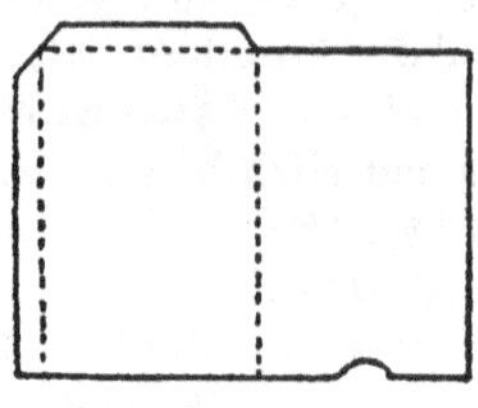

Abb. 18

ähnlich wie bei den Spitztüten bereits gesagt. Es gibt jedoch zwei Methoden der Klebemanier. Bei der ersten Methode wird das gestanzte Papier, gleichviel, ob mit Seiten- oder Mittenklebung, ausgestrichen wie bei den Spitztüten beschrieben.

Man kann beide Einschlagseiten zugleich ausstreichen und kleben, oder auch erst die Längsseiten und dann die kurzen Seiten. Eine geübte Handkleberin wird nach beiden Arten ihr Quantum fertigbekommen.

Die andere Klebeart ergibt eine bessere Arbeit und eignet sich besonders für dicke Tauenpapiere. Hier werden die Beutel zuerst gefalzt. Allerdings nimmt man je nach Papierstärke 3 bis 10 Stück auf einmal. Mit einem scharfen Falzbein falzt man das Papier an allen drei Seiten nieder, so daß der Beutel fertig ist, nur nicht geklebt. Hierauf öffnet man die Beutel wieder, streicht sie aus, wie üblich, und klebt sie zu. Durch die vorherigen Falzungen legen sich die Einschläge leicht und glatt an. Ein Anreiben ist gänzlich unnötig. Ist eine genügende Anzahl umklebt, so drückt man die Beutel an den Einschlagseiten tüchtig an, löst die aneinander haftenden Stellen, bringt die Beutel mehrmals durcheinander, ähnlich wie beim Mischen der Spielkarten, und legt sie, aufgeschoben in kleinen Lagen, zum Trocknen aus.

Diese Flachbeutel werden in allen Größen gebraucht. Die kleinsten Sorten sind die bekannten Apotheker- und Zigarrenbeutel. Bei diesen kommt es auf eine genaue Arbeit an. Anfänger kann man damit nicht beschäftigen. Erstens sollen diese kleinen Sorten unbedingt pulverdicht sein und ferner soll die Klebung möglichst sauber, d. h. ohne Falten und ohne Kleisterspuren, ausfallen.

Die maschinelle Herstellung der Beutel

Handarbeit kommt nur noch für reine Spezialpackungen, für welche Maschinen nicht zu haben sind oder der Anschaffungspreis zu hoch würde, in Frage. Grob überschlagen, kann man heute die Handarbeit vielleicht mit 5 Prozent der gesamten Beutelfertigung schätzen.

Das Druckverfahren hat sich auch grundlegend geändert. Während früher für Handarbeit Steindruck für feinste Arbeiten und Schnellpressendruck erforderlich waren, um wirkungsvolle Packungen herzustellen, werden heute sehr ansprechende Packungen im Rotationsgummidruck (Anilindruck) oder im hochwertigen Tiefdruck hergestellt. Mittels der ersten Druckverfahren können auf den heutigen Maschinen in einem Arbeitsgang Packungen bedruckt und gleichzeitig konfektioniert werden, und zwar mit höchster Leistung. Im Tiefdruckverfahren werden die Rollen bedruckt und dann mittels elektrischen Steuerungen auf den Beutelmaschinen konfektioniert.

Beide Druckarten gestatten eine hohe Druckgeschwindigkeit, weil durch entsprechende Trockenvorrichtungen der Druck schnell trocknet und die Papierbahnen wieder aufgerollt werden können, ohne daß die Gefahr besteht, daß der Druck abschmiert.

Zur Herstellung der verschiedenartigen Packungen werden jetzt in der Hauptsache folgende Maschinen hergestellt: Spitztütenmaschinen zur Anfertigung in der Hauptsache von Obsttüten. Diese Maschine verarbeitet heute geringere Papiere entweder ohne Druck, oder mit einem Aufdruck von höchstens drei Farben, sie arbeitet vollständig rotierend und kann in einem Arbeitsgang die Tüten bedrucken, falzen und kleben. Die Leistung dieser Maschinen liegt heute bei ungefähr 400 Stück in der Minute.

Als zweite Maschine für die Massenproduktion kommt die Flach- und Seitenfaltenbeutelmaschine in Frage. Diese Maschine arbeitet hauptsächlich Bäckerbeutel mit einem Papier von 30—40 Gramm. Es werden auf dieser Maschine aber auch alle anderen möglichen Beutel, sei es in Flach- oder in Seitenfaltenbeutel, gearbeitet, weil der Seitenfaltenbeutel für die Verwendung von Gütern sehr vorteilhaft ist. Diese Beutel können auch mit Sichtfenster oder Sichtstreifen hergestellt werden, damit der Inhalt des Beutels von außen gut erkennbar ist. Die Leistung dieser Maschine liegt heute bis zu 1200 Stück in der Minute. Vielfach arbeiten diese Maschinen in Verbindung mit einer Anilindruckmaschine, so daß die Beutel bis zu vier Farben in einem Arbeitsgang gearbeitet werden können.

Eine weitere Maschine für die Massenproduktion ist die Flachbeutelmaschine. Diese Maschine arbeitet nach dem Zweinahtsystem Beutel für Puddingpulver, Sämereien, Zigarren usw. Die Beutel können mit und ohne Klappe gearbeitet werden, und ebenfalls mit einer Druckmaschine gekuppelt werden. Diese Beutel werden auch vielfach gefüttert hergestellt, ebenso auch als doppelt gefütterte Beutel mit einer Zwischenlage aus Aluminiumfolie. Um die Leistung der Maschine möglichst hochzuhalten, sind auch Maschinen vorhanden, welche drei und vier Bahnen aus einer Rolle zugleich arbeiten, dabei ist noch der Vorteil, daß eine Papierersparnis eintritt, weil dann ein Klebefalz bei den mittleren Beuteln gespart wird. Die Leistung der Maschine ist für einfache Beutel bis zu 600 Stück in der Minute, bei mehr Bahnen je nachdem, wieviel Bahnen auf der Maschine gearbeitet werden sollen.

Ferner kommt für die Massenproduktion noch die Kreuzbodenbeutelmaschine in Frage, welche Beutel ohne Seitenfalten mit einem Kreuzboden herstellt. Die Maschine arbeitet sowohl einfache Beutel als auch solche mit einer Fütterung für doppelte Beutel. Die Herstellung dieser Beutel ist teilweise sehr ansprechend, weil sie auch für Kaffeepackungen verwendet werden.

*

Auch diese Beutel werden vielfach mit einer Zwischenlage aus Aluminiumfolie hergestellt. Die Maschine kann auch mit einer Druckmaschine in Verbindung gebracht werden, so daß die Beutel in einem Arbeitsgang bedruckt, gefalzt und geklebt hergestellt werden können. Mittels einer Fenster-Einrichtung können auch Beutel mit Fenster gearbeitet werden, um den Inhalt des Beutels zu erkennen. Die Leistung solcher Maschinen liegt heute bei bis zu 300 Stück in der Minute.

Als letzte Maschine für Beutel aus Papier kommt nun die neue Klotzbodenbeutelmaschine in Frage, welche Seitenfaltenbeutel mit einem Kreuzboden herstellt. Dies ist der ideale Beutel für die Massenpackung, weil er sich auf den Füllmaschinen gut abfüllen läßt und weil er im gefülltem Zustand dem Paket in seinem Ansehen näherkommt.

Diese Beutel werden zu den verschiedenartigsten Packungen verwendet. In der Hauptsache für Kaffee, Mehl, Zucker und Hülsenfrüchte, wie Reis, Erbsen, Linsen usw. Auch für gewisse Zwiebäcke usw. wird dieser Beutel fast ausnahmslos verwendet. Die Ausstattung im Druck ist bei diesen Beuteln sehr wichtig, vielfach werden die Beutel mit Tiefdruck versehen. Weiter haben die Maschinen in der Mehrheit eine elektrische Steuerung, damit vorgedruckte Rollen verarbeitet werden können. Die elektrische Steuerung bewirkt, daß das Druckbild immer auf dieselbe Stelle des Beutels zu stehen kommt.

Wie aus der Abbildung der Maschine ersichtlich, ist sie am Ende mit einer Rotationsablage ausgestattet. Die Schlauchbildung erfolgt zur besseren Überwachung von oben. Der Boden liegt beim fertigen Beutel auf der Rückseite, also auf der Klebenahtseite (Tafel XVI).

Alle Arbeitsstationen sind von der Bedienungsseite aus einstellbar.

Der Formatwechsel ist in kürzester Zeit möglich. Änderung der Schlauchlängen erfolgt durch Wechselräder (von 2,5 zu 2,5 mm).

Außer dem Kleisterkasten sind auch die Teile zur Bodenbildung abschwenkbar, um die Greifer und Zangen am Bodenmacher-Zylinder bequem einstellen zu können.

Durch seitliche Verstellung des Schlauchbildnertisches kann der Schlauch genau in Maschinenmitte gehalten werden; das ist von großer Wichtigkeit bei der Bodenbildung, da sich dadurch eine Einzelverstellung der zur Schlauchbildung benötigten Teile erübrigt.

Sämtliche Laufräder und Rollen sind zur Gewährleistung einer leichten Schlauchbildung sowie des guten Laufes der Papierbahn in Kugeln gelagert.

Die Schneidmesser für breite Bodenklappen können während des Laufes der Maschine vor- und zurückgestellt werden.

Das gleiche trifft auch für die Querkleisterung zu.

Die Maschine arbeitet vollkommen bänderlos.

Der Daumenlochausstanzer wird über ein Kurbelgetriebe angetrieben, so daß für alle Schlauchlängen das gleiche Werkzeug verwendbar ist.

Die Maschine wird mit Glattschnitt-Einrichtung geliefert; auf Wunsch kann an Stelle des Glattschnitts auch eine Einrichtung für feinen Perforationsschnitt vorgesehen werden.

Der Antrieb erfolgt über einen stufenlos regulierbaren Drehstrom-Nebenschlußmotor. Dieser ist mit motorischer Bürstenverstellung und Druckknopfsteuerung ausgestattet.

Die Maschine ist mit einer Zentralschmierung versehen.

Auf besonderen Wunsch wird sie mit einem Tachometer und auch mit einer beweglichen Lampe mit magnetischem Fuß als Lichtquelle beim Einrichten der Maschine ausgerüstet.

Des weiteren können sowohl für die Außenbahn als auch für die Futterbahn Feuchtwerke mitbezogen werden, die sich besonders bei der Verarbeitung trockener Papiere bewährt haben.

Vorbedruckte Rollen lassen sich unter Verwendung einer Reguliervorrichtung, die mit einer zuverlässig arbeitenden Fotozellensteuerung ausgerüstet wird, bestens verarbeiten. Dabei wird das Druckbild stets an der gewünschten Stelle gehalten.

Ebenfalls kann die „Triumph“, wie die von der Lieferfirma Windmöller & Hölscher, Lengerich i. W., hergestellten sämtlichen Beutelmaschinen, mit einem vorgebauten Anilindruckwerk in Verbindung gebracht werden, wodurch die Möglichkeit geboten ist, bedruckte Beutel in einem Arbeitsgang herzustellen.

Die Konstruktion dieses Druckwerkes entspricht den neuesten Erfahrungen auf dem Gebiete des Anilindruckes, so daß damit allerbester Qualitätsdruck hergestellt werden kann.

Die Formatzylinder sind von den Gegendruckzylindern und den Auftragswalzen abstellbar. Dies ist von größtem Vorteil bei Unterbrechung der Arbeit sowie beim Einziehen der Papierbahn. Nach dem Zurückdrehen der Hebel wird die genaue Arbeitsstellung wieder erreicht. Dieses Aus- und Wiedereinrücken der Formatzylinder kann auf Wunsch auch für alle Farbwerke gleichzeitig von einer zentralen Stelle aus erfolgen. Ebenso kann die Druckmaschine mit einer Einrichtung zum langsamen Weiterlaufen der ausgerückten Farbwalzen ausgerüstet werden.

Zur Erzielung bester Druckausführung sind genau geschliffene Stahlgegendruckzylinder und für die Farbübertragung auf die Klischees hartverchromte Rasterwalzen zu empfehlen.

Als Druckmaschinen kommen in der Hauptsache Anilindruckmaschinen in Frage, bei welchen auch die neuere Bezeichnung „Flexodruckmaschine“ ist. Es gibt zwei Arten von Druckfarben, welche auf dieser Maschine verdruckt werden, und zwar lasierende Farben, welche spirituslöslich sind und selbst bei hoher Geschwindigkeit schnell trocknen. Diese Farben haben allerdings einen Nachteil, daß sie farbige Papiere schlecht decken und vor allem, daß sie nicht absolut lichtbeständig sind. Wenn die Packungen eine Zeitlang im Schaufenster liegen, verblaßt der Druck und wird unansehnlich.

Die zweite Farbgebung ist die sogenannte deckende Farbe. Diese Farben sind ebenfalls spirituslöslich, haben aber mehr Farbkörper und decken auch farbige Papiere gut ab. Weiter sind sie lichtbeständig, so daß diese Packungen längere Zeit im Schaufenster liegen können, ohne von ihrem Farbton zu verlieren. Diese Farben sind schwieriger zu verdrucken und die Maschinen müssen Vorrichtungen haben, z. B. Weiterlaufen der Farbwerke und Trockenvorrichtungen, damit die Farbe auch bei schnellem Lauf so trocken ist, daß sie nicht an den Papierleitwalzen abgibt. Diese Farben werden auch mit sogenannten Rasterwalzen verdruckt, während lasierende Farben als Auftragwalze eine Gummiwalze haben können.

Diese Anilindruckmaschinen können, wie schon vorher erwähnt, in Verbindung mit der Beutelmaschine gebracht werden oder von Rolle auf Rolle arbeiten, damit die Beutelmaschine dann von vorgedruckter Rolle arbeiten kann. Ebenso können solche Maschinen mit einem Querschneider in Verbindung gebracht werden, damit die Papierbahn bedruckt, zu Bogen geschnitten und abgelegt werden kann.

Weiter wären noch die Tiefdruckmaschinen zu erwähnen, die heute bis zu sechs Farben und mehr drucken können, um die Druckausstattung der Packungen zu erhöhen. Buchdruckmaschinen, die von Rolle auf Rolle arbeiten, werden heute nur noch wenig gebraucht, weil eben das Druckverfahren, wie vorstehend beschrieben, den Buchdruck ziemlich verdrängt hat. Buchdruckmaschinen als Rollendruckpressen kommen in der Hauptsache zur Verwendung zum Bedrucken von Margarinepapieren.

Ein weiteres Gebiet ist jetzt noch die Herstellung von Folienpackungen wie Cellophan, Polyäthylene usw. Für diese Materialien gibt es Spezialmaschinen wie z. B. Flachbeutel-, Seitenfaltenbeutel- und Kreuzbodenbeutelmaschinen.

Weiter sind diese Folien auch heißsiegelfähig, so daß die Beutel ohne Leim gearbeitet werden können. Lediglich Heizrollen bzw. Heizzangen sind in den Maschinen nötig, um den Seitenfalz zu kleben bzw. den Boden zu schließen.

In dem Fortsetzungsband zu diesem Fachbuch „Die Praxis der Papierverarbeitung" (erschienen 1960) wird im VIII. Kapitel (auf den Seiten 109 bis 125) in zwei das Thema erschöpfenden Abhandlungen aus sachkundigen Federn über die Groß-Papiersackherstellung berichtet.

Über die Herstellung von Blockbodenbeuteln

In Deutschland trifft man häufig sauber gearbeitete und im Anilin- oder Tiefdruck bedruckte dreilagige Blockbodenbeutel an — Innenlage Pergamin, Zwischenlage unkaschierte Metallfolie, Außenlage Zellglas. Das Zellglas ist dabei in einem besonderen Arbeitsgang vorbedruckt, so daß die Weiterverarbeitung auf der Beutelmaschine mit Hilfe einer Fotozellensteuerung erfolgen muß. Außer in Deutschland findet man diese hübsch aussehenden Spezialitätenbeutel auch häufig in anderen europäischen Ländern; man verwendet sie besonders als Frischhaltebeutel für Kaffee und andere Füllgüter.

Man braucht einen solchen Beutel nur einmal näher zu betrachten, um sich darüber klar zu werden, daß seine vollautomatische Herstellung gewisse Probleme mit sich bringt, jedenfalls so lange, bis der Verarbeiter mit der

Maschine und den verwendeten Materialien gut vertraut ist. Aber auch dann werden neue Probleme immer wieder auftauchen, sei es durch unterschiedliche Qualitäten der zu verarbeitenden Materialien oder durch ungleiche Rollen, sei es durch andere Umstände. Eine eigenartige, ja überraschende Tatsache ergibt sich hierbei: In den USA, dem Land des Blockbodenbeutels par excellence, wird man sich vergebens nach solchen Spezialitätenbeuteln umsehen, während man Blockbodenbeuteln aus gewöhnlichem Kraftpapier, meist mit Zackenschnitt gearbeitet, auf Schritt und Tritt begegnet.

Dieser Hinweis nimmt in etwa eine Erklärung der angeblich sehr hohen Leistungsangaben für Blockbodenbeutelmaschinen, mit denen man in den USA häufig operiert, vorweg. Es liegt auf der Hand, daß diffizile Materialien, oft zu dreilagigen Beuteln verarbeitet, nicht mit der gleichen Geschwindigkeit produziert werden können wie zum Beispiel ein einlagiger Kraftpapierbeutel oder ein Beutel mit einfacher Fütterung, zumal bei Einsatz hervorragender Papierqualitäten.

Aber auch von dieser Tatsache abgesehen, dürfte man wohl kaum irgendwo in den USA in der Praxis eine oft geradezu märchenhaft anmutende hohe Leistung beobachten können, die man hierzulande gern zitiert, wenn man von den amerikanischen Maschinen spricht.

Nicht, daß die Maschinen solche Leistungen nicht tatsächlich zuließen; es wird gewiß ein recht beachtlicher Ausstoß erreicht, aber dann nur in Betrieben, wo man eine normale Konsumware produziert und wo oft derartig hohe Aufträge vorliegen, daß die Maschinen jahrelang nur ein bestimmtes Format herstellen. Eine solche Situation ist außerhalb der USA kaum irgendwo gegeben und wird auch in absehbarer Zukunft nicht zu verwirklichen sein, sehr zum Leidwesen der Verarbeitungsbetriebe in vielen Ländern, die sich so vor ganz andere Probleme und Aufgaben gestellt sehen.

Jede Maschine arbeitet nur bis zu einem gewissen Ausstoß rationell. Überschreitet die Produktion diese zu berechnende Höhe — beim Blockbodenbeutel etwa 300 Stück pro Minute — so werden weitere Bedienungskräfte benötigt, die einen etwaigen Produktionsgewinn wieder mehr als ausgleichen, soweit dafür nicht ohnehin ein höherer Ausschuß sorgt.

Auch in den USA wird die Leistung der Maschinen nur bis zu der Höhe ausgenutzt, die ein wirklich störungsfreies Arbeiten zuläßt, denn damit ist auch logischerweise die optimale Produktionsziffer erreicht. Steigert man die Leistung weiter, obwohl man dann Produktionsstörungen in Kauf nehmen muß, so sinkt die effektive Produktionsziffer sofort in stärkerem Ausmaß als wenn man den Ausstoß im Dauerbetrieb auf gleichbleibender Höhe halten würde.

Ein Vergleich der Verhältnisse in den USA mit den europäischen läßt deutlich werden, daß die Anforderungen, die man hier an die Blockbodenbeutelmaschinen stellt, in verschiedenen Punkten von dem abweichen, was wohl in einem Verarbeitungsbetrieb der Vereinigten Staaten im Vordergrund stehen würde. Diese unterschiedlichen Anforderungen an die Maschinen erklären auch die anderen Auffassungen der Maschinenkonstruktionen in den USA und in Europa.

Der Verarbeiter in den USA kann im wesentlichen mit hohen Auflagen standardisierter Beutelformate rechnen, während sein Kollege in Europa weit mehr Kleinaufträge und darüber hinaus Sonderwünsche hinsichtlich der Beutelausführungen berücksichtigen muß. Somit ergeben sich für europäische Verhältnisse besondere Anforderungen an die Blockbodenbeutelmaschinen, auf die nachstehend kurz eingegangen werden soll:

1. Großer Arbeitsbereich.
2. Möglichst unbegrenzte Variationsmöglichkeiten innerhalb des Arbeitsbereiches.
3. Verarbeitbarkeit sehr unterschiedlicher und oft diffiziler Werkstoffe.
4. Einwandfreies Verarbeiten von Blockbodenbeuteln bis zu drei Lagen.
5. Einfache Umstellbarkeit der Maschinen: Während hier die Maschinen in kürzeren Zeitabständen umgestellt werden, kann in den USA das gleiche Format unter Umständen auf Jahre hinaus auf einer Maschine laufen.

Es wäre gewiß sehr erfreulich, wenn man gerade bei der Blockbodenbeutel-Herstellung dem amerikanischen Vorbild auch in Europa folgen wollte. Das würde bedeuten, daß nur gute Papierqualitäten verwendet und die Beutelformate standardisiert werden. Die Folge wäre eine weitere Leistungssteigerung und Rationalisierung bei der Blockbodenbeutelfertigung. Besonders eine Standardisierung in einem bestimmten Umfange wäre dringend zu wünschen. Soweit einige Fragen, die besonders im Zusammenhang mit den anschließend zu besprechenden Maschinen von nicht geringem Interesse sein dürften.

Die auf Tafel XVI gezeigte Blockbodenbeutelmaschine TRIUMPH I stellt solche erwähnten dreilagigen Spezialitätenbeutel her.

Der Arbeitsbereich dieser Maschine ist auf Breiten von 5 bis 12 cm begrenzt, während sich ein weiteres Modell unter der Bezeichnung TRIUMPH II — konstruktiv mit der zuerst genannten Maschine identisch — für Beutelbreiten von 7,5 bis 19 cm anschließt. Beide Maschinen weisen also einen für Blockbodenbeutelmaschinen relativ großen Arbeitsbereich auf. Selbstverständlich kann man auf diesen Maschinen neben den erwähnten dreilagigen Beuteln auch einfachere mit einer Fütterung oder ohne Fütterung, aus Papier, Pergamin oder kaschierter Metallfolie herstellen.

Die Schlauchlängen kann man bei dem Modell TRIUMPH I in Abständen von 2,5 zu 2,5 mm wählen, während bei dem Modell TRIUMPH II die Abstände 5 mm betragen. Die Schlauchbreiten sind durch einen Wechsel der Formatbleche innerhalb des Arbeitsbereiches der Maschinen beliebig wählbar, der Verarbeiter ist also nicht auf bestimmte Formate festgelegt und kann sich weitgehend den Kundenwünschen anpassen.

Die Konstruktion der Blockbodenbeutelmaschine TRIUMPH III (Tafel XVII/1) entstand durch viele Wünsche von Verarbeitungsbetrieben an die Hersteller, ist doch die Nachfrage nach Blockbodenbeuteln in großen Abmessungen in letzter Zeit ständig gestiegen und wird sich mit Sicherheit weiter erhöhen.

Allein die Zunahme der Selbstbedienungsläden ist ein wesentlicher Faktor, der sich auf die Nachfrage nach Blockbodenbeuteln in großen Formaten auswirken wird.

Bei der „TRIUMPH III" liegen die Beutelbreiten zwischen 12 und 26 cm, durch Auswechseln der Formatbleche beliebig wählbar, während die Schlauchlängen in Abständen von einem vollen Zentimeter verstellbar sind. Dieser überraschend große Arbeitsbereich kommt damit den Wünschen der europäischen Verarbeitungsbetriebe entgegen, die eine Maschine für möglichst viele Beutelgrößen einsetzen möchten, da bei einem kleineren Arbeitsbereich oft nicht genügend Aufträge vorliegen, um die Kapazität auszunutzen.

Für die großformatigen Blockbodenbeutel ergibt sich eine noch weitere interessante Absatzmöglichkeit: Als Tragetaschen finden diese Beutel mit Handgriffen in verschiedener Ausführung heute einen aufnahmefähigen Markt. Oft mit dekorativen, mehrfarbigen Motiven bedruckt, lassen sie sich sehr werbewirksam gestalten, und es ist interessant, wie sich die Nachfrage nach Tragetaschen in dem Maße verstärkte, wie die Verwendung des Blockbodenbeutels für diesen Zweck von einigen Firmen erkannt und ausgebaut wurde, die damit für viele ihrer Konkurrenten wegweisend waren.

Ein Modell, „TRIUMPH III A", ist mit seinen Beutelbreiten von 16—32 cm speziell für diese Tragbeutelproduktion auf den Markt gebracht worden.

Bei einem Vergleich wird die konstruktive Ähnlichkeit dieser Maschinen recht deutlich.

Auch die Herstellung von sogenannten Konfektionstragetaschen mit Seitenfalten und mit rechteckigen Böden ist inzwischen vollmaschinell möglich geworden, und zwar durch die Blockbodenbeutelmaschine „TRIUMPH IV", die Beutelbreiten von 26—60 cm verarbeiten kann und im gleichen Arbeitsgang am oberen Beutelrand Kartonverstärkungen einklebt und entsprechende Handgriffe ausstanzt. Die Maschine verarbeitet Bodenbreiten von 7—18 cm, bei Seitenfaltentiefen von 3,5—9 cm und Schlauchlängen von 34—80 cm.

Die „TRIUMPH-Serie" wird ergänzt durch die Modelle „TRIUMPH V" und „TRIUMPH VI", die eine Schlauchbreite von 21—45 cm bzw. 25—45 cm bei Bodenbreiten von 12,5—30 cm bzw. 12,5—35 cm und Schlauchlängen von 50—110 cm bzw. 50—165 cm verarbeiten können. Diese letzten beiden Modelle sind ursprünglich als Umsackmaschinen unter der Bezeichnung „AS" gebaut worden, wo sie das Interesse der Großpapiersackhersteller fanden.

Die ersten Modelle waren nur als Blockbodenmachermaschinen entworfen worden, erlaubten also nicht die Schlauchbildung im gleichen Arbeitsgang, so daß vorfabrizierte Schläuche angelegt werden mußten. Es hat sich dann erwiesen, daß häufig nicht genügend Kapazität auf Schlauchmaschinen frei war, um die erforderlichen Schläuche herzustellen. Außerdem kommt hinzu, daß sich ein Fehler an den vorfabrizierten Schläuchen — etwa eine ungleiche Lage der Seitenfalten — später bei der Bodenbildung rächt und dann nicht mehr gutzumachen ist. Werden jedoch Schlauch und Boden auf einer Maschine geformt, so macht sich eine nicht vollkommen exakte Schlauchbildung sofort bei der Bodenbildung bemerkbar, und man vermeidet Ausschuß.

Diesen Schwierigkeiten Rechnung tragend, wird die Umsackmaschine AS unter der Bezeichnung TRIUMPH jetzt sowohl in der beschriebenen Ausführung als auch mit Schlauchbildung gebaut. Auch in der neuen Ausführung dürfte die Maschine viel Anklang finden.

Schon jetzt kommen aus dem traditionellen Kundenkreis der Beutelfabriken Anfragen nach Blockbodenbeuteln in Größen, die wesentlich über den Abmessungen liegen, die man auf den vorhandenen Maschinen arbeiten kann. Diese großen Blockbodenbeutel, wegen eines ihrer Verwendungszwecke häufig als „Umsäcke" bezeichnet, kennt man seit längerer Zeit in den USA als „container bags" oder „baler bags". Der hohe Bedarf an diesen Umsäcken in den USA und hier in Europa auch in der Schweiz, läßt Rückschlüsse auf die Entwicklung in Deutschland selbst zu. So verwendet man Umsäcke schon heute zum Packen kleinerer Pakete — Maschinen für diese Zwecke stehen ebenfalls zur Verfügung —, wo sie einen kostspieligen Karton ersetzen. In Selbstbedienungsläden werden in die Umsäcke kleinere Packungen hineingestellt, um den Kunden den Einkauf zu erleichtern.

Für den Beutelhersteller gilt es, diese neuen Absatzmöglichkeiten zu erkennen und sie sich nutzbar zu machen.

Tafel XVI/2 zeigt die Maschine AS in der Ausführung, wie man sie für die Verarbeitung vorfabrizierter Schläuche einsetzt. Rechts außen ist die Schlauchanlage zu erkennen, in welche die Schläuche von Hand angelegt und automatisch ausgerichtet werden. In einer Einschneidestation werden die Schläuche zwischen den Seitenklappen eingeschnitten, um eine günstigere Bodenbildung und eine bessere Klebung im Boden zu erreichen.

Über den Öffnungs- und Hauptzylinder gelangt der Sack zum Bodendeckblattapparat, wo er mit einem Bodendeckblatt versehen wird. Es ist gerade bei derart großen Beuteln vorteilhaft, Bodendeckblätter zu verwenden, und die Tatsache, daß eine solche Vorrichtung in die Maschine eingebaut wurde, trägt mit dazu bei, die Beutelherstellung rationell zu gestalten. Der Beutel wandert sodann durch eine Pressung auf den Ablagetisch, und zwar in der Weise, daß der nachfolgende Beutel immer unter den Sackstapel geschoben wird, so daß das Abnehmen der nun fix und fertig geklebten und gepreßten Beutel angenehm und flüssig vonstatten gehen kann.

Wenn man auf der Maschine vorfabrizierte Schläuche verarbeitet, so lassen sich Säcke herstellen, die aus bis zu vier normalen Kraftpapierlagen bestehen. Ebenfalls können Schläuche aus einlagigem Karton von rund 180 g/qm verarbeitet werden. Falls die Schlauchbildungsstation mitgeliefert wird, die Beutelherstellung also in einem Arbeitsgang erfolgt, lassen sich Beutel mit ebenfalls bis zu vier Lagen herstellen, d. h., es sind bei Normalausstattung vier Abwicklungsstationen, drei Querklebungen und vier Längskleisterscheiben vorgesehen. Alle diese Beutel, ob ungefüttert oder mehrlagig, sind heute überwiegend mit einem hübschen Aufdruck gefragt.

Die erwähnten Maschinenmodelle können entweder, soweit sie von der Rolle arbeiten, mittels einer Fotozellensteuerung von der vorbedruckten, äußeren Papierbahn arbeiten, oder mit einem Vorsatzdruckwerk versehen werden. Bei den Modellen „TRIUMPH IV", „TRIUMPH V" und „TRIUMPH VI" ist jedoch das Arbeiten von der vorbedruckten Rolle immer vorzuziehen, da es dem Bedienungsmann große Aufmerksamkeit abfordert, bei Maschinen dieses Umfanges Druckmaschine und Sackmaschine zu bedienen.

So wird diese Ausführung heute von vielen Verarbeitern vorgezogen, denn sie schließt die Möglichkeit aus, daß Störungen an der Beutelmaschine notwendigerweise die Druckmaschine stillegen und umgekehrt. Die Fotozellensteuerung selbst, vor einigen Jahren noch Neuland für die Maschinenbauer, hat man inzwischen auf einen Stand gebracht, der eine zuverlässige Arbeitsweise gewährleistet. Es befinden sich bereits mehrere hundert Fotozellen an verschiedenen Beutelmaschinentypen in Betrieb. Andererseits sind Blockbodenbeutelmaschinen auch in direkter Verbindung mit einem Anilindruckwerk, das bis zu vier Farbwerke erhalten kann, lieferbar. Das bedeutet also, daß das von der Rolle kommende Material in einem Arbeitsgang bedruckt und zu Beuteln weiterverarbeitet werden kann.

Bei den Modellen „TRIUMPH IV" bis TRIUMPH VI" wird die Frage nach einem Vorsatzdruckwerk im Vordergrund stehen, da in vielen Betrieben entsprechend breite Druckmaschinen, auf denen das Material vorbedruckt werden könnte, nicht vorhanden sind.

In allen Fällen handelt es sich um moderne Druckmaschinen für flexographischen Druck, unter Umständen mit Einrichtungen für Zentralabhebung der Formatzylinder und Weiterlaufen der Farbwalzen bei Stillstand der Maschine sowie mit Rasterwalzen und Stahlgegendruckzylindern, um die Verarbeitung von zähflüssigen Pigmentfarben zu ermöglichen.

Während der vergangenen Jahre wurden manche Fortschritte auf dem Gebiet der Blockbodenbeutelherstellung erzielt, und es stehen jetzt moderne Maschinen zur Verfügung, die es dem Verarbeiter ermöglichen, besser und rationeller zu arbeiten und somit teilzuhaben an dem Aufschwung, den die Nachfrage nach Blockbodenbeuteln genommen hat. Ebenso wie in den USA wird wohl auch in Deutschland in der kommenden Zeit mit einer weiteren Zunahme des Bedarfs an Blockbodenbeuteln zu rechnen sein. Es wäre nicht zum ersten Male, daß eine solche Parallele Wirklichkeit wurde.

Die bisher letzte Entwicklung auf dem Sektor der Blockbodenbeutelmaschinen stellt ein Modell dar, das heißgesiegelte Blockbodenbeutel herstellt, die für hochwertige Verpackungsgüter interessant sind. Diese Beutel, aus beschichteten Papieren oder beschichteten Alufolien bestehend, sind absolut pulverdicht und können, je nach dem verwendeten Material, auch feuchtigkeits-, aroma- und vakuumdicht sein. Die „TRIUMPH SB“ liegt im Größenbereich der oben beschriebenen „TRIUMPH II“. Diese Neuentwicklung zeigt, daß auch das Konstruktionsfeld für den Blockbodenbeutel immer noch reichhaltige Möglichkeiten bietet.

In dem Fortsetzungsband zu diesem Fachbuch „Die Praxis der Papierverarbeitung“ (erschienen 1960) wird im VIII. Kapitel (auf den Seiten 109 bis 125) in zwei das Thema erschöpfenden Abhandlungen aus sachkundigen Federn über die Großpapier-Sackherstellung berichtet. Interessenten für diese Sondererzeugnisse seien besonders hierauf hingewiesen. Bitte beachten Sie die Anzeige des Verlages für diesen Fortsetzungsband in diesem Buch.

IX. Kapitel

Die Herstellung der Papiersäcke

Zur Entwicklung und Einführung des Papiersackes

Zementsäcke aus Papier haben sich in Deutschland derart eingebürgert, daß es heute schwer fällt, einen solchen aus Jute zu Gesicht zu bekommen. Trotzdem war die Einführung mehrwandiger Papiersäcke nicht sehr einfach, und die Umstände, unter denen der Papiersack Eingang in die Zement-, Kalk- und Gipsindustrie fand, sollen hier einmal kurz geschildert werden. — Es ist ein Verdienst des Herrn Gustav Fischer, des im Jahre 1939 verstorbenen Gründers der Firma Fischer & Krecke in Bielefeld, daß der Papiersack von Amerika zu uns herüberkam und sich hier trotz anfänglicher Ablehnung schließlich doch durchsetzte. —

Bei seinem ersten Vortrag über Säcke aus Papier, welcher in Berlin gelegentlich der Hauptversammlung Deutscher Portland-Zement-Fabriken im Jahre 1908 gehalten wurde, begegnete man den Ausführungen mit größtem Mißtrauen, ja, man lehnte sie glatt ab. Daß ein Papiersack dem Jutesack gegenüber Vorteile aufweisen sollte, leuchtete damals anscheinend nicht ein, und niemand dachte daran, auch nur einen Versuch damit zu machen. Die Bemühungen schienen fast vergeblich, trotzdem nichts unversucht blieb, um das Interesse, wo immer angängig, zu wecken. Nicht mehr als sechs Zementsackmaschinen konnten in der ersten Zeit abgesetzt werden, und erst die schwere Zeit im ersten Weltkrieg gab Veranlassung, auf den Papiersack zurückzugreifen. Interessant sind im Zusammenhang hiermit auch die ersten Versuche, welche man im Frühjahr 1915 unternahm, um die Infanterie mit Papiersäcken auszurüsten. Dieselben sollten, wo gerade erforderlich, schnell mit dem Spaten gefüllt und als leicht transportabler Deckungsschutz dienen. — Nach Beendigung des Krieges nahm die Verwendung von Papiersäcken in dem Maße zu, wie das Geld durch die Inflation knapper wurde. Es bildeten sich im Laufe der Zeit verschiedene Sackformen heraus, zu deren Herstellung die obengenannte Firma seither stets die erforderlichen Maschinen lieferte. Schon im Jahre 1908 wurden derartige Maschinen für Säcke aus zwei Lagen geliefert, und da sich herausstellte, daß mehrere Lagen dünnen Papiers haltbarer sind als eine oder zwei Lagen stärkeren Papiers, wurden von 1917 ab nur noch Maschinen gebaut für drei- bis sechswandige Säcke.

In den letzten Jahren hat sich in erheblichem Umfang bei allen Sackarten der gekreppte Papiersack durchgesetzt. Der Kreuzbodensack kann neuerdings mit einem äußeren und inneren Deckblatt versehen werden. Dadurch wird die Dichtigkeit und Haltbarkeit des Sackbodens erheblich verbessert. — In welchem Umfange die Papiersackfabrikation nach Erfindung der geeigneten Maschinerie zugenommen hat, beweist wohl zur Genüge die Tatsache, daß bis jetzt Hunderte von Maschinen dieser Art die Fabrikation verlassen haben. Die Modelle *Zentaur, Gigant* und *Rotafalz,* welche jedem Fachmann zur Genüge bekannt sein dürften, laufen außer in Deutschland in fast allen Staaten der Welt. Die vorteilhafte Verpackungsart brachte der deutschen Papierindustrie außerordentlich große Beschäftigung und der deutschen Handelsbilanz bedeutende Vorteile durch Verminderung der Einfuhr der ausländischen Jute.

Ein mehrwandiger Papiersack zum Einfüllen von Zement, Kalk, Gips, Mehl, Zucker, Reis, Hülsenfrüchten, Futterstoffen, Thomasmehl, Kali und dergleichen Düngemitteln wird bekanntlich so hergestellt, daß zuerst ein Flach- oder Seitenfaltenschlauch aus mehreren Lagen Papier auf einer Groß-Schlauchmaschine, Modell *Gigant,* gefalzt, geklebt und gleichzeitig mit Ein- oder Mehrfarbenaufdruck versehen wird. Die Weiterverarbeitung der Seitenfaltenschläuche zu fertigen Säcken geschieht dann durch Abnähen der Schlauchenden auf einfachen oder doppelseitig arbeitenden Spezialnähmaschinen, die im gleichen Arbeitsgang einen gefalzten und zweifach vernähten Kreppstreifen als dichten Sackverschluß anbringen. Bei den Flachschläuchen werden in gesondertem Arbeitsgange die Kreuzböden auf einer automatisch arbeitenden *Bodenfalz-* und *Klebemaschine* gebildet. Es werden dabei Flachschläuche bis zu sechs Papierlagen verwendet, bei denen die einzelnen Wandungen mit Hilfe einer Querklebeeinrichtung oben und unten am Schlauch so fest miteinander verbunden sind, daß sich dieselben wie ein einwandiger Schlauch greifen lassen. Diese Arbeit wird von der Schlauchmaschine, Modell *Gigant* (Tafel XVII/XVIII), bei Bildung der Schläuche gleichzeitig mitbesorgt.

Großer Wert ist auf eine *solide und stabile Konstruktion* gelegt worden. Besonders kräftig wurde das Zug- und Schneidwerk gehalten. Dadurch wird eine lange Lebensdauer der Maschine erreicht. Wellen, Bolzen und Rollen laufen fast sämtlich in Kugellagern. Die Maschine zeichnet sich weiterhin durch *leichte Bedienung* aus. Das Umstellen von einer Größe auf die andere erfolgt in einfachster Weise dadurch, daß die Schlauchbreiten durch Einsetzen von Schlauchbildnern oder verstellbarer Flach- bzw. Faltenbleche erreicht wird, während man die gewünschten Schlauchlängen durch Auswechseln von Wechselrädern erzielt. Bei Säcken mit Aufdruck werden durch Einsetzen entsprechender Plattenzylinder mit dazugehörigen Plattenzylinderrädern die gewünschten Druckabstände erreicht.

Die *hohe Leistung* der Maschine richtet sich naturgemäß nach der Qualität des Papiers, Anzahl der Lagen, Art der Schläuche, Größe der Formate usw. In den Modellen Gigant Nr. 1 und 2 werden Schläuche von 121 cm Länge aufwärts mit einem Messer, unter 121 cm Länge mit einem Doppelmesser geschnitten. Es sind bei den hier besprochenen Maschinen nur Mindestleistungen bekanntgegeben. Die Tagesleistungen, die von einem sechsstelligen Tourenzähler abgelesen werden können, hängen vom schnellen Rollenwechsel ab. Wenn genügend Raum vorhanden ist, wird die hintereinander liegende Rollenlagerung mit den Ersatzrollen empfohlen.

Von den gebräuchlichsten Extra-Einrichtungen, mit denen die Schlauchziehmaschinen auf Wunsch ausgerüstet werden, sind an erster Stelle zu nennen das *Anilindruckwerk,* welches die Schläuche im gleichen Arbeitsgange sowohl auf der Vorder- als auch Rückseite mit ein- oder mehrfarbigem Aufdruck versieht. Das Bedrucken erfolgt mittels schnell trocknender Anilinfarben von Gummiklischees. Die solide und schwere Bauart des Anilindruckwerkes gewährleistet einen tadellos sauberen Druck auch bei Mehrfarbendrucken. Wenn zunächst einfarbiger Druck genügt, ist es möglich, später ein zweites, drittes oder auch viertes Farbwerk nachzuliefern.

Das automatische Falzen und Kleben der Böden auf den Bodenfalz- und Klebemaschinen setzt in jedem Falle die Verwendung querverklebter Schläuche voraus. Hierzu dient die *Querklebe-Einrichtung,* welche die einzelnen Lagen des Schlauches oben und unten miteinander verklebt, so daß sich die mehrwandigen Schläuche genau so sicher öffnen lassen wie ein einwandiger. Die Einrichtung selbst ist in der modernsten Form ausgebildet. Die einzelnen mit Kleister versehenen Bahnen laufen erst am Auflauf zum Schlauchbildner zusammen. Auf diese Weise wird vermieden, daß sich im Schlauch Falten bilden.

Die Einrichtung für den *Daumenausschlag,* durch welche das Aufmachen der offenen Kreuzbodensäcke erleichtert wird, ist in der modernsten Form ausgebildet. Durch diese Vorrichtung wird an einem Ende des Schlauches ein Ausschnitt angebracht. Beim Füllen dieser Kreuzbodensäcke kann der Sack mit Daumenausschlag leicht und sicher geöffnet werden. Der Einbau dieser Vorrichtung ist bei der Fabrikation offener Kreuzbodensäcke zu empfehlen. Die Ventilsäcke mit Seitenfalten, die oben und unten abgenäht werden, erfordern bekanntlich zur Bildung des Ventils einen gekröpften Schnitt. Dafür werden die Modelle Gigant Nr. 1 und 2 mit einer *Kröpfschnitt-Einrichtung* ausgerüstet, die so ausgebildet ist, daß sowohl mit einfachem Kröpfschnitt als auch mit Doppelkröpfschnitt (Sparschnitt) gearbeitet werden kann. Die Einrichtung arbeitet, wie alle übrigen Aggregate, vollkommen rotierend. Die ausgeschnittenen Abfallstreifen werden aufgenadelt und nach unten auf ein Ausführtuch abgelegt. Die Abfallstreifen können entweder direkt abgesaugt oder in einem Behälter gesammelt werden. Die eine der nebenstehenden beiden Skizzen zeigt den einfachen Kröpfschnitt, durch den bei jedem Schlauch ein Papierabfall entsteht (Abb. 19).

Abb. 19: Einfacher Kröpfschnitt

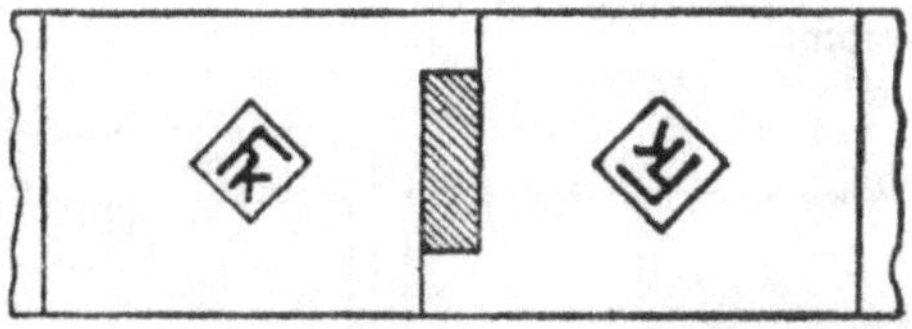

Abb. 20: Doppelkröpfschnitt (Sparschnitt)

Die weitere Skizze veranschaulicht den Doppelkröpfschnitt, auch Sparschnitt genannt, dessen Papierabfall weit geringer ist. Auf zwei Säcke entfällt jeweils nur ein Abfallstreifen, der außerdem noch um die Ventilbreite schmaler wird Von den weiteren Extra- sowie Hilfseinrichtungen, mit denen die Maschinen auf Wunsch ausgerüstet werden können, bzw. die zur Verarbeitung oder Weiterverarbeitung notwendig sind, seien noch folgende genannt:
Tiefseitenfalteneinrichtung für Spezialsäcke.

Längsschnitteinrichtungen
zum Einschneiden einer oder sämtlicher Papierbahnen für Bodeneinschnitte.

Klebewerk
zum Verarbeiten von Nebenbahnen. Das Klebewerk kann jeweils zwei schmale Bahnen zu einer Bahn zusammenkleben.

Ventillegeapparate
zum leichten Falzen der Ventile für die genähten Ventilsäcke.

Kleisterrührwerke zum Anrühren des Kleisters.

Bei der großen Unterschiedlichkeit der Maschinenanlagen in Ausrüstung, Format, Einteilung und Leistung ist es für die Ausarbeitung eines zweckentsprechenden Angebotes erforderlich, daß dem Maschinenkonstrukteur die Sackarten bekanntgegeben werden unter gleichzeitiger Angabe der Größen, die auf den Maschinen hergestellt bzw. für später vorgesehen werden können.

Mit den abgebildeten *Gigant*-Maschinen, die modernster Konstruktion sind, und die bewährten *Zentaur*-Modelle ablösten, können alle Schlaucharten aus einer bis zu sechs oder auch mehr Lagen Papier gezogen werden, und zwar sowohl Flachschläuche mit oder ohne Daumenausschlag als auch Seitenfaltenschläuche mit Kröpfschnitt, Tiefseitenfaltenschläuche und dergleichen. Die herausgebrachten Gigant-Modelle, die nach den letzten Erfahrungen der Praxis entwickelt wurden, arbeiten die Schläuche mit *Zackenschnitt.* Dieser Schnitt hat den Vorteil, daß sich die Mädchen beim Weiterverarbeiten der

Schläuche zu fertigen Säcken nicht so leicht die Finger verletzen. Ferner wird der gezackte Schnitt absolut genau und rechtwinklig, so daß ein sogenanntes Staffeln des Schnittes, wie bei den früheren Glattschnittmaschinen, nicht vorkommt.

Abb. 21

Die abgebildete neue Bodenfalz- und Klebemaschine, die zur schnellen und sicheren Bildung der Kreuzböden bei den mehrwandigen geklebten Papiersäcken dient, stellt eine bedeutend verbesserte Art der bisherigen Modelle dar und hat sich infolge ihrer ebenso einfachen wie vorzüglichen Arbeitsweise in den Papiersackfabriken schnell Eingang verschafft. Ein besonderes Merkmal der Bodenfalz- und Klebemaschine, Modell *Rotafalz,* ist, daß jeglicher komplizierter Mechanismus fehlt. Kleine Differenzen in der Schlauchlänge beeinträchtigen keineswegs die Funktion der Greifer, Falz- und Klebeelemente. Größter Wert wurde auf solide und stabile Konstruktion gelegt, denn die Falz- und Klebearbeit mehrfacher Großsäcke stellt hohe Anforderungen an die Haltbarkeit der Maschine. Aus diesem Grunde wird auch bei schnellem Lauf der Maschine, die übrigens nach dem Rotationsprinzip arbeitet, ein ruhiger Gang erreicht. Wenn ein Sack ausbleibt, so treten Kleisterabstellvorrichtungen sowohl in der Maschine als auch in dem Deckblattaufkleber in Tätigkeit, so daß ein Verschmieren irgendwelcher Maschinenteile nicht vorkommen kann. Der Bodenleger ist so gebaut, daß das Bilden der Böden *für oben offene Kreuzbodensäcke* in jeder Arbeitsstellung und in jeder Höhe beobachtet werden kann. Es sind also alle Arbeitsgänge einer dauernden Kontrolle unterworfen. Ausschnitte sind nicht erforderlich, da die Schläuche durch Sauger geöffnet werden. Selbstverständlich können auch die Kreuzböden mit Außendeckblättern versehen werden. Der von der Rolle arbeitende automatische Deckblattaufkleber kann jederzeit mit einem Ein- oder Zweifarben-Anilindruckwerk ausgestattet werden. Die Höhe des äußeren Bodenblattes, welches, ebenso wie die Breite des Bodens, verstellbar ist, wird zweckmäßigerweise ein oder zwei Zentimeter kürzer gehalten als die Bodenbreite des Sackes ausmacht. Das Modell *Rotafalz* wird neuerdings auch *mit automatischem Schlauchanleger* geliefert, der Schläuche bis zu einer Breite von 60 cm anlegt. Für breitere Säcke kommt die halbautomatische Anlage von Hand in Frage. Die Schläuche werden an der Vorderkante von oben durch Sauger vom Stapel abgenommen. Der horizontal liegende Stapeltisch gestattet es, den Stapel mühelos und ohne jede Arbeitsunterbrechung zu ergänzen. Konstruktion und Bedienung des Anlegers sind verblüffend einfach. Die fertigen Säcke werden auf einem schräg hinter dem Deckblattaufkleber liegenden Ablagetisch abgelegt. Es ist absichtlich ein etwas längerer Trockenweg eingeschaltet, damit die Böden mit den ein- und aufgeklebten Deckblättern schon etwas abgebunden haben, wenn sie die Maschine verlassen. Die Ein- und Ausrückung der Gesamtanlage kann sowohl an dem Schlauchanleger als auch an der Sackablage erfolgen .

Der große Vorteil, der mit der neuen Bodenfalz- und Klebemaschine, Modell *Rotafalz*, geboten wird, ergibt sich weiterhin durch folgende Einrichtung:

Neben dem Aufkleben des äußeren Deckblattes kann gleichzeitig das maschinelle Einlegen eines geklebten Deckblattes in den Boden erfolgen. Dieses innere Deckblatt — darauf sei besonders hingewiesen — wird nicht etwa von oben auf das gefaltete Bodenquadrat aufgesetzt, sondern beim Bilden des Bodens von innen in den Sack eingeklebt. Beim Umschlagen der Bodenklappen wird dieses eingelegte und geklebte Deckblatt außerdem mit den Sackwandungen verriegelt.

Die Vorrichtung, die auch für bereits gelieferte Maschinen nachgeliefert werden kann, arbeitet, ebenso wie der Außendeckblattaufkleber, von der Rolle, und zwar in der Weise, daß das abgeschnittene Deckblatt, nach dem Auftragen der Leimstreifen, durch eine rotierende Scheibe absolut sicher in den sich bildenden Boden eingeführt wird. Die Vorrichtung ist in der Bedienung höchst einfach, sie arbeitet so exakt und zu verlässig, daß die Leistung der Gesamtanlage beim Arbeiten der Säcke mit Innenriegel nicht gehemmt wird. Diese sogenannten offenen *Kreuzbodensäcke mit Innenriegel* werden fast ausnahmlos von den Stickstoff- und Kaliwerken verlangt. Als Innenriegel kann normales Kraftpapier, imprägniertes, bitumiertes oder jedes andere Papier verwendet werden. Neben den Vorzügen dieser hohen Vrstärkung und der weiteren Verdichtung des Sackes — es kann sich im Boden zwischen den Lagen des Schlauches auch kein Füllgut mehr festsetzen — können außerdem beim Einlegen der Verstärkung nach den Patenten die Schlauchwandungen im Bodenquadrat mehr oder weniger weit auseinanderhalten werden, wodurch eine *erhebliche Papierersparnis* erreicht wird. Somit macht sich diese neue Apparatur und die Bodenfalz- und Klebemaschine, Modell *Rotafalz,* schon bald bezahlt. Es dürfte einleuchten, daß durch die vollständige Verklebung und Verriegelung von innen, vereint mit dem vom Füllgut herrührenden günstigen Gegendruck, trotz des geringen Papierverbrauches, unbedingt ein stärkerer, luft- und pulverdichterer Boden erzielt wird, als ein solcher beim Auftragen eines äußeren Bodenverstärkungsblattes zu erreichen sein würde. Die so hergestellten Säcke haben überdies den Vorteil, daß evtl. von außen her einwirkende Feuchtigkeit den Klebestoff nicht so leicht angreift, wie das beim Außendeckblatt möglich ist.

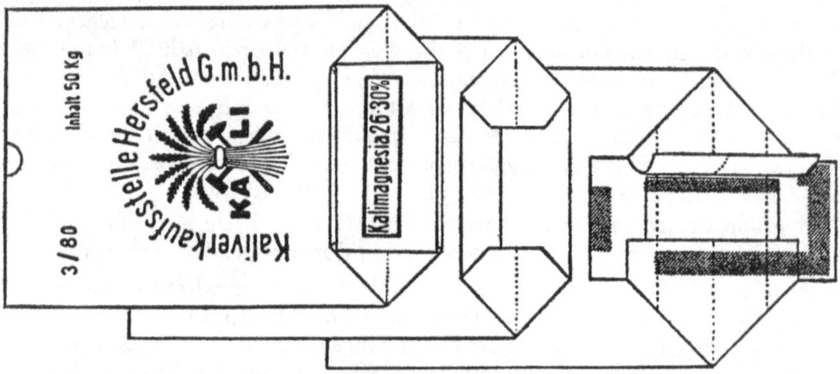

Abb. 22

Neuentwickelte bzw. verbesserte Maschinen zur Herstellung von Ventil- und Kreuzbodensäcken

Es ist nur verständlich, daß in unserer Zeit regster Bautätigkeit für Zement und andere Baustoffe auch immer wieder neue Transport- und Lagermöglichkeiten auftauchen:

Großbaustellen erhalten ihren Zement in Kübel- oder Behälterwagen, die pneumatisch gefüllt und in gleicher Weise auch wieder staubfrei entladen werden.

Für mittlere und kleinere Baustellen aber bleibt der Papiersack in Form des Ventilsackes nach wie vor das einfachste und rationellste Verpackungsmittel für Baustoffe; er eignet sich auch für jeden kontinentalen oder Übersee-transport.

Ventilsäcke für Zement haben in der Regel ein Füllgewicht von 50 kg — Abmessungen des Sackes 50 x 65 cm —, seltener 25 kg. Man füllt den Zement vorwiegend bei 60° C ein, und manche Zementfabriken, die keine Kühleinrichtung haben, blasen ihn auch bis oder über 100° C in den Sack. Man verwendet daher zur Herstellung der Säcke nahezu ausschließlich Sulfat-Kraftpapier von 75—80 g/qm, weil sie auch bei diesen hohen Einfülltemperaturen wenig verspröden. Größenmäßig ist der Sack genau auf die Füllmenge abgestimmt, damit so wenig Sackbrüche wie möglich entstehen können.
Man stellt die geklebten Ventilsäcke in zwei Arbeitsgängen und auf zwei Maschinen her: auf einer Schlauchmaschine und der Ventilsackklebemaschine bzw. den Ventilsackautomaten.

Die Herstellung der Schläuche

Eine ganz moderne Maschine dieser Art ist der Schnelläufer *Gigant*, der alle Schlaucharten mit Zackenschnitt für Zement, Kalk, Futtermittel, Düngemittel, Zucker und Lebensmittel herstellt.
Dieser Schnelläufer wird in drei Größen gebaut:

	Schlauchbreite	Schlauchlänge	größte Rollenbreite	größter Rollendurchm.	max. Leistung pro Min.
Gigant 0	33—65 cm	60—130 cm	124 cm	100 cm	240
Gigant I	33—65 cm	60—165 cm	124 cm	100 cm	220
Gigant II	33—80 cm	60—165 cm	164 cm	100 cm	200

Die Maschine ist mit Abwickelvorrichtung für hinteinanderliegende Papierrollen eingerichtet und besitzt eine Querblebeeinrichtung in besonders leistungserhöhender Ausführung. Es lassen sich dadurch mehrlagige Schläuche genau so sicher öffnen wie einlagige. Gerade diese sichere Verklebung verhindert das Entstehen von Ausschuß beim Weiterverarbeiten. Die einzelnen mit Klebstoff versehenen Bahnen laufen erst am Ablauf zum Schlauchbildner zusammen. Der Klebstoffauftrag wird durch ein Diferentialgetriebe genau geregelt. Ferner besitzt die Maschine ein Mehrfarbendruckwerk sowie automatische Schuppenablage für die fertigen Schläuche.
Mit den *Gigant*-Maschinen kann man alle Schlaucharten aus einer bis sechs Lagen Papier ziehen, und zwar sowohl Flachschläuche mit oder ohne Daumenausschlag als auch Seitenfaltenschläuche mit Kröpfschnitt, Tiefseitenfaltenschläuche usw. Die Schläuche werden vorwiegend mit Zackenschnitt gearbeitet. Dieser Schnitt hat den Vorteil, daß beim Weiterverarbeiten der Schläuche nicht so leicht Fingerverletzungen vorkommen wie beim Glattschnitt. Ferner wird der Zackenschnitt genau rechtwinklig.
Das Umstellen von einer Größe auf eine andere ist sehr einfach: die gewünschte Schlauchbreite wird durch Einsetzen fester oder verstellbarer Flach-

bzw. Faltenbleche erreicht, während die Schlauchlängen durch Auswechseln von Wechselrädern oder ein Wechselgetriebe erzielt werden. Bei Säcken mit Aufdruck werden durch Einsetzen entsprechender Plattenzylinder mit dazugehörigen Plattenzylinderrädern die erforderlichen Druckabstände erreicht. Die Höhe der Leistung dieser Maschinen richtet sich nach der Qualität des Papiers, der Anzahl der Lagen, der Art der Schläuche, dem Format usw. Von 121 cm Länge aufwärts wird mit einem Messer, unter 121 cm mit einem Doppelmesser geschnitten.

Das Druckwerk kann die Schläuche im gleichen Arbeitsgang auf der Vorder- und der Rückseite mit ein- oder mehrfarbigem Aufdruck versehen. Das Bedrucken erfolgt mittels schnelltrocknender Anilinfarben von Gummiklischees. Die Schlauchmaschinen können außerdem mit einer Staffelschnitteinrichtung versehen werden. Die Leistung beträgt dabei bis zu 150 Stück/Min.

Die Staffelschnitteinrichtung

a) Geschichtliches

Erfinder des Staffelsackes war Edgar Hoppe, Direktor der St. Regis Paper Company, New York. Im letzten Kriege wurden von der Natronzellstoff- und Papierfabriken-Aktiengesellschaft (Natronag), dem europäischen Vertragspartner der St. Regis Paper Company, die ersten Maschinen für Staffelschnitt erprobt. Die Großherstellung erfolgte jedoch erst nach dem Kriege, und als sich die Brauchbarkeit so recht erwiesen hatte, konnte man von der Verwendung in aller Welt sprechen, wobei den einschlägigen Maschinenfabriken in der Entwicklung ein besonderes Verdienst zuerkannt werden muß.

b) Anordnung der Schlauchmaschine für Staffelschnitt

Aus der Erwägung heraus, daß es beim Herstellen von Staffelschläuchen zweckmäßig ist, die Papierbahn bis zum Auflauf am Schlauchbildner kurz zu halten, ist die Anordnung wie folgt vorgenommen:

1. Papierrollenlagerung
2. Druckwerk
3. Perforationseinrichtung
4. Querklebung
5. Schlauchbildung

} siehe Längsansicht einer Großschlauchmaschine *Gigant* mit Staffelschnitteinrichtung.

Wie zu ersehen ist, wurde das Druckwerk zwischen Papierrollenlagerung und Papiereinzug (Zugwerk) gesetzt, da hierdurch das Einlegen der Papierrollen nicht behindert wird. In manchen Schlauchmaschinen liegt das Druckwerk am Anfang der Maschine, also vor der Papierrollenlagerung, ferner auch nach der Querklebung.

c) Die Perforier-Einrichtung

Im Augenblick der Perforation laufen die Perforiermesser mit Papiergeschwindigkeit. Ein Auswechseln des Perforiermessersatzes bei nur veränderten Schlauchlängen ist nicht erforderlich. Im Kreuzboden der Säcke ist die Staffelung der einzelnen Papierlagen verschieden, sie richtet sich nach Lagenzahl sowie Gestaltung der Seitenklappen und Eckeinschläge. Es können die Perforationen geradlinig über die ganze Breite der Bahn verlaufen, aber auch zueinander beliebig versetzt und durch Längsschnitte miteinander verbunden sein. Häufig wiederkehrende Staffelformate können in einem besonderen Messerträger als „Festformat" zum raschen Auswechseln montiert werden. Jede Bahn ist für sich verstellbar.

d) Einzelheiten zur Herstellung von Staffelschnitten

Die Papierbahnspannung zwischen Perforation und Zugzylinder darf keine zusätzlichen Spannungen erhalten. Aus diesem Grunde ist ein angetriebener Schleifenzug vorgesehen, der die Papierbahn von der Papierrolle aufnimmt.

Die Perforierungen können mittels Handrad über ein Differentialgetriebe während des Laufes eingestellt werden.

Es ist zu empfehlen, für jede Perforierart die erforderlichen Messersätze komplett zu bestellen.

Die Gegenwalze zum Perforiermesser besteht aus einer Metallwalze.

Beim gerade abgeschnittenen Schlauch beträgt die Papierüberlappung etwa 3 cm, dagegen beim Staffelschlauch nur 1,7 bis 2 cm je nach Papierlage.

Erfolgt der Einschnitt an der äußeren Papierbahn so, daß ein bodendeckblattartiger Verschluß im Kreuzboden- oder Ventilbodenlager erfolgt, so braucht ein Bodenblatt nicht aufgebracht zu werden, was eine weitere Papiereinsparung ergibt.

Im Staffelschlauch werden zur guten Bodenbildung in den vorgenannten Verarbeitungsmaschinen die einzelnen Papierbahnen an den Schlauchenden nur punktförmig miteinander verklebt, während bei Schläuchen mit geradem Schnitt die Querklebung streifenförmig sein muß, um eine gute Haltbarkeit des Bodens zu bekommen. Dies bedeutet eine erhebliche Leimeinsparung. Der Boden erhält mehr Geschmeidigkeit, es wird seine Haltbarkeit durch den Staffelschnitt erhöht.

Die einschlägigen Maschinenfabriken verbessern laufend ihre Maschinentypen. So werden u. a. die Papierrollenlagerungen in verschiedener Weise halbautomatisch durchgeführt, wodurch der Papierablauf einer abgelaufenen Rolle und das Einführen einer neuen Rolle ohne Unterbrechung vor sich geht. Diese Vorrichtung versetzt die neue Rolle von der ablaufenden alten Papierbahn in Drehung, so daß sie während des Laufes mit ihr verklebt wird.

Das Falzen und Kleben der Ventilsäcke

Die neueste Konstruktion einer vollautomatischen Papiersackklebemaschine zur Herstellung geklebter Papiersäcke mit Bodenverstärkungsstreifen und Schlauchventileinlage zeigt Tafel XIX. Hier handelt es sich um eine Spezialmaschine zur Herstellung mehrwandiger Papiersäcke für Zement, Kalk, Gips, Salz, Zucker, Mehl usw. Sie ist mit einem Papiersackklebeautomaten ausgerüstet und fertigt beide Böden des geklebten mehrwandigen Ventilsackes in einem Arbeitsgang. Außer den üblichen quer verklebten Schläuchen können auch die sogenannten Staffelschläuche und solche mit Bitumeneinlage usw. verarbeitet werden.

Die komplette Maschinenanlage besteht aus drei vollautomatischen Arbeitsaggregaten: dem Schlauchleger, dem Falz- und Klebeautomaten sowie der Sackablage.

Im einzelnen ist die Anlage unterteilt in:

1. automatischer Anleger
2. Ausrichtpartie
3. Aufsaugstation
4. Öffnen der Böden
5. Falzen der ersten und zweiten Bodentasche
6. Ventilverstärkung oder Ventilmanschette
7. Umlegen der Bodenfalzklappe
8. Aufbringen der Bodenverschlußblätter
9. Anpreßpartie
10. Ablage

Alle Voraussetzungen für eine rationelle und übersichtliche Herstellung sind insofern erfüllt, da alle Operationen für das Bedienungspersonal sichtbar von oben erfolgen.

Auf der Ventilseite können Luftlöcher eingearbeitet werden, die manchmal notwendig sind, um ein Entweichen der Luft beim automatischen Füllen der Säcke zu beschleunigen.

Nach dem Aufkleben der beiden Verstärkungsstreifen durchläuft der fertige Sack Preßwalzen bis zur Sackablage, die die schuppenförmig gestaffelten Papiersäcke durch zwei endlose Gummibänder führt und fest anpreßt, so daß die fertigen Papiersäcke abgebunden auf den Ablegetisch gelangen. Die Sackablage hat einen eigenen Antriebsmotor. Der Antrieb der Hauptmaschine erfolgt mit stufenlosem Regelgetriebe mit Druckknopfsteuerung, wodurch die Maschine während des Laufs stufenlos in weitesten Grenzen regulierbar ist.

Am Ende der Ausrichtpartie ist in die Maschine eine Schlauchweiche eingebaut, die gestört eingelaufene Schläuche selbsttätig auswirft und somit eine Kürzung der Maschinenlaufzeit durch Stopper rechtzeitig vermieden wird.

Um den Ventilsackautomaten „Duplofalz“ nicht in seiner Leistung zu hemmen, ist er als reiner Ventilsackautomat auch nur vorwiegend für Ventilsäcke gebaut, gegenüber anderen Fabrikaten, die Kombinationen darstellen. Für offene Kreuzbodensäcke gibt es eine Bodenfalz- und Klebemaschine mit automatischem Deckblattaufkleber und mit Innenriegeleinrichtung, bezeichnet mit „Rotafalz“ (Tafel XIX/2). Die Maschine erzeugt mehrwandige bis sechsfache, oben offene, gut und schnell verklebte Kreuzbodensäcke. Der Innenriegel stellt eine mehrfache Sicherung gegen Füllgutverlust her und erhöht außerdem die Stabilität des Sackbodens. Den Patentanspruch hierfür besitzt nur die Firma Fischer & Krecke, Bielefeld.

Die „Rotafalz“ hat infolge ihrer sicheren, einfachen und vorzüglichen Arbeitsweise schnellen Eingang in die Papiersackfabriken gefunden. Durch die völlig rotierende Arbeitsweise wird eine wesentliche Leistungssteigerung erzielt. Die im Dauerbetrieb erreichte Leistung beträgt je nach Bodenart und Anzahl der Papierlagen 18 000 bis 22 000 Stück in der Schicht.

Das Bedrucken der Großbeutel

Der Druck erfolgt von Gummiplatten und mit Anilinfarben. Die Druckplatten sind meist 10 mm stark. Die Buchstaben werden nicht einzeln zusammengesetzt, sondern aus dem Gummi herausgeschnitten. Die Säcke können nicht nur auf einer, sondern auch auf beiden Seiten bedruckt werden, wenn das Druckwerk die doppelte Breite gegenüber der für einseitigen Druck vorgesehenen hat. Da der Druck am besten gelingt, wenn die Wanne, in der die Auftragswalze läuft, immer gleichmäßig gefüllt ist, wurde ein Füllgerät konstruiert, das automatisch die Höhe des Farbspiegels reguliert. Den gleichen Zweck erfüllt eine Einrichtung an den Klebestoffbehältern.

Zur Verbesserung der Haltbarkeit von Papiersäcken in dieser Richtung ist schon vieles unternommen worden, besonders das Papier betreffend. Ein bekanntes Mittel ist der Kreppapiersack. Neuere Methoden zur besseren Haltbarkeit von Papiersäcken werden erprobt. Zur Verwendung von Kreppapier zu Papiersäcken kann man mitteilen, daß stark gekrepptes Papier sich nur in Handarbeit zu Säcken verarbeiten läßt. Um maschinell Kreppapiersäcke herzustellen, kann man nur leicht gekrepptes Papier verwenden. Es ist festgestellt worden, daß bei Verwendung der bekannten Sackmaschinen bei Herstellung von Papiersäcken aus Kreppapier unter Erhaltung der Leistungsfähigkeit der Maschine eine Kreppung von höchstens 20 Prozent möglich ist.

Die Bedeutung des Großbeutels

Die Papiersäcke (Großbeutel) werden nicht nur für Zement benötigt, sondern auch in manchen anderen Industrien und in der Landwirtschaft für die Verpackung von Kalk, Gips, Thomasmehl, Superphosphat, Stickstoff, Soda, Mehl,

Zucker, Salz, Kohlen, pulverförmigen Farben und vielen anderen Schüttgütern mehr.

Die hygienischen Vorteile des Papiersackes sind offensichtlich. Außer vielen anderen Vorzügen bietet der Papiersack auch einen guten Gesundheitsschutz; denn man hat in allen Ländern das fast vollständige Verschwinden der durch den Zementstaub hervorgerufenen Erkrankungen der Augen, der Haut und der Atmungsorgane des Personals der Zementfabriken festgestellt; ebenso das Verschwinden der Zementkrätze. Es gibt aber noch andere gesundheitsgefährdende Stoffe als Zement, z. B. Thomasmehl und andere chemische pulverförmige Präparate, die bei Verwendung des Papiersackes jedoch ebenfalls beim Transport ihre Gesundheitsgefährdung verlieren.

Das Sackpapier — auch ein maßgebender Faktor für höchste Produktion

Natürlich muß auch der Kleber einwandfrei sein. Merkmale schlechter Papierbeschaffenheit sind zu feuchtes oder übertrocknetes, zu Schwielenbildung neigendes Papier. Durchschlagen des Leims gibt in der Schlauchmaschine Schwierigkeiten. Auch übergewichtiges Papier, abgesehen davon, daß sich damit weniger Säcke fertigen lassen, kann das Arbeiten beeinträchtigen. Es müssen daher alle leistungshemmenden Punkte beachtet werden, um mit den modernen Maschinen die zu erzielende Höchstproduktion zu erreichen und damit die Rendite der Papiersackhersteller zu garantieren und darüber hinaus die Verbilligung in der gesamten Wirtschaft zu erreichen.

Die Firma Fischer & Krecke stellt Großbeutel auch auf einer Kreuzbodenbeutelmaschine Modell *Nova 4* her, die die oben offenen Kreuzbodensäcke aus einer bis drei Lagen Papier in einem Arbeitsgang mit Bodendeckblatt versehen. Der größte Sack mißt bei der *Nova 4* 50 x 95 cm (Schlauchlänge 110 cm) und hat ein Fassungsvermögen von 50 kg. In den meisten Fällen, in denen für kürzere Transportwege dreiwandige Säcke genügen, ist diese höchst rationell arbeitende Maschine am Platze. Mit dieser *Nova 4* ist eine vollautomatisch arbeitende Großsackmaschine auf den Markt gebracht. Ihre Leistung beträgt bis 100 Stück/Min. Großbeutel für 50 kg Inhalt. Diese Maschine ist in ihrer Fertigung außerdem in weiten Grenzen verstellbar und kann Beutel bis herunter zu 3 kg Inhalt erzeugen.

Die Herstellung von Tragetaschen, d. h. von breiten, kurzen Beuteln kann auf der *Nova 4* nach Einbau der hierzu erforderlichen Sonderteile gleichfalls vorgenommen werden.

X. Kapitel

Großpapiersack-Maschinen

Die neueste Entwicklung auf dem Gebiet der Maschinen zur Herstellung großer Papiersäcke für Zement, Mehl, Zucker u. dgl.

Dr.-Ing. M. Gennerich, Lengerich/Westfalen

Die Entwicklung der Großpapiersackmaschinen wurde in den letzten Jahren maßgeblich durch zwei Faktoren beeinflußt: die Staffelschlauchmaschine hat sich entscheidend durchgesetzt, und der Großpapiersack konnte sich über sein klassisches Anwendungsgebiet als Zementsack hinaus neue Domänen erobern.

Die Vorläufer der Staffelschlauchziehmaschinen waren die sogenannten Querfasersackmaschinen, die von der Firma Windmöller & Hölscher schon vor etwa 30 Jahren gebaut wurden. Diese Maschinen verwirklichen die Idee, die Längsfaser des Holzes — die sich auf der Papiermaschine in Laufrichtung legt — in die Querrichtung des fertigen Papiersackes zu legen. Ferner konnte man auf diesen Maschinen schon seit Jahren an den Enden gestaffelte Schläuche herstellen. Diese Maschinen arbeiten auch heute noch in einigen Fabriken durchaus rentabel, jedoch sind sie für Neubauten uninteressant geworden, nachdem die modernen Schlauchziehmaschinen eine wesentlich größere Geschwindigkeit haben, ebenfalls gestaffelte Säcke machen können, und da die Fasern des Holzes im Papier auf modernen Papiermaschinen sich nicht mehr einseitig in die Längsrichtung der ablaufenden Papierbahn legen. Die Querfaserschlauchmaschinen zeigten aber bereits das Merkmal der Perforationen und bildeten so gewissermaßen einen Meilenstein auf dem Wege zur Staffelschlauchziehmaschine.

Die Entwicklung der modernen Staffelschlauchziehmaschinen wurde sowohl durch die Patentlage als auch durch den zweiten Weltkrieg behindert. Die Theorie der Anfertigung von Staffelsäcken auf Schlauchziehmaschinen ging von Amerika aus. Da man aber in diesem Lande riesige Investitionen für die Herstellung genähter Säcke vorgenommen hatte, zögerte man, die Produktion auf den Staffelsack umzustellen. Patentschwierigkeiten hätten auch damals durch Lizenzen ausgeglichen werden können, so wie es heute in diesem Lande der Fall ist.

Somit begann die eigentliche Produktion des Staffelsackes in Europa, und zwar erst zu Anfang dieses Jahrzehntes, um sich dann von hier aus stürmisch über den ganzen Globus zu erstrecken.

Die Vorteile des Staffelsackes sind offenbar:

1. Papierersparnis dadurch, daß die Überlappung je Lage nur etwa 2 cm beträgt, gegenüber einer Überlappung von etwa 4—5 cm im normalen, gerade abgeschnittenen Sack. Das bedeutet also 2—3 cm Papierersparnis je Lage. Ferner kann man auf das Bodendeckblatt verzichten, wenn man durch Einschnitte der äußeren Bahn einen bodendeckblattartigen Verschluß bildet.
2. Die Querklebung, die im gerade abgeschnittenen Sack erforderlich ist, um dem Boden überhaupt einen Zusammenhalt zu geben, ist im Staffelsack nur noch notwendig, um das Aufziehen der Schlauchenden auf der Bodenmachermaschine zwecks Bildung der Böden zu ermöglichen. Sie kann also aus punktförmigen Tupfern bestehen. Dadurch erhält der Boden weniger Kleister und trocknet wesentlich schneller als der normale Boden.
3. Durch die Verklebung jeder einzelnen Lage mit sich selbst wird der Boden erheblich stärker und zugleich auch elastischer, da ja weniger Kleister verwendet wird.

Diesen großen Vorteilen des Staffelsackes schien zunächst als Nachteil gegenüberzustehen die schwierigere Herstellungsweise der Staffelsäcke. Wie aber die Verbreitung der Staffelsackmaschinen zeigt, ist dieses Vorurteil überwunden.

Parallel zu dieser Entwicklung des Staffelsackes lief die Anwendung des Großpapiersackes auf neuen Gebieten. Während früher der Anteil der Zementsäcke etwa 70 Prozent betrug, liegt dieser heute nur noch halb so hoch, obwohl die absolute Zahl an Zementsäcken trotz der Beförderung in Silos nicht abgenommen hat. Die Produktion von Zement hat in allen Ländern erheblich zugenommen. Der Rückgang an Zementsäcken ist also nur relativ eingetreten, dadurch, daß neue, jetzt fast gleich wichtige Gebiete hinzugekommen sind, und zwar die Verwendung des Großpapiersackes für Kunstdünger und Nahrungsmittel (Zucker, Mehl, Futtermittel usw.).

Diese beiden Faktoren, das heißt, um es noch einmal zusammenzufassen, die Entwicklung des Staffelsackes und die neuen Anwendungsgebiete für Großpapiersäcke, mußten auch die Konstruktion der Maschinen beeinflussen. Der Zementsack ist ein verhältnismäßig einfach herzustellender Sack aus meistens 2 bis 4 Lagen, und die einzelnen Aufträge liegen zahlenmäßig angenehm hoch. Die neuen Anwendungsgebiete bringen größere Schwierigkeiten: die Aufträge sind kleiner, an den Druck auf den Nahrungsmittelsäcken stellt man höhere Anforderungen, die Kunstdüngersäcke sollen staub- und wasserdicht sein, und beim Abfüllen auf den Ventilpackern soll es schneller gehen, das heißt, die Füllrohre der Packmaschinen müssen einen größeren Durchmesser haben, dem wiederum die Ventile entsprechen müssen; die Bodenbreiten müssen also ebenfalls größer sein .

Allen Anforderungen sollen die modernen Maschinen genügen: sie müssen also vielseitig und leicht umstellbar sein. Eine Staffelschlauchmaschine muß ebenfalls gerade abgeschnittene Säcke machen können, sie muß den Kröpf- oder Sparschnitt ermöglichen, falls es beabsichtigt ist, aus besonderen Gründen Säcke abzunähen, und sie muß die Einrichtungen haben, um Seitenfaltenschläuche zu machen. Schlauchlänge und Schlauchbreite müssen schnell verändert werden können. Man hat durchweg heute Handrad-Verstellungen, die über Differentialgetriebe sowohl die Quer- und Längsklebung als auch das Schneidwerk und die Perforationen während des Betriebes regulieren können. Das Wichtigste bei einer Staffelsackmaschine ist aber das sogenannte „Stehen der Staffelung", das heißt, die Abstände zwischen den Staffelungen müssen während des Laufes der Maschine unbedingt gleich bleiben. Der Zugang zu den einzelnen Perforationsmessern, die bei Änderung der Sackbreite ausgewechselt werden, muß bequem sein, so daß man möglichst auch bei eingezogener Papierbahn diesen Wechsel vornehmen kann.

Die Anforderungen an den Druck sind erheblich größer geworden. Rasterwalzen, Metall-Klischeezylinder, Weiterlaufen der Farbwalzen während des Stillstandes der Maschine unter gleichzeitiger hydraulischer Abhebung der Klischeezylinder sind Selbstverständlichkeiten geworden.

Viel diskutiert wird zur Zeit die Frage, ob es richtig ist, die äußere Papierbahn in einem getrennten Arbeitsgang vorher zu bedrucken, oder ob es zweckmäßiger ist, das Druckwerk an den Anfang der Staffelschlauchmaschine zu stellen und mit der Hauptmaschine zu kuppeln. Es scheint, daß hier noch keine allgemein gültige Regel gegeben werden kann. Für höchste Anforderungen ist ohne Zweifel die separate Druckmaschine am geeignetsten; der Drucker kann seine ganze Aufmerksamkeit dem Druck zuwenden, was dem Maschinenführer einer Staffelschlauchmaschine mit gekuppeltem Druckwerk nicht möglich ist. Ferner bietet das Vordrucken die Möglichkeit einer besseren Ausnutzung der Staffelsackmaschine, ganz besonders bei kleinen Auflagen, wie sie häufig bei Nahrungsmittelsäcken vorkommen. Bleiben die Schlauchlängen bei verschiedenen Aufträgen gleich — wie es zum Beispiel bei Futtermittelsäcken häufig der Fall ist, wo nur die Aufschrift gewechselt wird —, so können die einzelnen Bahnen in der gleichen Rolle aneinandergeklebt werden und die Staffelschlauchmaschine kann ohne Stop durchlaufen. Die Verarbeitung vorbedruckter Papierbahnen macht es erforderlich, daß das Druckbild im Verhältnis zum Schlauchabschnitt durch eine Fotozelle geregelt wird. Diese Aggregate sind heute so allgemein in der papierverarbeitenden Industrie geworden, daß sie längst aus den Kinderschuhen herausgewachsen sind und dem Verarbeiter keine Kopfschmerzen mehr machen.

Bei nicht so großen Anforderungen an den Druck und normal großen Auflagen ist aber das mit der Maschine gekuppelte Druckwerk das Übliche. Um allen möglichen Entwicklungen gewachsen zu sein, haben einige Konstrukteure das gekuppelte Druckwerk gleich so vorgesehen, daß es jederzeit ohne besondere zusätzliche Kosten zu einem selbständigen, von Rolle auf Rolle arbeitenden Druckwerk umgebaut werden kann.

Von der Schlauchmaschine aus gelangen die Schläuche zur weiteren Verarbeitung zu den Bodenmachermaschinen. Es ist günstig, wenn die Schlauchmaschinen mit einer Doppelablage versehen sind, die die Schläuche gleich in abgezählten Paketen liefert, so daß sie vom Bedienungspersonal nur noch auf den Stapeltisch gelegt zu werden brauchen.

Für die vielseitige Verwendbarkeit der Bodenmachermaschinen gilt das gleiche, was von den Schlauchmaschinen gesagt wurde. Der Arbeitsbereich ist gegenüber früher erheblich vergrößert worden, entsprechend den Anforderungen, die man an die Ventilsäcke stellt. Fast alle Maschinen sind heute so gebaut, daß sie mit wenigen Handgriffen auf andere Sacklängen umgestellt werden können. Etwas langwieriger ist die Umstellung auf andere Schlauchbreiten und Bodenbreiten.

Eine grundsätzlich unterschiedliche Auffassung der Konstrukteure besteht in der Art der Bodenbildung und darin, ob diese Bodenbildung von oben oder von unten erfolgt. Die von unten erfolgende Bodenbildung hat den Vorteil der einfacheren Zuführung der Ventile und der Bodendeckblätter von unterhalb des Tisches. Die ganze Maschine erhält ein einfacheres Aussehen, da alle Organe durch die Außengestelle der Maschine verdeckt sind. Die Maschinen, die die Bodenbildung von oben haben, sehen auf den ersten Blick uneinheitlicher aus, sie haben aber den großen Vorteil, daß alle Organe gut zugänglich sind und — man sieht, was passiert! Die Arbeitsvorgänge der Bodenbildung und der Kleisterung können in ihrer Funktion bequem und zuverlässig überwacht werden, da sie im direkten Blickfeld der Bedienung liegen.

Fast alle Ventilbodenmachermaschinen werden heute mit automatischen Anlegern versehen, in die die Schläuche stapelweise eingelegt werden, um dann durch Sauger einzeln abgehoben und der Maschine zur weiteren Bodenbildung zugeführt zu werden.

Große Vielseitigkeit verlangt man heute von den Ventilen. Diese müssen als einfache Ventile oder als schlauchförmiges Ventil ausgebildet werden können und eine ausreichende Festigkeit bei der Beanspruchung in der Ventilsackfüllmaschine gewährleisten. Es muß auch möglich sein, sogenannte Taschenventile herzustellen, die für hygroskopische Füllgüter erforderlich sind und nach der Füllung eineen luftdichten Verschluß bilden.

Ferner müssen die Bodenmachermaschinen mit Bodendeckblatt-Apparaten ausgerüstet sein, die die Möglichkeit bieten, die Böden mit einem Verschlußblatt zu versehen. Die Ablage der Bodenmachermaschinen muß zugleich eine Pressung des Sackes bewirken, so daß dieser im fertigen Zustand die Maschine verläßt. Einen gewissen Prozentsatz in der gesamten Großpapiersack-Herstellung nehmen die offenen Papiersäcke ein, das heißt, die Säcke, die nur mit einem Boden versehen sind. Von den eben beschriebenen Ventilbodenmachermaschinen verlangt man, daß diese im Bereich ihrer Größenordnung auch Säcke mit nur einem Boden herstellen können. Die Säcke mit breiteren Böden jedoch — von etwa 18 bis 32 cm Breite — erfordern besondere Kreuzbodenbeutelmaschinen oder auch Klotzbodenbeutelmaschinen.

Diese letztere Maschine ist ebenfalls eine jüngere Erscheinung auf dem europäischen Markt, die besondere Bedeutung dadurch erhält, daß der Umsack sich auch hier einer immer größeren Beliebtheit erfreut. Durch seine ihm eigentümliche Form ist der Klotzbodensack dem Kreuzbodensack hinsichtlich der Standfestigkeit überlegen, was einen Vorteil sowohl bei der Füllung als auch im Aussehen darstellt. Während die amerikanischen Konstrukteure bislang eine Großpapiersack-Klotzbodenbeutelmaschine als komplette Maschine herausgebracht haben, haben Windmöller & Hölscher jetzt eine Klotzbodenbeutelmaschine für Umsäcke entwickelt, die lediglich eine Bodenmachermaschine ist, dem Gedanken Rechnung tragend, daß in den meisten Papiersackfabriken eine geeignete Schlauchmaschine zum Ziehen der Schläuche vorhanden ist.

Diese Abhandlung hat in kurzen Zügen den gegenwärtigen Stand und die augenblickliche Entwicklung auf dem Großpapiersack-Sektor umrissen. Der Großpapiersack hat in den letzten Jahren durch Eroberung neuer Anwendungsgebiete eine erhebliche Verbreitung gefunden, und er wird sich als „Einmal-Verpackung" weiter ausdehnen und sich auch in den bisher noch weniger industrialisierten Ländern durchsetzen. Es ist nur allzu typisch, gerade für diese Länder, daß diese, wenn sie sich einmal für den Papiersack entschieden haben, auch gleich zur modernsten Form des Großpapiersackes schreiten, zum Staffelsack.

XI. Kapitel

Rollenschneid- und Wickelmaschinen

Diese wurden konstruiert für die Verarbeitung von diversen Papieren ab 80 g/qm sowie für kaschierte Papiere, ferner für die Herstellung von Kassen- und Secase-Rollen. Ferner für Papierrollen mit kleinem Durchmesser. Auch an die Verarbeitung der Firmschreibrollen u. a. m. ist gedacht.
Das Gebiet des Schneidens und Wickelns ist in diesem Band aufgenommen worden, soweit es sich in dem Rahmen dieses Buches eingliedern ließ.
Gerade auf diesem Gebiet hat sich in letzter Zeit sehr viel getan in der Entwicklung von Rollenschneid- und Wickelmaschinen. Nachstehend folgen einige Beschreibungen dieser Spezialmaschinen.

1) Hochleistungs-Rollenschneid- und Wickelmaschine Modell „Rasanta“

Diese Maschine wurde für die Verarbeitung von diversen Papieren bis 600 g/qm sowie für kaschierte Papiere konstruiert. Hervorstechendes Merkmal der Maschine ist ihre niedrige Bauweise, die günstige Beobachtungsmöglichkeit der Materialbahn und eine handliche Bedienungsweise gewährleistet.
Die Scherenschnitt-Schneidpartie ist zusammen mit zwei Leitwalzen und einer Preßwalze im sogenannten Messerkopf gelagert. Dieser Messerkopf wird wie ein Wagen in zwei Gleitbahnen geführt. Die Preßwalze liegt mit einem stets gleichmäßigen Druck an der Aufwickelrolle an, und bei zunehmendem Rollendurchmesser gleitet der Messerkopf in horizontaler Richtung ab. Durch diesen stets gleichmäßigen Anpreßdruck, der durch die ideale Messerkopfführung erzielt wird, werden die Rollen von Anfang bis Ende sauber und mit stets gleicher Wickelspannung aufgewickelt. Je nachdem, ob klangharte oder weichere Rollen gewickelt werden sollen, kann der Anpreßdruck durch eine kleine Bremse verändert werden. Diese Messerkopfbremse ist mit einer Schnellspannvorrichtung ausgerüstet, so daß der Messerkopf nach Öffnen der Bremse spielend leicht in die Anfangsstellung gefahren werden kann.

Für die Verarbeitung von einseitig stärkeunterschiedlichen Materialien kann der Messerkopf durch eine Stellspindel entsprechend dem Material leicht schräg gestellt werden.

Als Aufwickelspindeln kommen vorzugsweise KAMPF-pneumatische Expansionsspindeln (DBP) zur Anwendung. Hierbei sind die Spannsegmente aus Gummi hergestellt, so daß sowohl Metall- als auch Papphülsen einwandfrei festgespannt werden können. Im übrigen können bei dieser Konstruktion der pneumatischen Expansions-Wickelspindeln die Papphülsen in der Maschine mit einem Hülsen-Durchschneidmesser auf die entsprechenden Schnittbreiten entsprechend zugeschnitten werden (Tafel XXIII/1).

Technische Daten:
Arbeitsbreite bis 1600 mm,
Schnittbreite ab 20 mm normal, ab 6 mm mit Trennvorrichtung,
Originalrollen-Durchmesser 1000 mm,
Fertigrollen-Durchmesser 1000 mm normal, mit Trennvorrichtung 600 mm,
Arbeitsgeschwindigkeit bis 500 m/min.
Sämtliche Lagerungen in Kugellager.
Automatische Abrollbremse mittels Tänzerwalze.
Auf Wunsch Ausrüstung mit KAMPF-elektro-hydraulischer Seitensteuerung.

2) Spezial-Rollenschneid- und Wickelmaschine Modell R. 7

Diese Maschine eignet sich für die Verarbeitung von Papieren ab 80 g/qm bis zu 500 g/qm. Neuartig hierbei ist die Be- und Entlastungsvorrichtung für den Messerkopf, der gleichzeitig als Druckregulator für die Wicklung der Fertigrollen dient. Die Be- und Entlastung, die bisher mittels verschiebbarer Gewichte vorgenommen werden mußte, geschieht nunmehr mittels zweier Verstellmotoren, die vom Bedienungsstand aus über eine Druckknopfkombination reguliert werden. Dadurch, daß die Verstellmotoren einzeln in Tätigkeit gesetzt werden können, ist außerdem die Möglichkeit gegeben, eine seitliche Gewichtsverlagerung des Messerkopfes zu bestimmen, was für eine saubere und einwandfreie Wicklung von außerordentlicher Bedeutung ist. (Tafel XXIII/2).

Technische Daten:
Arbeitsbreite bis 1600 mm,
Schnittbreite ab 20 mm,
Originalrollen-Durchmesser 1000 mm,
Fertigrollen-Durchmesser 800 mm,
Arbeitsgeschwindigkeit bis 400 m/min.

3) Spezial-Rollenschneid- und Wickelmaschine Modell T.W.3 K.

Diese Maschine wurde für die Herstellung von Kassen- und Secarerollen sowie speziell zur Herstellung von Papierrollen mit kleinen Hülsendurchmessern konstruiert. Demzufolge ist dieselbe als Tragwalzenmaschine ausgebildet, wobei die Aufwicklung zwischen zwei Tragwalzen und einer darüber gelagerten angetriebenen Druckwalze erfolgt. Die Druckwalze hat drei Abstützungen, wodurch ein Durchbiegen vermieden und eine saubere Wicklung über die gesamte Breite der Maschine erreicht wird. Die Belastung der Walze kann durch ein verstellbares Gewicht den verschiedenen Materialien angepaßt werden. Ferner hat die obere Druckwalze eine Parallelverstellung, die es erlaubt, bei stärkenungleichen Materialien die Druckwalze so einzustellen, daß ein seitliches Verlaufen der Rollen ausgeschlossen ist. Die Walze, die zum Rollenwechsel angehoben werden muß, bleibt in jeder beliebigen Lage selbsttätig stehen und braucht demnach nur um ein Maß angehoben werden, welches ein bequemes Auswechseln der Rollen ermöglicht.

Die Maschine hat eine automatische Kupplung für die Aufwickelspindel, verbunden mit einem Friktionsantrieb für die Aufwickelspindel. Beim Einschalten der Maschine und nach Ankleben des Materials um die Wickelspindel schalten sich automatisch Friktionsantrieb und Kuppelung für die Aufwickelspindel ein. Dadurch wird das Papier in Spannung gebracht, bevor die eigentliche Maschine anläuft. Erreicht wird durch diese Materialspannung ein schlupffreies Anlaufen der Maschine und ebenso naturgemäß eine bessere Wickelqualität am Anfang der Rollen.

Die Maschine ist geeignet zum Wickeln von Rollen mit und ohne Hülsen. (Tafel XXIII/3).

Technische Daten:

Arbeitsbreite bis 1250 mm, Schnittbreite ab 15 mm,
Originalrollen-Durchmesser 1000 mm, Fertigrollen-Durchmesser 300 mm,
Arbeitsgeschwindigkeit bis 200 m/min.

Folgende Zusatzeinrichtungen können vorgesehen werden:

1. Tänzerwalze zur automatischen Regelung der Aufwickelbremse;
2. automatische Ausrückung bei einer eingestellten Meterzahl;
3. automatische Ausrückung bei einem eingestellten Rollen-Durchmesser;
4. hydraulische Rolleneinhebevorrichtung.

4) Mehrbahnen-Rollenschneid- und Wickelmaschine Modell R. K. 3.

Diese Maschine ist ebenfalls nach dem Tragwalzensystem ausgebildet und ist speziell für die Herstellung von Fernschreiberrollen vorgesehen, und zwar erlaubt die Konstruktion der Maschine ein gleichzeitiges Ineinanderwickeln bis zu elfBahnen. Des weiteren ist die Maschine mit einem Signalstreifen-Druckwerk ausgerüstet (Tafel XXIV/3).

Technische Daten:

Arbeitsbreite bis 1000 mm, Schnittbreite ab 50 mm,
Originalrollen-Durchmesser 300 mm, Fertigrollen-Durchmesser 200 mm,
Arbeitsgeschwindigkeit 80 m/min.,
Abrollvorrichtung vorgesehen für max. 11 Abrollungen.

5) **Hochleistungs-Rollenschneid- und Wickelmaschine Modell R. K. W. 7. A.** Hier handelt es sich um eine Spezialmaschine, insbesondere zum Schneiden von Zigarettenpapier. Die Aufwicklung erfolgt auf zwei Wickelspindeln, wobei die Wicklung jeweils auf einem Tragzylinder erfolgt. Der Antrieb der Wickelspindeln erfolgt direkt über Gleichstrommotore, deren Drehzahlen während des Wickelvorganges entsprechend dem Anwachsen der Rollen-Durchmesser automatisch zurückreguliert werden. Der Anpreßdruck der Wickelspindeln auf die Tragzylinder, der das Maß der Rollenhärte bestimmt, wird pneumatisch geregelt (Tafel XXIV/1).

Technische Daten:
Arbeitsbreite bis 1450 mm,
Originalrollen-Durchmesser 1000 mm,
Fertigrollen-Durchmesser 500 mm,
Arbeitsgeschwindigkeit max. 400 m/min.

XII. Kapitel

Papierwaren in Vergangenheit und Zukunft

Wenn wir uns einmal in unseren Papierfachgeschäften umschauen, so müssen wir feststelen, daß wir im Laufe der letzten fünfzehn Jahre an Ideen und an Warenauswahl keineswegs ärmer sind als unsere Väter. Allerdings hat sich in der Gegenwart der Geschmack unserer Kundschaft verfeinert. Das Publikum ist anspruchsvoller geworden, kritischer. Es ist eine spürbare Wandlung in geschmacklicher Beziehung festzustellen.

Das kennen wir nicht mehr:

Die früher übliche Tischdekoration mit künstlichen, zum Teil auch mit Papierblumen, wurde weitgehend abgelöst durch frische Blumen. Die Darstellung auf den Tanzkarten wiesen entweder durch den Aufdruck „Tanzkarte", meist aber durch die bildlichen Darstellungen auf den Zweck hin, dem sie dienen sollten. Diese Tanzkarten waren ausgesprochene Luxusartikel; die raffiniertesten Ausführungen wurden oft am meisten verlangt. Es gab für Tanzveranstaltungen im engeren Kreis „dunnemals" sogenannte Tanz- bzw. Ballkarten, zum Teil in sehr geschmackvoller Aufmachung. — Die Industrie hatte für die Wohnung Blumentopfmanschetten im Vielfarbendruck hergestellt als Ersatz für die leicht verschmutzenden Krepp-Papiermanschetten aus den Blumengeschäften. Eine Fülle von gerahmten Haussegenssprüchen, oft mit sinnreichen Versen versehen, dienten einstmals als Zimmerschmuck. Auch ihre Zeit scheint vorbei zu sein.
Aber das blieb uns erhalten:

Die Papierserviette — bei uns ist sie zwar in anderer Gestalt zu haben als in den Fachgeschäften unserer Väter, aber beliebt ist sie heute genau so wie früher. Vielleicht hat sie heute sogar noch mehr Freunde, vor allem bei der heutzutage so beliebten zwanglosen Geselligkeit. Denn die Fröhlichkeit, die eine schöne bunte Papierserviette ausstrahlen kann, wird ja in der textilen Aussteuer der Gastgeberin im allgemeinen nie zu finden sein. Da legte man früher und legt man auch heute Wert auf schlichte Seriosität. Daher muß dort, wo es fröhlich zugeht, eben die fröhliche Papierserviette aushelfen.

Auch Tischkarten, vielfarbig hergestellt, zum Teil in reizend gestalteten Farben und Aufmachungen, zum Auf- bzw. Anstecken an ein Weinglas bieten dem Beschauer einen erfreulichen Anblick. Es gibt sie immer noch, diese kleinen Kunstwerke. Diese kleinen Dinge lassen Witz und Erfindungsgabe der Hersteller hinsichtlich ihrer Gestaltung erkennen.

Die Hauptsache: Briefbogen

Die Briefpapierverpackungen indessen brauchten kein fröhliches Auferstehen. Sie waren immer da und werden es auch bleiben. Eine reiche Auswahl von Papieren in Qualität und Farben hat den Engpaß gesprengt, der sich noch vor $1^1/_2$ Jahrzehnten auf jeden einzelnen von uns hemmend auswirkte. Papierausstattungen gehören zu unserem unentbehrlichen Kulturgut. Sie erfreuen nicht nur durch ihre abwechslungsreichen Formen und Ausstattungen, nicht in letzter Linie auch durch ihre verschiedenartigen Farbtönungen das Auge des Fachmannes sowie des Beschauers und Käufers.

Wie ansprechend und kaufanregend sind unsere heutigen Briefpapierpackungen, deren Zweck es ist, Papier und Umschläge vor äußeren Einflüssen und Beschädigungen zu schützen sowie Ordnung und Einheitlichkeit hinsichtlich Güte und Zahl des Inhalts zu schaffen. Die Ausstattung wurde mehr und mehr den künstlerischen Anforderungen der Zeit und dem herrschenden Geschmack angepaßt. Man kann sagen, daß gerade die Briefpapierpackungen ein Spiegelbild des Kunstgeschmacks „für den Hausgebrauch" sind, wobei selbst der Werbezweck des Herstellers gewissermaßen getarnt wird.

Als man später mit zunehmendem Umfang des privaten und geschäftlichen Briefwechsels auch spezielle Briefpapiere herstellte und verkaufte, wurden die Bogen und Umschläge zunächst auch nur stückweise abgegeben und dabei höchstens in einfache Papierbogen eingeschlagen, wobei auf besondere Kennzeichnung verzichtet werden konnte.

Heute sind wir daran gewöhnt, Briefpapier und Umschläge, mögen sie bedruckt oder unbedruckt sein, in verschiedenartig gestalteten Packungen zu erhalten. Die gebräuchlichsten Packungen sind Mappen, Kartons oder Kassetten. Alle diese Packungen enthalten jeweils eine Anzahl Bogen und Umschläge in verschiedenen Formaten und zuweilen dazu die passenden Briefkarten. Je luxuriöser die Packung, desto gewählter ist auch das sonstige Zubehör.

An der Herstellung von Briefpapierpackungen sind heute zwei Industriezweige, die Kartonagenindustrie und die Papierausstattungsindustrie beteiligt, die sich gegenseitig immer wieder neue Anregungen geben und unter Verwendung von maschineller und handwerklicher Arbeit neue Abwandlungen und verkäufliche Dessins schaffen. Viele technische Neuerungen gibt es auf diesem Sektor der Papierausstattungen nicht, dafür aber um so mehr Möglichkeiten der künstlerischen oder kunstgewerblichen Formgebung.

Sehr groß ist die Auswahl der Farbtönungen der Papiere. Wir wissen natürlich, was beigerosé, airblau (zu deutsch luftblau) ist. Lichtblau oder zartgrün sind Begriffe, die wir alle kennen, ebenso wie cognac, tabakbraun, distelgrün, wein- bzw. bordeauxrot, purpurrot und lavendel, mulattenbraun, mitternachtsblau.

Aber bei den Papiertönungen haben wir andere Begriffe als in der Textilmode. Ich erinnere dabei nur an die vielen Abstufungen der blauen Farbe. Dort sprechen wir auch von einem Pistolblau, Petrolgold bzw. Goldhavanna. Unsere fachliche Farbenskala ist so abwechslungsreich, daß sie wirklich für jeden Geschmack und jede Gelegenheit die passende Nuance bereithält.

So finden wir z. B. bei den Papierausstattungen braun getönte Papiere in hell- und dunkelbraun; auch mittelbraun ist ein Begriff, rehbraun, havanna — also tabakbraun, schokoladenbraun, kakaofarbig. Die verschiedenen Tönungen von Lila reichen von Hell-, Erika-, Dunkel- und Bischofslila. Zarte Pastellfarben wie lindgrün, moos, zartrosa, sandfarben werden vielfach bevorzugt. Giftgrün und meergrün liegen dagegen schon abseits, weil sie die Lesbarkeit der Schrift mitunter etwas beeinträchtigen.

Lassen wir es mit dieser kleinen Auslese aus der Welt der Farben genug sein und befriedigen wir unseren eigenen Farbensinn durch den Erwerb einer ausgefallenen Modefarbe als ein Glied in der Kette der Käufer dieser das Auge jedes Kulturmenschen erfreuenden Erzeugnisse unserer Papieraustattungswerke.

Die glatte Karte — zu Unrecht vernachlässigt

Die glatten Karten, die wir als Blanko-Vordruck- und Glückwunschkarten kennen, finden bei dem Publikum großen Anklang.

Die einfachste Form ist die unbedruckte Karte in den verschiedensten Formaten, die lediglich auf der Kreiskartenschere mit seitlich glatten Rändern geschnitten in verschiedenen Größen in den Handel kommt. Sie wird seltener von der Platte geschnitten, d. h. mit geformten Außenrändern. Zuweilen werden diese wohl auch farbig gestrichen, angespritzt oder mit irgendeinem Zierschnitt versehen. Doch nicht immer genügt diese einfache Beschaffenheit dem Käufer. Er wird dann solche Karten, welche irgendeine kleine Verzierung in Blind- oder farbiger Aufprägung zeigen, verlangen, um sie später in einer Druckerei mit selbstgewähltem Text versehen zu lassen.

Diese Karten sind sowohl für Reklamezwecke als auch für kurze Mitteilungen, Empfehlungen sowie handschriftliche Gratulationen für alle denklichen Gelegenheiten geeignet.

Die Flut der Wunschkarten

Durch Aufdruck eines passenden Textes und eines Mottos entsteht die *Schriftkarte*. Erfolgt die Aufbringung des Textes mittels Stahlstichprägung, so haben wir es immerhin mit den besseren Arten der Glückwunschkarten zu tun, deren Außenränder außerdem noch häufig mit einem Zierschnitt versehen werden. Diese Karten sind im allgemeinen preiswert. Geringere Herstellungskosten erfordern die unendlich vielen Glückwunschkarten, die in irgendeiner neuzeitlichen Drucktechnik, meist in Offsetdruck in hohen Auflagen und großen Bogenformaten hergestellt werden. Ihre Ränder bleiben entweder glatt oder werden mittels des Stanzeisens bzw. von der Platte zugleich oder gesondert beim Prägevorgang in den verschiedensten Formen ausgeschnitten. Gleichzeitig können beim Prägen auch noch irgendwelche Zierstücke, Ornamente u. a. blind mitgeprägt werden.

Soll die äußere Wirksamkeit noch weiter erhöht werden, so kann man einzelne Teile des Hintergrundes den jeweiligen zeichnerischen und dekorativen Formen und Darstellungen entsprechend ausschneiden und mit farbigen Papieren oder farbigen Stoffen hinterkleben.

Die Texte werden in solchen Fällen im Prägeverfahren nachträglich aufgebracht vermittels Relief- oder Tiefprägung. Die Karten können für die verschiedensten Zwecke hergerichtet werden, sofern nicht durch die gewählten Motive (Trauer- und Myrtenkarten) eine bestimmte Verwendungsart gekennzeichnet ist.

Die weitere Aufmachung dieser Karten in Form von Doppelkarten, d. h. Karten mit einem ein- oder mehrfarbigen Einlageblatt sowie eventuell auch mehreren Lagen solcher, die meist eingelegt bzw. eingeheftet oder noch durch Verwendung von seidenen Kordeln oder Bändern in der äußeren dekorativen Wirkung erhöht werden, ist besonders unter Fachleuten bekannt. Es sind die sogenannten Buchkarten .

Während die allgemein bekannten Postkarten durchaus eingeführt sind, gibt es in der Luxuspapierindustrie noch eine Reihe weiterer Erzeugnisse, die sich als bekannte und beliebte Verkaufsobjekte bewährt haben. Einige davon, die bekanntesten, sind eingangs erwähnt und besprochen worden.

Ausstattung, Farbenwahl, Form und Darstellung sind Mode- und Geschmackssache. Ebenso werden die aufgebrachten Texte den jeweiligen Zwecken entsprechend gewählt werden. Die Textmottos richten sich selbstredend nach dem Zweck der Karten als allgemeine, Geburtstags-, Neujahrs-, Oster-, Pfingst-, Weihnachts-, Konfirmations-, Verlobungs-, Hochzeitskarten, Geburts-, Tauf-, Einladungskarten für Haus, Familie, Sport und zu sonstwelchen besonderen Gelegenheiten. Da sich die Darstellungen nach dem Zweck der Karte richten müssen, ist eine zweckmäßige Anpassung zu einer bestimmten Verwendungsmöglichkeit erforderlich.

Während im allgemeinen die Blumenmotive vorherrschen, werden für Beileidskarten selbstredend nur schwarze Vignetten gedruckt oder auf weißen Karton gespritzt mit gleichfalls schwarz gedruckten oder gespritzten Rändern. Für die grüne Hochzeit finden grüne Myrten mit und ohne Ringsymbole, desgleichen für die silberne und goldene Hochzeit Anwendung, jeweils in der entsprechenden Farbe.

Die Nutzen der auf Schnellpressen hergestellten Symbol-Karten werden aus den Druckbogen (meist 61/86 oder 70/10) auf der Kreisschere in bestimmte Formate mit gratfreien Rändern geschnitten. Bei dem Steindruck erfolgt der Texteindruck wohl ausnahmslos in ganzen Bogen vor dem Schneiden der Nutzen.

Auch zu oft vergessen — die Besuchskarte

Die Besuchskarten, mit denen wir uns jetzt beschäftigen wollen, bleiben derzeitig an allen Seiten glatt. Wir wissen aus eigener Anschauung, daß vor einigen Jahrzehnten in großem Ausmaß der Goldschnitt Anwendung fand, indem nur die Ecken oder aber die Karten an allen vier Seiten damit versehen wurden.

Man hat einmal versucht, auf die Karte außer dem Namen des Überbringers als Repräsentant einer bestimmten Firma auch noch dessen Bild zu bringen in Form eines ausgestanzten und aufgeklebten kleinen Fotos. Diese Ausführung war keineswegs neu und ist sozusagen nur „aufgewärmt" worden, ohne dadurch Anspruch auf Wertbeständigkeit zu erheben. Es gibt einige Gründe, die für die Verwendung einer solchen Besuchskarte sprechen, andere sprechen aber dagegen.

Der Verkauf von Besuchskarten erfolgt meist nicht unter einem Mindestquantum von 50 bis 100 Stück; ein kleineres Anfertigungsquantum lohnt sich wegen der Herstellungskosten nicht. Der besseren Verpackung und Aufbewahrung wegen hat es sich eingebürgert, die Karten in Kartons zu verpacken, sofern der Besteller nicht ausdrücklich eine andere Verpackungsart wünscht.

Großer Beliebtheit erfreuen sich verzierte Kartons als Behälter, wofür besonders die Bijouteriewaren-Industrie einen Beweis erbringt. Die Verwendung von Leder oder dessen Nachahmung als Überzugsstoff solcher Kartons ist allgemein bekannt. Die Kartonagenindustrie verwendet gerne das weiße Glanz- oder Glacépapier sowie farbige Bezugspapiere, an deren Auswahl kein Mangel ist.

Menükarten — das „Werbemittel" des Gastgebers

Als Abschluß seien noch einige Worte über die Menükarten gesagt. Ein Geschäftsmann wählt erfahrungsgemäß eine möglichst einfache und zweckentsprechende Karte für die sogenannte „ortsübliche Reklame". Etwas anders eingestellt ist der Gastgeber, der sich bei seinen Gästen hervortun und zuweilen wohl auch seinen „gehobenen" Lebensstandard herausstellen will.

Die „Reklamekarten" des Gastgebers sind nun einmal die Menükarten. Auf ihnen will der Veranstalter weniger zeigen, wie weit sein künstlerisches Empfinden bei der Wahl der Karten reicht, sondern was er seinen Gästen an erlesenen Gerichten zu bieten vermag. Und wer zu einer gesellschaftlichen Veranstaltung Menükarten verwendet, der muß auch seinen Gästen das vorzusetzen bestrebt sein, was seine Mittel erlauben. Die Menükarte ist der „Magenfahrplan" für den Gast. Selbst die Schriftart für die angeführten Gerichte muß von hoher Warte gewählt sein, denn auch das Auge „ißt mit".

Wir finden unter diesen Sondererzeugnissen der Kunstanstalten hinsichtlich der äußeren Aufmachung durchaus seriös ausgestattete Erzeugnisse in den mannigfachsten Ausführungen nicht nur mit Bezug auf die äußere Form, sondern auch bezüglich motivlicher Gestaltung. Diese entlehnt ihre Motive vorwiegend der Natur durch die Wiedergabe seltener Blumen (meist Orchideen), zuweilen aber ist die Ausstattung ein Produkt der geistvollen Einfälle der gestaltenden Künstler und ihres zeichnerischen, phantasievollen Könnens.

Die verkaufsfördernden Aufgaben der Spitzenpapiere

Es gibt in der papierverarbeitenden Industrie wohl kaum ein anderes Verfahren, welches so oft und vielseitig Anwendung findet, wie die Prägetechnik. Die Handhabung des Prägens setzt eine große praktische Erfahrung voraus.

Die mit Prägungen versehenen Erzeugnisse der Papierverarbeitung werden bei den Abnehmern um so größeren Anklang finden, je mehr den Anforderungen der Käufer an der sachgemäßen Ausführung Genüge geleistet wird. Jede Technik zur Ausstattung der Erzeugnisse hat sich in den Grenzen der künstlerischen Voraussetzungen zu halten.

Es ist durchaus verständlich, daß jeder Fabrikant bestrebt sein muß, den von ihm hergestellten Erzeugnissen eine Ausstattung zu geben, die zum Verkauf anregt. Dadurch soll die Verkaufswirkung der hergestellten Erzeugnisse erhöht werden.

Es hat eine Zeit gegeben, während der die meisten Erzeugnisse der Luxuspapierindustrie zur größeren Wirksamkeit und somit zu einem erhöhten Verkaufserfolg mit einer Prägung herausgebracht wurden. Es gab nur wenige Artikel, deren Verkaufswirkung nicht durch die Prägung „gehoben" worden wäre.

Nicht in jedem Falle aber wird durch die Anwendung dieser Technik der Zweck erreicht, weil häufig zu viel des Guten geschieht. Vielfach liegt nämlich gerade in der Beschränkung der Mittel hinsichtlich der Ausstattungsmöglichkeiten eine verkaufsfördernde Wirkung.

Wir kennen in der Technik die Herstellung einer Plattenprägung (Relief) von Stahl- bzw. Messingstempeln; wir können aber auch von gravierten Walzen prägen und schneiden. Das letztere gilt für die allbekannten Spitzenpapiere, die als Standardverkaufsartikel bekannt und beim Publikum beliebt sind. Sie sind als kleine Meisterwerke der Papierkunst anzusprechen.

Die Erzeugung von Spitzenpapieren ist kein neuer Fabrikationszweig. Die rotationsmäßige Herstellung wurde vor etwa 50 Jahren in Deutschland entwickelt. Ein westdeutscher Fabrikant schreibt zu diesem Thema:

Verzierte Plattenunterlagen, ideenreich gemusterte Tassendeckchen, Königskuchenpapiere, Pralinen- und Gebäckkapseln sind Zeugen eines gediegenen Lebensstandards. So haben Spitzenpapiere in Deutschland auch nur in jenen Jahren seit der Jahrhundertwende eine Rolle gespielt, auf die Krieg, Inflation,

Arbeitslosigkeit und RM-Währung keinen Einfluß hatten. Um so größer aber ist die Bedeutung solcher Erzeugnisse in den sogenannten „normalen" Zeiten. Das Auge ißt mit, und — das Auge kauft mit. Bei der Wahl der Ware betrachtet der Käufer nicht nur den Verkaufsgegenstand, sein Blick erfaßt gleichermaßen den ganzen Rahmen des Dargebotenen. Das Anpreisen durch eine stilechte Verzierung ist demnach ein Teil der Verkaufswerbung.

So kurz in vielen Fällen die Lebenszeit der Spitzenpapiere ist, so beachtenswert ist ihre Bedeutung und so kompliziert ist die Herstellung dieser kleinen Kunstwerke. Es beginnt mit dem Entwurf. Die Musterungsmöglichkeiten sind praktisch unbegrenzt, ihre Vielzahl wird durch die Phantasie des Gestalters bestimmt. In Handarbeit werden von Teilstücken des Musters Schablonen hergestellt, die über die Walzengraviermaschine stückweise und maßgerecht auf die Walze übertragen werden. Nach der Pausvorlage schlägt der Graveur mit verschiedengroßen Punzen — kleinen, spitzzulaufenden Werkzeugen aus Werkzeugstahl — das Muster in die Ausfräsung der Stahlwalze. Jeder Schmetterling, jede Blume und jedes Karo müssen mit der Hand eingraviert werden und verlangen eine Vielzahl von Schlägen. Dabei ist äußerste Präzision Voraussetzung. Zwischen der Gravur wird die Walze verschiedentlich nachgeschliffen, weil das Schlagen zu Niveauunterschieden in der Rundung führt.

In der Rotationsmaschine läuft die gravierte Stahlwalze gegen eine Papierwalze, bis sich das Muster genau und tief genug übertragen hat. Erst dann beginnt die eigentliche Fertigung. Die Rotation „schluckt" die Papierrolle und liefert Rohdeckchen. Viele fleißige Hände befreien die Rohdeckchen von den gebliebenen Abfallresten. Am Ende des Produktionsvorganges präsentiert sich dann das Spitzenpapier in der ganzen Schönheit seiner Musterung.

In der Benutzung der früher wohl unentbehrlichen und so beliebten Küchenkanten ist inzwischen ein absatzmäßiger Rückgang, wenigstens im Inlandgeschäft, eingetreten.

Die derzeitige Wohnkultur hat sie nämlich in gewissem Sinne verdrängt, wie das Neue naturgemäß immer das Alte überrollt. Der „mehrstöckige Aufbau" der früheren Küchenschränke ist abgelöst worden durch das moderne, niedrige Küchenbüfett, das Verzierungen durch Küchenkanten im Innern unerwünscht und überflüssig erscheinen läßt. „Es wächst der Mensch mit seinen größ'ren Zwecken ..."

Torten-, Tablett- und Plattendeckchen, Teller- und Mokkadeckchen sind die gebräuchlichsten Spitzenpapiere. Sie alle sind immer eine Freude für das Auge.

In einer Berliner Abendzeitung fand ich einen interessanten Artikel über Kunststoffe als Ersatz für Papier:

„Wir besitzen heute bereits praktische und farbenfreudige Kunststoffe, und ich wage es auszusprechen, daß es eines Tages weiße bzw. wohl auch farbige Plastikdeckchen jeder Farbe, Form und Größe für Torten- oder Aufschnittplatten geben wird, die bisher ausschließlich aus Papier hergestellt wurden. Natürlich wird nicht nur die Preisfrage, sondern auch die Frage der Hygiene dabei eine Rolle spielen, wie wir es bei den Tempotaschentüchern contra Leinentüchern erfahren haben. Billigkeit und Zweckmäßigkeit zusammen spielen auch in der wirtschaftlichen Bilanz der Hausfrau eine entscheidende Rolle.

Den Kunststoffen bleibt ohnehin ein großes Absatzgebiet vorbehalten, denn aus keinem Material wurden bisher so hübsche Gebrauchsgegenstände gefertigt, die zugleich farbenfreudig und praktisch sind."

Es ist eigenartig, daß manche Erzeugnisse im Wechsel der Mode kommen und gehen, andere aber durchaus, allem geschmacklichen Wandel zum Trotz, sich halten. Spitzenpapiere, teilweise als Torten-, Fisch- und Plattenpapiere im Dienste geschmackvoller Tischdekoration stehend, werden hauptsächlich zum Schmücken der Kanten für Kartonagen, Bonbonnieren, Wäschepackungen usw., aber auch als Küchenkanten verwendet, wie bereits erwähnt. Sie werden in der Regel auf Walzwerken gearbeitet, die in ihrer Bauart den Prägekalandern ähneln. Das verarbeitete Papier ist gewöhnlich dünn, muß aber in sich festen Zusammenhalt haben, um den vielen, dicht aneinanderliegenden Schneiden standzuhalten.

Der wesentlichste Teil für die maschinelle Herstellung

Die Gravurwalze, ist eine mit Schneide- und Reliefgravierung versehene Stahlwalze, die durch Spezialgraveure von Hand nach einem Musterentwurf angefertigt wird. Bei Tortenspitzen normaler Größe erhält diese Walze die Schneide- und Prägegravierungen für jeweils ein Stück, während bei kleinen Deckchen und Dekorationsspitzen für Kartonagen und Küchenmobilar meist mehrere Nutzen auf dem Walzenumfang bzw. in der Walzenbreite unterzubringen sind.

Jede gewünschte Änderung der Spitzen in Größe und Form sowie im Dessin bedingt die Anfertigung einer neuen Gravurwalze. Da diese Walzen, im einzelnen betrachtet, nicht ständig und ausschließlich in Benutzung sind, liefern sie oft viele Jahre hindurch tadellos geschnittene und geprägte Spitzen.

Während man früher beim Arbeiten von einer gravierten Platte, sei es mit Bleihammer oder Walzwerk, nur mit Mühe einen sauberen Schnitt bzw. eine auffallende Prägung erzielte, stellen die heutigen Maschinen die Spitzenpapiere ausnahmslos in einem Arbeitsgang her. Unterhalb der Bleiwalzen läuft noch eine glatte Stahlwalze, welche die durch die Schneiden entstehenden Unebenheiten glattdrückt. Die Maschinen haben drei Arbeitswalzen, deren starker Druck gegeneinander das von der Rolle abgewickelte Papier schneidet und prägt. Gewöhnlich verarbeitet man je nach Stärke des Papiers zwei, drei oder auch vier Lagen gleichzeitig. Um die gemeinsam gestanzten und geprägten Papierbahnen wieder leicht auseinandernehmen zu können, hat man vor den Arbeitswalzen Streuapparate angeordnet, die Talkumpulver zwischen die Bahnen streuen.

Die mittlere der drei Walzen ist eine mit Schneide- und Reliefgravierung versehene Stahlwalze. Unter ihr läuft eine glatte Stahl- oder Bleiwalze, seitlich dazu eine Papier- oder Matrizenwalze. Die nach dem Talkumieren zu einer Bahn vereinigten Papierlagen passieren zum Herstellen des Durchbruchs die gravierte Stahl- und die glatte Unterwalze. Die Bahn läuft um die gravierte Stahlwalze herum, während sie von der Seite durch die relieferte Papierwalze angepreßt wurde.

Die auf der Maschine hergestellten Bahnen werden zu Rollen von etwa 100 m Länge aufgewickelt. Benötigt man, wie dies bisweilen der Fall ist, kürzere Streifen von etwa 1 m Länge, so erhält man diese unmittelbar durch einen an die Maschine angebauten Querschneider.

Es gibt Spitzenpapiermaschinen mit einem oder mehreren Druckwerken; diese bedrucken die Papierbahnen zunächst und prägen sie anschließend. Eine solche Kombination von Druck und Prägung ist bei Küchenkanten beliebt, die dann Häkelerzeugnisse nachahmen sollen. Bei Kuchenpapieren spritzt man zuweilen die Ränder in mannigfachen Variaten farbig an. So gibt es auch mit Silberbronze umrandete Papiere für Jubiläum, die für diesen besonderen Zweck hergestellt werden.

Für die Spitzenpapierherstellung kommt wohl nur holzfreies Zellulosepapier in Frage. Einmal haben die Papiere beim Lauf durch die Walzen hohe Spannungen auszuhalten, dann aber sollen selbst feine Spitzenmuster noch eine bestimmte Festigkeit aufweisen. Einige praktische Hinweise für die Herstellung mögen hier von Interesse sein.

Um die einzelnen Papierstreifen aus den Durchbruchstellen leichter entfernen zu können, läßt man gern die fertigen Streifen noch zwischen zwei mit langhaarigen bürstenhaltigem Plüsch überzogene Walzen laufen. Zum Ausschneiden der Durchbruchteile bedient man sich entweder der Unterwalzen aus Stahl oder einer Bleilegierung. Die Unterwalzen aus Stahl wendet man nur für Streifen aus Schirting und für Papierstreifen mit möglichst offenen Muster, z. B. Stickerei-Imitationen, an. Damit die Schneiden der gravierten Stahlwalzen nicht stumpf werden, sind sie zu härten. Handelt es sich um Papierspitzen mit Häkel- oder Durchbruchmustern, zieht man Walzen aus einem Blei-Antimon-Zinn-Gemisch zum Ausschneiden vor. Sie lassen sich nach Benutzung durch Umgießen unter Zugabe frischer Legierung wieder verwenden. Das Gravieren der Hauptwalzen erfolgt durch Spezialfachleute. Die Breite der Walzen richtet sich nach der Arbeitsbreite der Maschine. Sie ist aber wohl nur in seltenen Fällen breiter als 60 cm.

Torten- und Spitzenpapiere mit ringsherum abgegrenzten Mustern, die stückweise verkauft werden, fallen nicht einzeln aus der Maschine heraus, sondern werden durch Verbindungsstege zusammengehalten. Querschneider trennen dann diese Verbindungsstege durech, und die einzelnen Stücke werden von Hand genau nach Muster fest aufeinandergelegt.

Die Papier- und Matrizenwalzen bestehen aus hydraulisch zusammengepreßten, auf einen Eisenkern aufgeschobenen Papierscheiben, die an den Stirnseiten der Walze durch angeschraubte runde Eisenplatten festgehalten werden. Nachdem die Oberfläche dieser Papierwalzen glatt abgedreht wurde, läßt man die Papierwalze mit der gravierten Walze fest zusammenlaufen, wobei sich dann die Gravur der Stahlwalze in den Papiermantel eindrückt und somit die eigentliche Matrize bildet.

Größe, Form, Dessin und Prägung der Spitzenpapiere werden durch Musterentwürfe festgelegt. In der Regel erfolgt die Herstellung der Spitzenpapiere aus holzfreien, satinierten Zellulosepapieren von etwa 60 bis 80 g/qm in gebleichter oder auch ungebleichter Qualität.

XIII. Kapitel

Sondererzeugnisse der papierverarbeitenden Industrie

Papierwäsche und Papierkleider

Die Fabrikation von Papierwäsche, fast ausschließlich Hemd- oder Halskragen, Manschetten oder den heute wohl kaum noch anzutreffenden Vorhemden, war einmal ein sehr umfangreicher Industriezweig, allerdings auf eine kleine Anzahl Unternehmen beschränkt, dabei aber doch sehr ausgedehnt. Es sollen in einer einzigen deutschen Erzeugungsstätte allein täglich 100 000 Hemdkragen angefertigt worden sein. Papierwäsche besitzt bedeutende Vorzüge; sie ist blendend weiß, genügend fest, ohne je steif zu sein, nützt sich verhältnismäßig wenig ab, unterliegt aber schließlich den Einflüssen der Nässe und wird dadurch unbrauchbar — immerhin war sie gut an Stelle von Wäsche aus Geweben zu verwenden und erhielt sich auch immer im Gebrauch, solange der Preis sich unter oder gleich mit dem Waschlohn hielt. Insbesondere auf Reisen war die Papierwäsche ein ausgezeichneter Behelf und wurde auch vom besseren Publikum auf solchen gerne benützt, weil alle Unannehmlichkeiten des Waschens, das man ganz einwandfrei, namentlich in kleinen Orten, nicht immer verstand, vermieden wurden.

Ursprünglich kannte man nur reine Papierwäsche, d. h. Wäschestücke lediglich aus Papier hergestellt, bei denen insbesondere das leichte Ausreißen der Knopflöcher als Mangel empfunden wurde, den man dann dadurch beseitigte, daß man an der Stelle des Knopfloches einen ovalen Fleck aus Gewebe anbrachte und nachher erst das Knopfloch ausstanzte. Damit war das Zerreißen des Papiers, das ja verhältnismäßig leicht erfolgte, vermieden. Trotzdem man sich schon anfänglich bemüht hatte, dem Papier ein gewebeähnliches Aussehen zu geben, fand die Papierwäsche, die auch farbig und mit farbigen Mustern geliefert wurde, nicht die erhoffte Verbreitung, und man begann dann das Papier auf der Außenseite der Wäschestücke mit Schirting oder Musselin zu überziehen, wodurch das Aussehen und auch die Haltbarkeit wesentlich beeinflußt wurden. Man stellte die Wäsche aus Papier her, welches beiderseits mit Gewebe überzogen wurde, also Papier nur als Zwischenlage enthielt. Vermöge dieses Verfahrens wurden Produkte erzielt, die von Wäschestücken aus Gewebe schwer zu unterscheiden waren und sich im Gebrauch vorzüglich erwiesen; man hatte diesem Erzeugnis den Namen „Monopolwäsche" bzw. Stoffwäsche beigelegt.

Über die Herstellung weißer Papierwäsche werden folgende Angaben gemacht: Das Papier darf nur vom besten Material sein und kam in starken, rein weißen Bogen zur Verarbeitung. Zunächst wurde es mit einer schwachen Emailleschicht (Zusammensetzung aus Leimkreide und Permanentweiß) mittels Streichmaschine überzogen und dann im Trockenraum auf Gestellen ausgelegt oder an Schnüren aufgehängt. Durch Dampfheizung wurde eine rasche Trocknung erreicht und dann kam das emaillierte Papier zur Pressung, um es mit dem Leinenmuster auszustatten, damit das Papier die Struktur eines Gewebes zeigte und das Fabrikat der echten Wäsche ähnlich ausfiel. Diese Pressung, die sich als Naturselbstdruck darstellt, wurde in der Weise ausgeführt, daß ein feines Gewebe (Musselin von kräftiger, regelmäßiger Webart) glatt auf Metallplatten (Schrift- oder Letternmetall) aufgelegt wurde (auch aufgeklebt), das Papier kam zwischen zwei solche Platten und ein Stoß in dieser Weise zwischen so vorbereiteten Metallplatten liegenden Papierbogen wurde zwischen schwere Stahlwalzen hindurchgezogen. Statt dieser Methode konnte man auch das emaillierte Papier in endlosen Rollen über gravierte Stahlwalzen ziehen. Durch den Druck der Stahlwalzen preßte sich das Leinenmuster, der Leinenraster, dem Papier auf. Die nächste Aufgabe war, daß man dem geprägten Papier mittels rotierender, zarter Bürsten den erforderlichen Glanz gab, es also gewissermaßen polierte. Nunmehr kamen die Papierbogen, zu 70 bis 80 übereinandergeschichtet, zum Ausstanzen und wurden mit einem Druck die Formen gegeben. Man nützte auf die Weise die Bogen tunlichst aus und gab jeder derselben eine bestimmte Anzahl Kragen, Manschetten oder Vorhemden. Die erhaltenen Ausschnitte waren flach und ohne Knopflöcher. Mittels Maschinen mandelförmig aus Musselinbändern geschnittene Stoffstückchen wurden nun an die für die Knopflöcher bestimmten Stellen geklebt und dann die Knopflöcher ausgestanzt. Von besonderem Interesse dürfte ers zu erfahren sein, daß das Aufkleben der Musselinfleckchen, das Einpressen der die Nadelstiche nachahmenden Knopflochsäume, das Anbringen von Säumen auf der Außenseite der Wäsche, ja sogar das Falten und Signieren mit der Nummer usw. von einer Maschine besorgt wurde. In einem Formapparat wurde dem Kragen, der Manschette usw. noch die Rundung gegeben.

In ganz ähnlicher Weise wurde auch bei der Herstellung mit Gewebe überzogener Wäsche vorgegangen. Man konnte entweder unmittelbar starkes, vielfach aus Holzstoff mit Füllmitteln versehenes Papier oder dünnere Sorten nehmen, die dann aufeinandergeklebt wurden. Das Papier wurde dann in den erforderlichen Formen zu Kragen, Manschetten usw. ausgestanzt, hierauf Schirting ebenfalls in der gleichen Form, jedoch mit etwa 1/2 cm an allen Seiten breiter ausgestanzt, mittels besonderer Vorrichtung mit Kleister bestrichen, auf das Papier aufgelegt und das Ganze geglättet, damit sich Falten nicht bilden konnten. Die überstehenden Ränder des Gewebes wurden ausgelegt und auf der Rückseite des Papiers angeklebt. Wurden beide Papierseiten mit Gewebe versehen, so wurde dieses in der doppelten Größe gschnnitten, die Ränder am oberen Kragenteil ausgelegt und dann auf der Rückseite des Kragens aufgeklebt, wobei natürlich der schmale Stoffrand mitüberklebt wurde. Die Knopflochstellen wurden durch Aufkleben eines Gewebeovals, um jedem Ausreißen vorzubeugen, noch verstärkt. Nach dieser Manipulation folgte das Austrocknen in einer besonderen Trockenvorrichtung und dann das Ausstanzen der Knopflöcher. Hierauf wurden mittels Gaufrierwalzen die Gewebemuster noch ausgeprägt, die Nähte gepreßt und mit derselben Maschine oder anderer Vorrichtung auch Stickmuster nachgeahmt. Endlich wurden Kragen und Maschetten noch gerundet, erstere auch umgelegt oder die Ecken bei Stehkragen umgebogen.

Eine Anlage zur Herstellung von Papierwäsche stellte sich aus verschiedenen Maschinen zusammen. Es kamen in Frage: eine Bogenklebmaschine oder wenn es sich um einen Großbetrieb handelte: eine Rollenklebemaschine, sodann eine Bogenfärbmaschine mit Bogentrockenapparat, eine Bogenbürstmaschine zur Erzeugung des Glanzes, eine Gaufriermaschine, um die Leinennarbung hervorzuheben, ein Satinierwalzwerk und ein Dampfkochkessel zum Kochen der Stärke und der Farbe.

Des weiteren gehörten zum Betrieb Ausstanzmaschinen für Bogen- oder Rollenverarbeitung mit entsprechenden Stanzwerkzeugen.

Der Artikel Papierwäsche ist vielleicht im Augenblick weniger aktuell, und die Papierkragen, die man früher trug, dürften derzeitig etwas antiquiert erscheinen. Da es aber eine ganze Anzahl von Artikeln in der Papierwarenindustrie gibt, die nach mehr oder minder langer Zeit aus der Versenkung auferstehen, glaubte ich auf die Beschreibung der Papierwäsche im Rahmen dieses Buches nicht verzichten zu können.

Es ist immerhin interessant zu wissen, daß die Verwendungsmöglichkeiten des Papiers eine geradezu unbeschränkte ist.

So erschien 1956 z. B. ein aktueller Beitrag im „Telegraph", der sich mit dem „Anzug aus Papier" befaßte, unter dem Titel „K 2000 ist wasserdicht und unbrennbar". Ich lasse die Ausführungen des Interesses halber für die Leser dieses Fachbuches folgen mit dem Bemerken, daß der Redaktion eine Nachricht aus England zugegangen ist, der zufolge dort schon Abendkleider aus Papier fabriziert werden.

Über den Anzug aus Papier berichten die folgenden Ausführungen:

„Die Nachricht, daß eine Fabrik in Wisconsin (USA) die Herstellung von Papierkleidern begonnen habe, scheint doch über die Tagessensation hinaus Bedeutung zu haben. Dieselbe Fabrik hat in den zwanziger Jahren die Papierserviette und das Papiertaschentuch herausgebracht, die beide aus unserer Zivilisation nicht mehr wegzudenken sind.

Zunächst ist daran gedacht, aus dem neuen Papierstoff, der die Bezeichnung ‚K 2000' trägt, hauptsächlich Berufskleidung zu machen: Monteuranzüge, Malerkittel, Schürzen für Kellnerinnen und nicht zuletzt Krankenhauskleidung für die Patienten wie Pfleger und Schwestern. Das soll die erste Etappe sein, auf der sich die Vorzüge von ‚K 2000' bewähren können.

Diese Vorzüge bestehen nicht nur in den niedrigen Herstellungskosten und den entsprechend billigen Verkaufspreisen, die es gestatten, die Papierkleidung nach einer gewissen Gebrauchszeit einfach wegzuwerfen, weil die Instandsetzung und Reinigung ebensoviel kosten würde wie die Neuanschaffung; ‚K 2000' ist auch in besonderem Maße hygienisch und — strapazierfähig. Denn der Papierstoff besteht nicht nur aus Papier, sondern er bekommt durch Glas- oder Nylonfäden, die hineingepreßt werden, einen gewissen Halt. Die Beimischung bestimmter Chemikalien, in endlosen Versuchen erprobt, macht obendrein den Stoff wasserdicht und unbrennbar. Außerdem läßt er sich nach Wunsch färben und bedrucken.

Was besonders während des ersten Weltkrieges in der Welt bespöttelt wurde, nämlich die Schaffung von Papieranzügen in Deutschland, erweist sich nun als ein unbezweifelbarer ‚Fortschritt'. Es wird wohl niemandem einfallen, bei ‚K 2000' von ‚Ersatz' im schlechten Sinne zu sprechen."

Über eine weitere Verwendungsmöglichkeit, das Abendkleid aus Papier, war im „Abend", Berlin (Nr. 257 vom 2. 11. 60) zu lesen:

„In England sind die ersten Abendkleider aus Nylonpapier auf den Markt gekommen. Sie kosten umgerechnet nicht mehr als sechs bis zwölf Mark, werden knitterfrei zusammengelegt und sind dadurch so handlich, daß sie bequem in jede Tasche passen. Frauen, die die Verwandlung lieben, haben ungeahnte Möglichkeiten.

In Amerika ist die Entwicklung ähnlich weit. Dort sind Kleider und Mäntel aus gewebtem Papier auf dem Markt. Es sind Modelle, die mit Metallfäden durchschossen sind und so etwa den Eindruck von Brokatgeweben hervorrufen.

Die durch Kunstharz verstärkten Papierstoffe in Amerika können regulär genäht und sogar gebügelt werden. Sie sind oft gefüttert und haben in jedem Falle einen tadellosen Sitz, der sich von dem eines Wollstoffkleides nicht unterscheidet.

Was den Damen recht ist, kann den Herren billig sein. Der Smoking aus Papier ist zwar noch nicht da, aber bereits in der Entwicklung.

Wenn wir schon nicht staunen, so können wir uns über diese Entwicklung doch wenigstens freuen. Die Zeiten, in denen der ‚gute Anzug' zehn Jahre halten mußte, sind vorbei."

Bettdecken aus Papier

Es gibt in Betrieben der Papierverarbeitung verschiedene Hersteller hygienischer Papiererzeugnisse. Der vielseitigste Rohstoff Papier wird im Laufe der Zeit eine noch immer weit größere Verwendung finden.

Ich denke dabei z. B. an die Ärzte, die im Krankenhaus während einer Operation statt der Leinenkittel Papierkleidung tragen könnten.

Auch die Füße könnten in Papierschuhen stecken. Verschiedene andere Kleinigkeiten werden früher oder später einmal das teure Leinen ablösen.

Bettdecken aus Papier sind in ihrer Verwendung hygienischer als Wolldecken. Sie sind schneller zu erneuern und brauchen nicht gewaschen zu werden, sondern werden nach Gebrauch vernichtet.

In der Berliner Zeitung „Der Abend“ (Nr. 40 vom 16. 2. 61) wird über diese Papierbettdecken wie folgt berichtet:

> „Im Kampf gegen Infektionskrankheiten, die während eines Krankenhausaufenthaltes die Patienten befallen können, hat man in Schweden eine neue ‚Waffe‘ gefunden.
>
> Sie soll so wirksam sein, daß man schon jetzt damit rechnet, sie in nicht allzu langer Zeit in allen Krnakenhäusern der Welt anzutreffen.
>
> Es handelt sich einfach darum, daß man die bisher in den Krankenhäusern üblichen Wolldecken oder Federbetten gegen Decken aus Papier ausgewechselt hat.
>
> Der Gedanke, Bettzeug aus Papier herzustellen, ist nicht neu. Vor allem in den USA werden schon seit längerer Zeit Wäsche und andere Bekleidungsstücke aus Papier hergestellt. Allerdings stand bei Anwendung dieser Methode das Ziel im Vordergrund, der Hausfrau das Wäschewaschen zu ersparen. Der Gesichtspunkt der Hygiene war dabei sekundär.
>
> In einem Krankenhaus jedoch wird der Begriff ‚Hygiene‘ ganz groß geschrieben. Deshalb experimentierte man lange mit den Bettdecken aus Papier. Sie herzustellen, war verhältnismäßig einfach, problematisch war eigentlich nur, völlig staubfreie Papierdecken zu erzeugen. Das ist inzwischen gelungen. So hat jetzt das Krankenhaus in Nyköpping alle seine Wolldecken und Federbetten gegen Papierdecken ausgetauscht. Mit den bisher gemachten Erfahrungen ist man außerordentlich zufrieden.
>
> Als weiteren Vorteil der Papierdecken führt die Krankenhausleitung an, daß mit dieser Methode beim Herrichten der Patientenbetten sowie beim Umbetten von Kranken sehr viel Zeit eingespart wird. Diese Zeitersparnis wirkte sich auch finanziell aus, da der allgemeine Unkostensatz gesenkt werden konnte.
>
> Während man früher die Patientenbetten zumindest längere Zeit lüften oder gar desinfizieren mußte, wird jetzt die gebrauchte Papierdecke kurzerhand

vernichtet. Bei dem Experiment in Nyköpping hat man bisher Papierdecken in einen normalen Bettbezug eingezogen. Angestrebt wird, die papiernen Bettdecken so herzustellen, daß man sie ohne Bettbezug verwenden kann."

Oster- und Schultüten

Die Herstellung von Ostertüten ist ziemlich einfach und kann bei einigem guten Geschmack, der allerdings hierzu notwendig ist, ohne Maschine von jedem Buchbinder, von jeder Kartonagen- und Papierwarenfabrik besorgt werden. Die Hauptsache ist eben, wie bei allen anderen, dem Luxus dienenden Gegenständen, daß man immer wieder etwas Neues zu bieten sucht.

Nachstehend sei die zweckmäßigste und einfachste Herstellungsweise der verschiedenen Ostertüten beschrieben und auch einige Andeutungen zu neuer moderner Ausschmückung gegeben.

Die Herstellung der Ostertüte, die beliebig groß sein kann, geschieht wie folgt: Zunächst hat man sich eine Form aus Pappe zu bilden, über welcher die Ostertüten geschlossen werden. Man nimmt grauen oder braunen Lederschrenz und zeichnet den Viertelkreisausschnitt dreimal nebeneinander; schneidet ihn dann aus, rundet ihn und klebt das Ganze tütenförmig übereinander. Diese Form kann und soll man noch mit einem starken Packpapier überziehen, damit sie gehörig fest und für den Gebrauch widerstandsfähig genug wird.

Der eigentliche Zuschnitt, Mantel oder Grundbau zu einer Tüte wird an den geraden Längsseiten 1 bis 2 cm breit abgeschärft, damit der Schlußteil nicht zu stark aufträgt und sich nicht im Überzug unschön markiert. Zum Mantel der Tüte benutzt man in der Regel dünne, etwa 200er oder 250er Holzpappe; man kann indessen auch grauen oder Lederschrenz dazu verwenden und denselben vorher mit einem beliebigen Papier kaschieren. Nachdem man den Mantel gebildet, geht es an das Zurichten des Überzuges, der sehr verschieden sein kann. Man kann z. B. den Überzug ringsum in drei Teilen halten von verschiedenfarbigen, gut miteinander harmonierenden Papieren und demzufolge die Teile schneiden. Oder aber, man kann die Tüten auf der einen Hälfte mit dunklen, auf der anderen Hälfte mit hellen Phantasiepapieren überziehen und demnach den Überzug in zwei Hälften teilen. Es wird sich ferner immer empfehlen, auch den Mantel vor dem Zusammenschließen mit einer entsprechenden Vorzeichnung zu versehen, damit die Überteile richtig und passend aufgeklebt werden können .

Wie schon erwähnt, können diese Tüten in ihren Preislagen sehr verschieden gehalten werden; eben danach richten sich der Überzug und die Art der Bearbeitung. Eine verhältnismäßig billige, aber geschmackvolle Tüte ist erstmalig mit rahm- oder elfenbeinfarbenem Gelatinepapier überzogen. Die zungenförmigen Teile sind später aufzukleben. Man kann ferner diese Teile mit

Goldzacken ringsum bordieren, oder man kann die Teile auch glatt lassen. Der untere Teil kann mit einem zelluloidierten Bild, welches gleichfalls bordiert oder mit einem Goldornament versehen ist, ausgestattet werden. Die Tüte erhält der Billigkeit wegen eine Papiermanschette. Diese kann weiß oder bunt sein, ist oben mit dem Bogeneisen ausgebogt und mit dem Locheisen ringsum zur weiteren Verzierung ausgeschlagen. Nach dem Füllen der Tüte bildet diese umgeschlagene Papiermanschette den Verschluß .

Auf die an der Tüte angesetzte Papiermanschette ist wiederum eine Borde zu setzen, und zwar kann man recht wirkungsvoll Borden dieser Art, die immerhin 1 bis 1½ cm breit sein müssen, aus Goldkarton herstellen; man läßt die Streifen durch zwei schmalgeriefte Kreppwalzen laufen. Auch unten an der Tüte ist eine solche Borde anzubringen. Die Spitze der Tüte ist indessen für sich zu bilden, und das gilt auch für alle anderen Tüten; denn es wird selten und nur mit ziemlich viel Zeitaufwand gelingen, einen Tütenmantel aus dem Ganzen, d. h. mit einer tadellosen Spitze zu schließen. Aus diesem Grunde kommt es auch beim Schließen des Tütenmantels durchaus nicht darauf an, wenn derselbe unten stumpf, also offen ist. Bei einer billigen Tüte wird man eine Spitze schließen, die aus Schrenz oder dünnster Holzpappe geschnitten ist; diese Spitze wird mit geprägtem oder auch nur mit glattem Papier überzogen. Für bessere Tüten fertigt man eine Prägeform an, die man sich selbst herstellen kann, und prägt die Tütenspitzen aus dünnem Goldkarton. Diese Tütenspitzen kann man überdies auch als Christbaumtüte verwenden, indem man oben eine kleine Manschette von Seidenpapier und einen Henkel einklebt. Um diese Tütenspitzen bzw. die Kleintüten schnell schließen zu können, läßt man sich vom Drechsler ein Holz drehen. Der untere Teil bildet den Handgriff. Bemerkt sei noch, daß dieses Holz auch sehr praktisch zum Schließen von kleinen Christbaumtüten von bunter Gelatine ist und deshalb vielfach gebraucht werden kann. Das Ende des großen Tütenmantels wird nun, wenn es fertiggestellt, mit starkem Leim versehen und desgleichen die Tütenspitzen oben und beides dann zusammengesteckt. Nur auf diese Weise erhalten wir eine tadellose, spitz verlaufende Tüte.

Eine verhältnismäßig teuere Ostertüte sei wie folgt beschrieben. Die Teile werden besonders vorgezeichnet und mit einer halbrunden Pappwulst versehen; über diese Pappwulst ist Atlas in Puffen anzubringen. Der obere Atlasstreifen kann ein wenig breiter sein als der untere. Der Überzug ist aus Strohgeflecht, sogenanntem Bast, gedacht, und dieser kann mit einem gemalten Blütenzweig versehen sein. Der untere Teil ist Papier, und zwar Elfenbein- oder ein sonstiges zartes Papier. Der Beutel ist gleichfalls aus dem gleichfarbenen Atlas wie die Puffen gebildet und mit einem Zug bzw. mit Schnüren und Quasten versehen. Die Spitze unten ist aus Goldkarton geprägt. Die einzelnen Abteilungen bzw. Zusammenschlüsse der Überzüge sind mit breiten

Goldborten zu bedecken. Selbstverständlich kann man auch einen anderen beliebigen Überzug zu den Atlasfalten verwenden, und anstatt Atlas kann man auch die bekannte dünne Chinaseide in Frage ziehen. Die letztere Seide sei namentlich für kleinere Tüten empfohlen.

Eine weitere Anregung besteht, um eine Abwechslung in den Herstellungsarten zu bringen, in einer eckigen Tüte. Diese wird geritzt und kann aus zwei Teilen hergestellt sein. Der Überzug ist je nach Belieben zu wählen. Die Ecken werden bortiert, dagegen sind die Flächen mit runden oder ovalen Ausschnitten versehen, die mit weißem oder buntem Glanzpapier, das durchsichtig ist, hinterklebt sind, damit der Inhalt sichtbar ist. Man kann anstatt des Glanzpapiers auch Gold- oder Silbergaze verwenden sowie farbige Papiere, am besten im Stoff gefärbte Sorten, von denen es eine große Auswahl gibt. Auch Glacé-(Glanz)-Papiere werden sehr häufig verarbeitet.

Die Ausschmückung der Tüten kann äußerst vielseitig esin, und alle Arten und Sorten von Papieren und Stoffen haben Berechtigung zur Verwendung.

Schulanfangstüten

Schulanfangstüten sind, in der Form den Ostertüten „gleichgeschaltet", ein ausgesprochener Saisonverkaufsartikel für die Papierhandlungen anläßlich der jährlichen Einschulungen der ABC-Schützen. Kaum ein Kind tritt den ersten Gang in die Schule an ohne die obligate Schultüte. Für diese kleinen Erdenbürger ist verständlicherweise der Inhalt am verlockendsten. Uns interessieren indessen die Fragen der wirtschaftlichen Herstellung dieser Erzeugnisse, deren Größe sowie die Frage der geschmacklichen Aufmachung für diesen Sonderartikel der Papierverarbeitung.

Form und Farbe sprechen den Käufer in erster Linie an, wie bei jedem Erzeugnis. Die Größe neben der äußeren Aufmachung dieser Tüten ist ein gewisser Kaufreiz. Sie ist sehr unterschiedlich je nach dem Portemonnaie des Käufers. Das ist nicht immer gut zu nennen, denn hier schon kann leicht ein gewisser Neid aufkommen, weil die kleinen Jungen und Mädel mit scheelen Augen die Tüte in den Händen der anderen betrachten, nur weil sie vielleicht schöner, vor allem aber wesentlich größer ist. Sie muß ja schließlich nicht unbedingt bis an den Rand gefüllt sein mit Näschereien, denn diese brauchen ja nicht bis zum Ende der Schulzeit ausreichen.

Wenn behauptet wurde, daß sich schon Generationen über die Schulanfangstüten freuten, sei dazu die Bemerkung eines Sachkundigen erlaubt, der 1912 in Berlin eingeschult wurde. Damals soll es noch keine Tüten gegeben haben. Bei Einschulung seiner Kinder im Kriege gab es sie bereits - aber nichts zum „Reinlegen". In den meisten Fällen hält ein sechsjähriges Kind *sein* Geschenk für das beste. Viel entscheidender als die Größe der Tüte ist das Aussehen, da das Geschenk auf unsere Schulanfänger einen großen erzieherischen Einfluß ausübt und schon in der Geschmacksbildung richtungsweisend sein kann.

Die Schulanfangstüten sind etwas, worauf sich die Kinder lange freuen, doch ist es unerfindlich, warum es gar so viele Größen sein müssen, die jeweils beim Schulanfang vom Papier- und Schreibwarenhandel angeboten werden.

Eine einheitliche Größe ist kaum empfehlenswert, wobei einheitlich in der Größe nicht gleichzusetzen ist mit gleicher äußerer Aufmachung und gleichen Inhalt. Eine Einheitsgröße ist indiskutabel, aber wenn es davon über zwei Dutzend gibt, so erscheint mir das doch des Guten zuviel.

Sehr wesentlich ist die Frage der äußeren Ausstattung dieser Tüten. Im Laufe der Jahre hat sich mit Bezug hiermit viel Kitsch angesammelt, und ist es durchaus zu begrüßen, wenn hier einmal von maßgebenden Stellen Abhilfe geschaffen wird.

Unsere Gebrauchsgrafiker, die bestimmt nicht ideenarm sind, werden schon dafür sorgen, daß endlich einmal die überlebten uralten geprägten, auf die äußere Hülle geklebten Reliefbildchen verschwinden und dafür den neuzeitlichen Schöpfungen Platz machen, deren Motive schließlich auch Verständnis auslösen für schöne Bildwirkungen und so allmählich der Geschmacksbildung förderlich sind.

Aus der Industrie der Scherzartikel

Luftschlangen und Konfetti

Wir sind in den letzten fünfzehn Jahren wohl nur selten von Herzen froh geworden, aber trotzdem gilt die Devise: man soll die Feste feiern, wie sie fallen. Gründe zum Feiern gbit es sehr vielseitige, aber es gibt auch Traditionsfeste neben den kirchlichen Feiertagen, nämlich Festtage des Alltags, und zu diesen gehört Silvester und der Fasching.

Karneval rheinischer oder Münchener Prägung in Norddeutschland bzw. Berlin richtig heimisch zu machen, ist bisher noch nie so recht gelungen. Dafür wird aber Silvester nach Faschingsart gefeiert.

Es gibt eine Menge verschiedenartiger Fest-, Scherz- und Karnevalsartikel, die man bei diesem Anlaß benutzen kann.

Ähnlich wie das Kinderspielzeug kamen diese Waren früher vorwiegend aus Sachsen und Thüringen, wo sich ganze Familien, zum Teil in Heimarbeit, mit großer Handfertgkeit auf solche Dinge spezialisiert haben. Die Masken aus Ohrdruf in Thüringen oder die künstlichen Tannenzweige aus Neustadt in Sachsen galten als unerreicht. Früher bezog Berlin 80—90 Prozent seines Bedarfs an Fest- und Karnevalsartikeln aus diesen Gegenden. Auch heute gibt es für sie ein Interzonen-Handelskontingent.

Spezialitäten wurden und werden natürlich auch anderswo hergestellt. So kommen mechanische Scherzartikel und Zigeunerschmuck aus Nürnberg, Papiermützen, Girlanden, Knallbonbons aus Berlin, Luftschlangen aus Bayern sowie Schokolade-Scherzartikel (mit Senf, Salz oder Pfeffer) aus Hamburg.

Im allgemeinen hat sich die Standortverteilung gegenüber der Vorkriegszeit nicht viel verändert. Das kommt daher, daß auf diesem Wirtschaftsgebiet Neugründungen verhältnismäßig schwierig sind. Man braucht Facharbeiter, Spezialmaschinen, gute Rohstoffquellen und Kapital, das monatelang festliegt. Denn es handelt sich hier um ein ausgesprochenes Saisongeschäft. Im Frühjahr und Sommer werden die Aufträge hereingenommen, ab Oktober oder November wird geliefert, aber erst ab Januar kann kassiert werden. (Nach einer Veröffentlichung im Berliner Anzeiger Nr. 305 vom 21. 12. 50.)

Die nachstehenden Ausfühungen bringen eine Darstellung der Herstellung dieser Erzeugnisse.

Die Herstellung von Luftschlangen auf Rollenschneidemaschinen

Die Herstellung von Luftschlangen (Wurfrollen) erfolgt auf einer hierfür besonders geeigneten Rollenschneidmaschine, die von der Maschinenfabrik GOEBEL GmbH., Darmstadt, gefertigt wird und die Typenbezeichnung „WR 1" trägt.

Es handelt sich bei dieser Maschine um eine verbesserte und modernisierte Ausführung unseres in vielen Exemplaren gelieferten und demzufolge gut bekannten Modells „WR", welche sich in allen in Frage kommenden Abnehmerkreisen größter Wertschätzung erfreuen.

Den Verarbeitern ist damit eine Maschine an Hand gegeben, die höchsten Ansprüchen gerecht wird.

Das für die Herstellung von Luftschlangen zur Verwendung kommende Papier ist eine meist etwa 30—40 g/qm schwere holzhaltige, bereits im Papierstoff eingefärbte Ware, die je nach Erfordernis zu Luftschlangen in Breiten zwischen 7 mm und 9 mm geschnitten und aufgewickelt wird. Hieraus ergibt sich schon, daß das erforderliche Schneidwerkzeug mengenmäßig jeweils nach der vom Abnehmer gewünschten Bandbreite zusammengestellt werden muß.

Die Maschine ist in der Lage, Originalrollen, die normalerweise auf Papphülsen mit 70 mm Lochdurchmesser gewickelt sind, bis zu einem max. Durchmesser von 1000 mm aufzunehmen. Mit Hilfe zweier Spannvorrichtungen — in den meisten Fällen Konen — wird die Originalrolle auf der nach beiden Seiten verstellbaren Abrollstange fixiert.

Das Einführen der Papierbahn über die Leit- und Führungswalzen durch die Schneideinrichtung zur Aufwicklung kann einfach, bequem und schnell vorgenommen werden.

Die normale Serienausführung der Maschine sieht die Anordnung einer einfachen, von Hand verstellbaren Bremse, die von der Vorderseite der Maschine aus bedient werden kann, vor. Es ist jedoch auch möglich, die Maschine mit automatischer Bremse auszustatten.

Mit einer solchen Bremse wird automatisch eine konstante Spannung der durchlaufenden Warenbahn bewirkt. Eine Tänzerwalze kontrolliert die Spannung und gibt entsprechende Impulse an die Bremse. Eine Überwachung des Bremsvorganges durch das Bedienungspersonal während des Arbeitens ist nicht erforderlich. Beim Stillsetzen der Maschine arbeitet die automatische Bremse als Momentbremse, so daß kein Nachlauf der Originalrolle erfolgt.

Zur Standardausstattung der WR 1 gehört eine Durchmesser-Auslösevorrichtung, so daß es möglich ist, den jeweils gewünschten Rollendurchmesser vor Beginn des Schneid- und Wickelvorganges einzustellen. Auf Wunsch läßt sich eine Vorrichtung einbauen, die es ermöglicht, die Maschine nach Erreichen einer bestimmten, vorher eingestellten Bandlänge elektrisch stillzusetzen.

Die Ober- und Untermesserwellen werden durchgehend mit Messern besetzt, wobei sowohl die Ober- als auch die Untermesser dicht an dicht sitzen und auf den Wellen seitlich festgespannt werden.

Die Aufwickeleinrichtung arbeitet nach dem Prinzip der Umfangswicklung, d. h. die Wickelwelle mit dem auflaufenden Wickelgut wird durch zwei angetriebene Tragwalzen und eine gleichfalls angetriebene friktionierende Belastungswalze am Umfang mitgenommen.

Da beim Wickeln von Wurfrollen keinerlei Wickelkerne benutzt werden, ist es notwendig, eine Wickelachse zu verwenden, die einen einwandfreien Abzug der gesamten Wickelserie nach erfolgter Wicklung gestattet. In den meisten Fällen wird daher ein leicht konisch geschliffener glatter Stab verwendet, der ein leichtes Abstreifen der fertigen Röllchen garantiert, ohne daß es hierbei zu einem Ausziehen des Rollenanfangs kommt.

Die bekanntesten Wickelwellen-Abmessungen liegen zwischen 28 und 32 mm. Eine der wichtigsten Voraussetzungen für die rationelle Fertigung von Luftschlangen ist ein rascher Wickelwellen-Wechsel, d. h. eine schnelle Entnahme der Fertigrollenserie und das Einlegen eines neuen Wickelstabes. Diese unbedingte Notwendigkeit ist bei der Rollenschneidmaschine WR 1 konstruktiv bestens gelöst.

Nach Beendigung des Wickelvorganges wird die Belastungswalze, die während des Auflaufens der geschnittenen Bänder auf der Rollenserie aufliegt, von Hand oder mittels einer elektrischen Anhebevorrichtung abgehoben und die Fertigrollen zugeklebt. Der Wickelstab mit den Fertigrollen wird dann über die hintere Tragwalze auf eine Ablage ausgerollt.

Damit die geschnittenen Streifen sich nicht verschieben, ist der Wickelstab für die Folgeserie auf die beiden Tragwalzen bzw. die geschnittenen Streifen aufzulegen.

Durch eine Abreißschnur, die an der Ablage angebracht ist, werden dann die Streifen von den Fertigrollen getrennt und der Wickelstab mit der Wickelserie aus der Maschine herausgenommen.
Lose überstehende Streifen werden mit Hilfe eines Einlaß-Lineals zwischen Tragwalze und Wickelwelle eingeklemmt, die Belastungswalze wieder abgesenkt, und der Schneid- und Wickelvorgang beginnt von vorn.
In der Zwischenzeit werden die Wurfrollen von der aus der Maschine herausgenommenen Wickelachse abgestreift, verpackt und versandfertig gemacht.
Die Durchschnitts-Tagesleistung bei der Wurfrollenherstellung kann bis zu 60 000 Stück betragen.
Sehr vorteilhaft kann die Rollenschneidmaschine WR 1 auch für die Fertigung anderer Kleinrollen mit geringem Lochdurchmesser, wie beispielsweise Kassen-, Buchungsmaschinen- und Rechenmaschinenrollen, bis zu einem maximalen Durchmesser von 300 mm eingesetzt werden. Tafel XX/2 zeigt die Hochleistungs-Rollenmaschine WR 1.

Die Herstellung von Konfetti

Zur Verwendung eignen sich jegliche Papierabfälle, Ausschußpapiere, Restrollen usw. in Bogen oder Rollen. Die Papierbahn kann in mehreren Lagen verarbeitet werden.
Über einen Einführtisch wird die Papierbahn bzw. der Bogen von einem Vorzugwalzenpaare automatisch in die Maschine eingeführt und in ein Stanzwerkzeug geleitet, das mit auf- und absteigenden Punzen arbeitet. Das gestanzte Konfetti fällt in einen unter dem Stanzwerkzeug befindlichen Trichter und gelangt in eine rotierende Trommel, wo es entstaubt und entblättert wird. Die Mündung dieser Trommel reicht in einen Behälter (Kiste), in die das entblätterte Konfetti hineingeschleudert wird. Sodann wird es in farbige Pergamin-Spitztüten, Bodenbeutel oder in Säcke von Hand verpackt.
Die Durchschnittstagesleistung einer solchen Konfettimaschine beträgt, je nach Arbeitsbreite, 200 bis 360 kg.

Über den Ursprung der Papierkonfetti berichtet „L'Exportateur Français":

In Italien und Frankreich bewarf man sich auf den Faschingsfestzügen mit Körnchen aus Gips in Nachahmung von Zuckerwerk. Man nannte diese Körnchen Konfetti. Es kamen infolge dieser kleinen Wurfgeschosse häufig Unfälle vor, und um diese zu vermeiden, wurden im Jahre 1855 in Pau zuerst die runden Pappscheibchen, die aus dem Jacquardkarton ausgestanzt werden, an Stelle der Gipskonfetti verwendet. Erst im Jahre 1890 sah der Leiter der Pariser Vergnügungsstätte „Casino de Paris" auf dem Karneval in Mailand, daß die Gipskonfetti durch Pappabfälle ersetzt wurden, die in der Lombardei in großen Mengen beim Stanzen von kleinen Löchern in die Papptafeln gewonnen werden, die man für Seidenraupenzucht verwendet. (Durch die Löcher werden die Exkremente der Seidenraupen hinuntergefegt.) Dieselben

Abfälle verwendete der Direktor dann in seinem Pariser Vergnügungslokal. Ein Zuschauer meldete darauf schnell ein Patent auf eigens für Karnevalzwecke hergestellte Papierscheibchen an, das er sofort an einen Papierverarbeiter für das nette Sümmchen von 25 000 Frs. verkaufen konnte. Die Beliebtheit der Konfetti dauert jedoch nicht sehr lange, denn die Unsitte, daß man die bereits zu Boden gefallenen Papierblättchen noch einmal verwendete, machte sie unappetitlich und unbeliebt. Deshalb wurden zur Karnevalszeit Konfetti nur noch selten verwendet, und die Luftschlangen beherrschten das Feld.

Zigarren- und Zigarettenspitzen

Die Zigarren- und Zigarettenspitzen aus Papier verdanken nicht nur ihrem billigen Preise, sondern auch ihren vielen Vorzügen in hygienischer Beziehung ihre schnelle und allgemeine Einführung in allen Raucherkreisen. — Eine Papierzigarrenspitze wird meistens nur einmal oder nur wenige Male benutzt, im Gegensatz zu Spitzen aus Holz, Bernstein, Meerschaum u. a. m., die infolge dauernder, oft jahrelang ununterbrochener Verwendung richtige Bazillenbrutstätten und vielfach Träger von Krankheitskeimen werden. Eine Spitze aus Papier ist das denkbar sauberste und appetitlichste Rauchgerät.

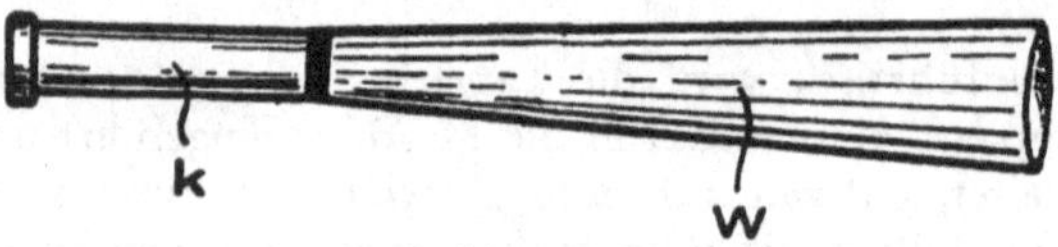

Abb. 23

Ihren Ursprung scheint die Papierzigarrenspitze in Österreich gehabt zu haben. Heute werden solche Spitzen in der ganzen Welt fabriziert. Auch in Deutschland gibt es eine Anzahl namhafter Fabriken, die sich ausschließlich mit der Herstellung von Papierzigarrenspitzen beschäftigen. Unter ihnen sind Betriebe mit mehreren Hunderten von Arbeitern und Arbeiterinnen und mit einer Tagesproduktion von weit über 100 000 Stück.

Zigarrenspitzen und Zigarettenspitzen unterscheiden sich im allgemeinen nur in der Größe. In der Art der Ausführung sind sie einander vollkommen gleich, so daß zwischen beiden nicht unterschieden werden soll.

Jede Zigarrenspitze aus Papier (Abb. 23) besteht in der Hauptsache aus zwei Teilen: dem sogenannten Wickel w aus Papier und dem Federkiel k, der das Mundstück bildet.

Der Wickel wird aus Papier über einen konischen Metalldorn von Hand gerollt, der Kiel wird in die Spitze des Wickels mit eingerollt. Der flache Zuschnitt hat die Form eines länglichen Paralleltrapezes (Abb. 24) und wird in Stößen aus Streifen auf der Schneidemaschine geschnitten. Die Zuschnittform entspricht dem mehrfachen Mantelabwickel des einen abgestumpften Kegel bildenden Wickels. Abb. 24 stellt einen solchen Zuschnitt dar; die Seite a—b bildet bei dem Wickel den inneren Anfang; an diese wird der konische Dorn, der zugleich das Kaliber für das Wickelinnere ist, angelegt.

Man verwendet für den Wickel gewöhnliche wohlfeile weiße oder gelbliche Papiersorten. Vor dem Wickeln wird der Zuschnitt (mit dem Pinsel oder auf dem Leimbrett) auf der einen Fläche mit Klebstoff versehen. Die Länge des Zuschnittes wird so bemessen, daß der fertige Wickel aus etwa zwei bis drei übereinandergerollten Lagen besteht. Die Höhe ist verschieden und richtet sich nach der Größe der herzustellenden Spitzen. Um diesen ein geschmackvolles sauberes Äußere zu verleihen, wird der rohe Wickel noch mit einem Papierüberzug umklebt. Statt den Kiel schon beim Wickeln mit einzurollen, kann man denselben auch nachträglich an die Spitze des Wickels ansetzen und kann mit dem Papierüberzug umkleben. Für den Papierüberzug werden bessere Papierqualitäten gewählt, insbesondere weiße oder farbige Glanzpapiere, die mit schwarzem oder oder farbigem Druck, vielfach mit Gold- oder Silberdruck kombiniert, ausgestattet sind. Mit Vorliebe wird auch für den Überzug echte oder imitierte Korkfolie, echtes Holzfurnier und Papier mit Holzmaserung benutzt, letztere Sorten, um im Aussehen der Spitze eine natürliche Holzspitze vorzutäuschen. Bei Wickeln, die mit unbedrucktem oder gemustertem Papier überzogen sind, bildet ein schmaler Reif aus Gold- oder Silberpapier meist den Übergang außen vom Wickel in den Kiel (Abb. 23). Bei bedruckten Überzügen ist dieser Reif durch gold- oder silbergedruckte Borte gekennzeichnet, die in gleicher Ausführung oft auch das andere (weite) Ende des Wickels außen abschließt. Die flachen Zuschnitte der Überzüge haben als einfache Abwicklung eines abgestumpften Kegels die Form eines hohen Paralleltrapezes (Abb. 24). Der günstigen Materialausnützung wegen werden aus den ein- oder mehrfarbig bedruckten Bogen geschnittene Streifen nach Abb. 25 auf der Schneidemaschine zerteilt; die schrägen schwachen Linien sind die Trennlinien. Bei zwei benachbarten Zuschnitten im Streifen ist daher der eine aufrecht, der andere umgekehrt bedruckt.

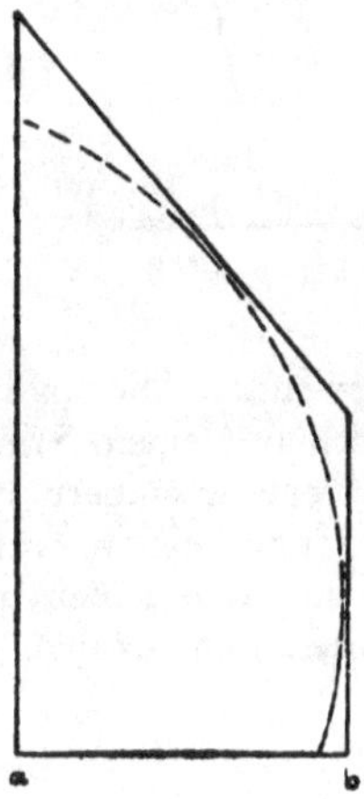

Abb. 24

Bei allen Massenartikeln spielt jedoch auch die geringste Ersparnis im verwendeten Material eine große Rolle: Da die zwischen der innersten Lage und dem Überzug befindlichen Lagen nicht sichtbar sind, verwendet man für diese oft ganz ordinäres Papier, vielfach sogar das bedruckte Papier alter Zeitungen.

Es werden dann gleich beim Wickeln zwei Lagen übereinander um den konischen Wickeldorn gerollt. Der Zuschnitt hat in diesem Falle die Form der Abb. 26. Das Stück a—b—c—d ist weißes Papier, wie bei Wickeln aus einem Stück. Es bildet die innere Lage und gibt somit dem Spitzeninnern ein sauberes Aussehene. Das Stück a—e—f—g aus ordinärem Papier bildet die mittleren unsichtbaren Lagen; es wird innen durch das Stück a—b—c—d und außen durch den Überzug verdeckt.

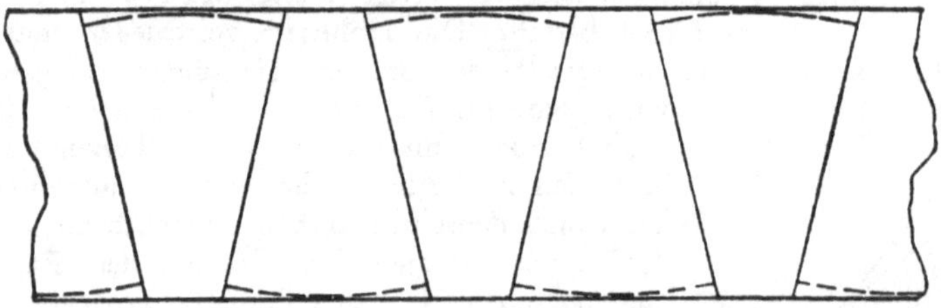

Abb. 25

Für das Mundstück werden Kiele von Gänsefedern verwendet. Die an den inneren Wandungen festsitzenden Markbestandteile werden mit einem Stierer herausgestoßen und die Kiele dann auf chemischem Wege gesäubert und gebleicht. Das als Mundstück dienende freie Ende wird nach einem früher patentierten Verfahren (daher die Bezeichnung Patentkiele) nach außen umgestülpt (Abb. 27). Es kann so die Spitze besser zwischen den Zähnen im Munde gehalten werden.

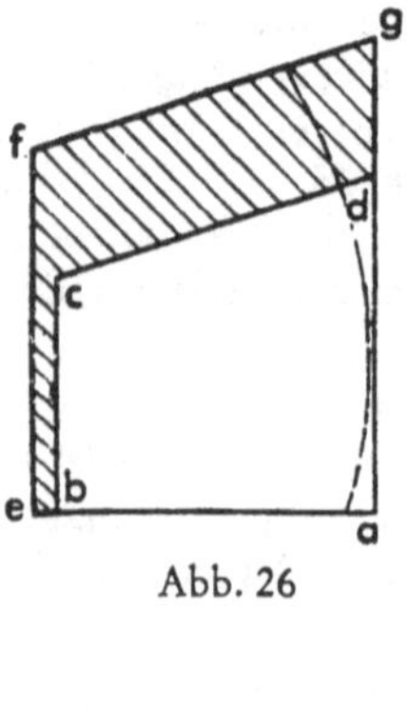

Abb. 26

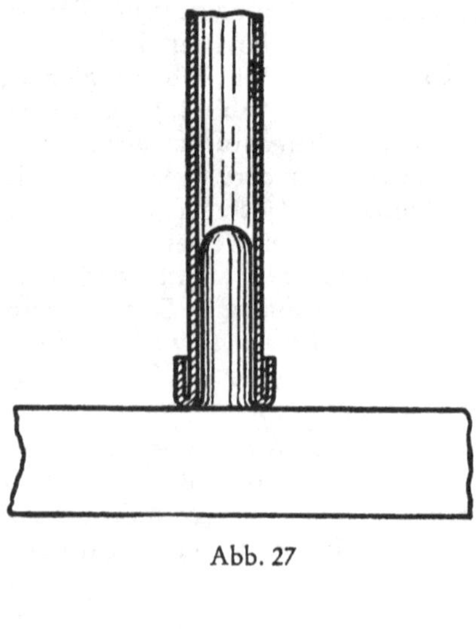

Abb. 27

Das Stülpen erfolgt auf einer mit einem Zapfen versehenen Platte. Die Platte wird erwärmt, der den Dorn umschließende Teil des Kieles wird durch die Wärme weich. Drückt man das Ende des Kieles nun gegen die Platte, stülpt sich der untere Rand nach außen um. Durch Variierung des Verfahrens kann man auch Innenstülpung und durch Wiederholung Mehrfachstülpung erreichen. Wenn der Wickel schon, nachdem er um den konischen Dorn gerollt ist, an seinem unteren (weiten) Ende eine senkrecht zur Spitzenachse verlaufende gerade Begrenzung erhalten sollte, müßte der Zuschnitt an seiner langen Seite bogenförmig begrenzt sein und das Wickeln um den Dorn müßte äußerst peinlich gehandhabt werden. Es würde dieses die rationelle Fabrikation sehr erschweren, deshalb schneidet man den unteren Rand gerade erst an der fertigen Spitze.

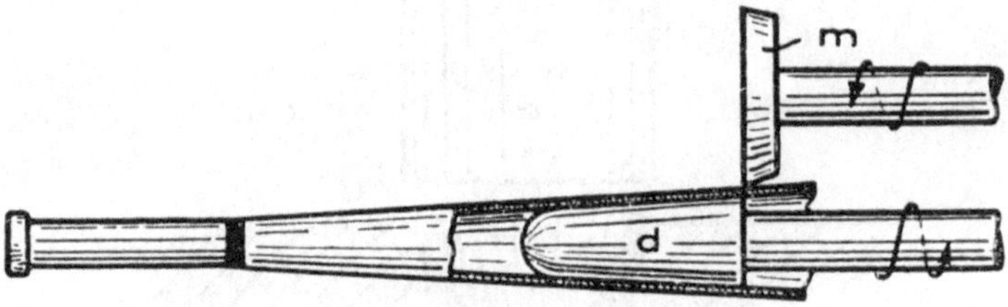

Abb. 28

Hierzu dient eine einfache Kreismesservorrichtung, die schematisch in Abb. 28 zur Darstellung gebracht ist. Die Spitze wird auf den Dorn d passend aufgesteckt. Der Dorn wie das Messer m werden in Drehung versetzt und durch Abwärtsbewegung des Messers wird der über die Schneidkante des Dornes d überragende Rand des Wickels sauber abgeschert.

Abb. 29

Der Dorn bildet auch hierbei wieder das Kaliber für den nach Format der Zigarre verschiedenartigen Durchmesser der unteren Spitzenöffnung.

Besonders genau in der Weite muß die untere Öffnung sein, wenn dieselbe mit einem Metallring eingefaßt wird, wie dies bei besseren Zgarrenspitzen beliebt ist.

Die Metallringe werden in der Hauptsache aus vernickeltem oder vermessingtem Zinkblech auf automatischen Pressen als Massenartikel hergestellt. Sie haben u-förmigen Querschnitt laut Abb. 29. Für das Andrücken an den Wickel werden kleine Fußtrittpressen benutzt mit einfachen Andrückerwerkzeugen. Ein solches stellt Abb. 30 dar. Der Ring wird auf die mit der weiten

Öffnung nach oben zur Hand genommene Spitze aufgelegt und diese in das Gesenk g eingesteckt. Der Andruckstempel a wird kräftig in das Gesenk eingedrückt und preßt den Ring fest an den Wickelrand an. Für jede Spitzenweite gehört eine besondere Größe Ringe und ein besonderes Andrückwerkzeug, welches in die Trittpresse bequem auswechselbar eingesetzt wird.
Wenn auch der Papierspitze durch ihren Verwendungszweck die einfachste kegelförmige Gestalt gegeben ist, so ist diese Gestalt doch bereits eine Nachahmung der früher verwendeten Zigarrenspitze aus Holz und anderen Materialien. Es werden aber außer den geraden auch gebogene Formen nachgeahmt, und zwar nicht nur stumpfwinklig, sondern auch spitzwinklig (pfeifenförmig) gebogene.

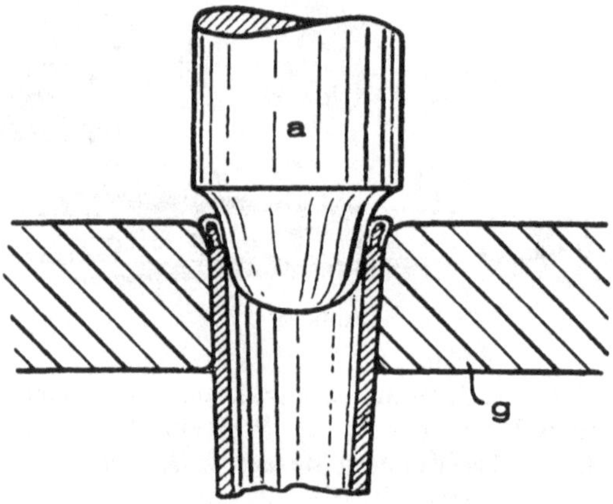

Abb. 30

Das Biegen ist ein einfacher Vorgang, erfordert aber eine gewisse Übung. Die Spitze wird zunächst, wie vorstehend beschrieben, *gerade* hergestellt, nur wird für den Wickel besseres Papier verwendet, weil bei dem Biegen das Papier in der äußeren Krümmung stark auf Zug beansprucht wird und bei ungenügend fester Qualität leicht reißen kann. Die Spitze wird dann auf einen konischen Gummidorn aufgesteckt, der ihr Inneres ganz ausfüllt, und in einem Handapparat mit einem zweiteiligen gewärmten Gesenk aus Metall krumm geprägt (Abb. 31). Die Gesenkteile o und u sind in ihrer Prägefasson so ausgearbeitet, daß sie die Krümmung der Spitze ganz umschließen. Die Wärme, welche man kurze Zeit auf die Krümmung wirken läßt, bedingt es, daß sie „Stand“ bekommt und ihre Bogenform dauernd behält. Noch sauberer werden solche gebogenen Spitzen, wenn sie nach dem Vorprägen auf einem Gummidorn noch auf einem gebogenen Metalldorn ebenfalls zwischen Gesenken nachgeprägt werden. Dieses Verfahren läßt sich jedoch nur bei solchen Spitzenformen anwenden, bei denen sich der gekrümmte Metalldorn in den bereits gebogenen Wickel der Spitze bequem einführen läß. Bei stark spitzwinkligen Krümmungen und bei Krümmungen, die nach dem Ende in ein längeres gerades Stück auslaufen, muß man auf das „harte" Nachprägen verzichten.

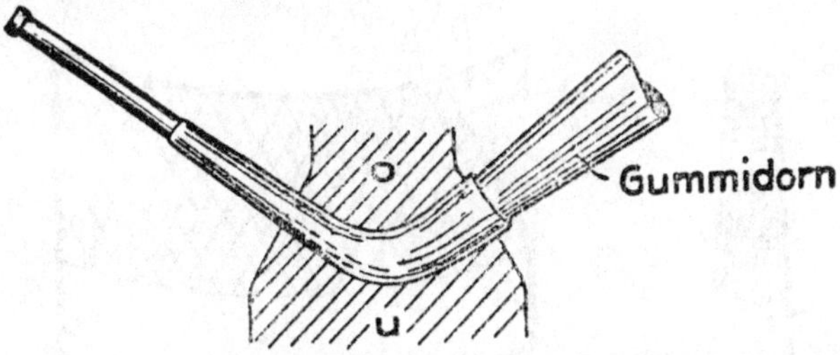

Abb. 31

Dieses Biegeverfahren ist durch DRP. geschützt. Ein anderes, ebenfalls patentiertes Verfahren besteht darin, in den zunächst gerade hergestellten Wickel auf einer besonderen Vorrichtung an der Biegestelle ringsumgehende Querrillen einzuprägen. Die Spitze, hierdurch elastisch geworden, läßt sich dann ähnlich wie ein Ofenrohrknie aus Schwarzblech in gekrümmte Form bringen. Die Rillen werden nun mit Harz oder Leim ausgestrichen, die nach dem Erhärten der gebogenen Spitze ihre Form erhalten. Um den Stand zu erhöhen, wird in das Innere der Krümmung noch ein in Bogenform ausgestanztes Kartonstück (C, Abb. 34) eingesetzt, welches in der Krümmung des Rohres innen gewissermaßen eine Mittelwand bildet.

Abb. 32

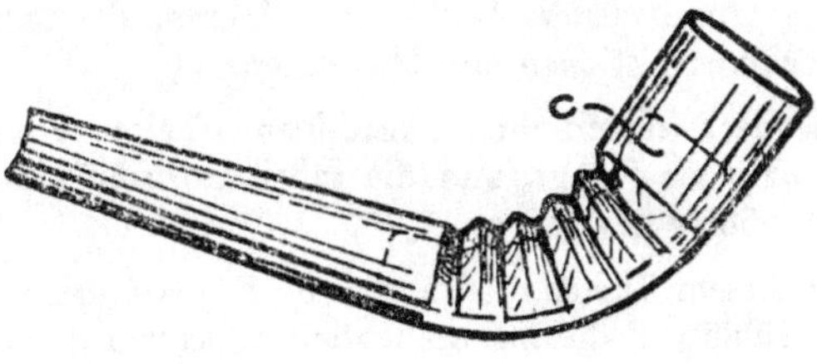

Abb. 33

Eine von der vorstehend beschriebenen wesentlich abweichende Papierspitze ist in Abb. 34 in verkleinerter Größe abgebildet (DRP). Sie wird als Zigarrenspitze benutzt und besteht nur aus dünnem weißen Papier ohne Kiel. Der Kiel ist gewissermaßen ersetzt durch eine Paraffinierung des oberen Teiles der

Spitze, die zugleich die übereinandergerollten Lagen zusammenhält. Ein besonderes Kleben oder Leimen erübrigt sich infolgedessen hier. Abb. 34 zeigt den flachen Papierschnitt dieser Spitze. Der Verlauf der Paraffinierung ist in demsleben durch Schraffur angedeutet. Der oben links befindliche schmale Lappen wird innen an der obersten engsten Stelle der Spitze mit eingewickelt und dient als Versteifung des Mundstückes.

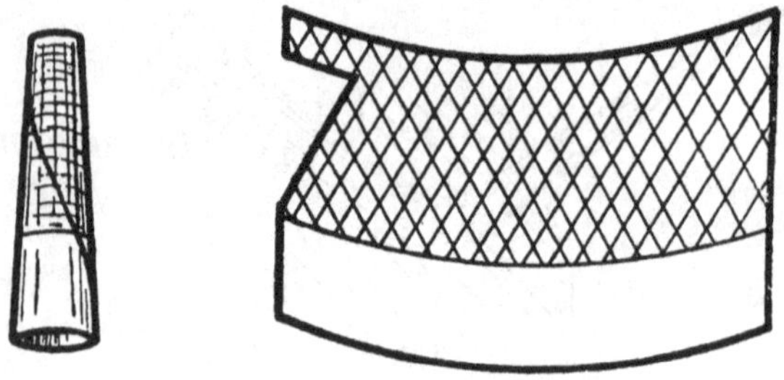

Abb. 34

In Vorstehendem ist der Versuch gemacht worden, die Fabrikation der Papierzigarrenspitze in den Hauptzügen zu skizzieren. Es würde zu weit führen, auf Einzelheiten und auf die unendlichen Variationen in der Ausführung einzugehen. Von der enormen Vielseitigkeit, die die Papierspitze in Form und Ausstattung zeigt, geben die umfangreichen Kataloge der einschlägigen Firmen ein beredtes Zeugnis.

Die Herstellung von Papierbechern

Die Herstellung dieser hygienischen Papiererzeugnisse hat im Laufe der Jahre eine grundlegende Änderung erfahren, die ihren Ausdruck findet durch die Neukonstruktionen von Maschinen.

Die derzeitig erbauten Maschinen arbeiten grundsätzlich nach einem anderen Prinzip als früher, und die fabrikatorische Leistung ist dadurch eine wesentlich höhere geworden.

Zu diesem Thema stellte mir die Firma Christian Majer KG, Maschinenfabrik in Tübingen, die nachstehenden allgemeinen Ausführungen zu diesem Thema zur Verfügung. Es werden auch in Deutschland heute wesentlich mehr Papierbecher verwendet, als dies vor dem Krieg der Fall war. Allerdings sind wir noch lange nicht auf dem Stand angelandt, wie Becher z. B. in USA und England verwendet werden.

In USA werden wesentlich mehr Becher verbraucht, weil es dort viel mehr Schnellgaststätten und Cafés gibt, in denen heiße und kalte Getränke in

Papierbechern ausgeschenkt werden — Heißgetränke speziell in zweilagigen Bechern und Kaltgetränke mehr in einlagigen Bechern —. In den Fabriken, bei Dienststellen, in Warteräumen und Büros sind drüben Getränkeautomaten aufgestellt, wo man, ähnlich wie bei einem Münzautomaten, Kaffee, Tee, Fruchtsäfte, Bier, Milch und andere Getränke in einen Papierbecher abgefüllt erhalten kann.

Um zu den von uns gebauten Maschinen zu kommen, möchten wir vorweg erwähnen, daß auf unseren Maschinen sowohl ein- als auch zweilagige Becher (2 Wickelungen) hergestellt werden können.

Der Boden wird grundsätzlich eingeklebt, und wir erhalten dadurch bei weniger Papieraufwand einen einwandfrei dichten Becher.

Die Konstruktion unserer Maschinen geht davon aus, daß zuvor bedruckte und gestanzte Zuschnitte zur Verfügung stehen. Die Zuschnitte werden im Stapel in die Maschine eingelegt, wo sie vollautomatisch bis zum fertigen Becher in Stangen gesteckt verarbeitet werden.

Die Bechermäntel werden auf einer Revolvermaschine mit achtfachem Revolver gewickelt und geklebt, um von dort automatisch der Fertigbearbeitungsmaschine zugeführt zu werden, in welcher wiederum automatisch der Klebstoff eingestrichen, der Boden eingesetzt, die Mundrolle gebördelt, das überstehende Mantelende an der Bodenseite umgeschlagen und verpreßt sowie die Sicke zur Aufnahme einer Bodenscheibe oder eines Schnappdeckels eingepreßt wird. An Stelle der Mundrollenbördelung nach außen kann die Bechermundöffnung auch nach innen eingeschlagen und flachverpreßt, sowie eine Horizontalrille eingesickt werden.

Beim Verlassen der fertigen Becher werden diese automatisch ineinandergesteckt und können bei Bedarf in Stangen mit einer gewissen Stückzahl abgelegt werden.

Der Boden wird von einer Papierrolle arbeitend in einer kleinen Presse gezogen und mit automatischem Transport der Fertigbearbeitungsmaschine zugeführt, wo er, wie vorbeschrieben, in die Bechermäntel automatisch eingesetzt wird.

Zum sicheren Lauf der Maschine sind Kontrolleinrichtungen vorhanden, wie z. B. eine Vorrichtung, die das Zuführen eines Bodens stoppt, wenn kein Bechermantel zutransportiert wird. Außerdem stellt die Maschine ab, wenn kein Boden kommt.

Die Maschinen sind seit der Automatisierung mit Zentralschmierung versehen. Besondere Vorzüge der Maschine sind:

Leichte, übersichtliche Verstellung auf verschiedene Bechergrößen, geringe Werkzeugkosten — die Wickelspindeln für die Bechermäntel sind z. B. so geschaffen, daß verschiedene Größen von Bechern auf einer Wickelspindel, die entsprechend länger gehalten ist, gewickelt werden können. Ist bei verschiedenen Bechergrößen der gleiche Boden vorhanden oder aber auch der gleiche Durchmesser für die Einfüllseite, so benötigt man nur die Hälfte der gesamten Werkzeuge.

Umstellung von einlagigen auf zweilagige Becher kann auf einfachste Weise in kürzester Zeit erfolgen.

Auf der Maschine können die verschiedensten Papiere verarbeitet werden, auch z. B. aluminiumkaschierte oder beschichtete Papiere (Tafel XXI).

Die Maschinenanlagen werden in zwei Größen gebaut, einmal für einen kleinsten Durchmesser von etwa 30—40 mm, größte Einfüllseite etwa 100 mm, während die größere Anlage erlaubt, auch Becher und Flaschen herzustellen bis zu einem größten Durchmesser von etwa 125 mm.

An diese Papierbecherherstellungsmaschinen angelehnt, werden heute auch Flaschenkapselmaschinen zur Herstellung von Wein- und Sektkapseln gebaut, die jedoch im Gegensatz zu den vorgenannten Maschinen von der bedruckten Folienrolle arbeiten und die Kapseln bzw. Alufolienbecher somit vollautomatisch von der Rolle weg herstellen.

In den nachfolgenden Ausführungen gibt die Firma Maschinenfabrik Rissen G. m. b. H. in Hamburg-Rissen eine sachgemäße Darstellung über die von ihr hergestellten Maschinen für die Papierbecherfabrikation.

Ich hoffe, daß sich die Leser meines Buches auf Grund der Darstellungen in diesen beiden Abhandlungen ein einigermaßen klares Bild über die Herstellung dieser wichtigen Erzeugnisse machen können.

Maschinen für die Papierbecher-Fabrikation

Von den USA ausgehend, hat sich der Verbrauch von Papierbechern für alle nur möglichen Zwecke als Verpackungsbecher, Trink- und Verkaufsautomatenbecher für kalte und heiße Getränke über die ganze Welt ausgedehnt. Diese Entwicklung hat dazu geführt, daß die Maschinen-Lieferanten, um den Bedarf decken zu können, Maschinen konstruieren, die gegenüber den Maschinen aus den Anfängen der Papierbecherfabrikation, die einen bedeutenden Anfall von Handarbeit erforderten, jetzt bei einem möglichst großen Ausstoß vollautomatisch bei geringstem Ausschuß arbeiten.

Die von uns für diesen Zweck gebauten Maschinen sind nach den drei unterschiedlichen Haupt-Arbeitsgängen gegliedert, und zwar sind diese:

a) Becher-Automaten
b) Druck- und Stanzautomaten
c) Automatische Paraffier-Anlagen

Als Leitmotiv für unsere Konstruktionen gilt die Devise:

weitestgehend vollautomatisch, höchste Leistung bei geringstem Ausschuß, möglichst wenig Bedienungspersonal.

A. Papierbecherautomat Modell „Cora"

Auf dieser in langen Jahren bewährten Maschine können einlagig gewickelte Becher mit größter Geschwindigkeit (bis zu 90 Bechern pro Minute) und höchster Präzision vollkommen automatisch gefertigt werden.

Bedruckte und gestanzte Segmente werden in Stapeln in das Magazin des Anlegers, der mit dem eigentlichen Automaten eine Einheit bildet, eingelegt. Die Segmente werden nun einzeln abgesaugt und durch ein Leimwerk geführt, in dem die Beleimung der später zusammenzuklebenden Seitenwand erfolgt. Der Leim wird in einem Fächer getrocknet, der im Arbeitstakt der Maschine weitergeschaltet wird und das Segment über Niederholer in die Rolltöpfe weitergibt, in denen das Segment gerollt wird.

Aus den Rolltöpfen wird das Segment in die Schließbecher gestoßen, vorzentriert und durch einen elektrisch beheizten und thermostatisch geregelten Schließ-Stempel heißgesiegelt.

Der nunmehr geklebte Becherkörper wird aus dem Schließbecher ausgehoben, durch einen Greifer erfaßt und gewendet und auf dem Haupttisch über einen der Becherform entsprechenden Konus gestoßen.

Bevor der Becherkörper über den Konus mit der Becheröffnung nach unten gestoßen wird, befindet sich auf dem Konus, durch Saugluft festgehalten, der fertig gestanzte und gezogene Becherboden. Dieser Becherboden ist im gleichen Arbeitstakt mit der Maschine von der Rolle gearbeitet worden, und zwar wird die Papierbahn über ein Feuchtwerk in das Boden-Stanz- und Ziehwerkzeug geführt, wo der Boden in einem Hub gestanzt und gezogen wird. Der Becherkörper mit dem Boden wird jetzt auf dem Konus zentriert und nun wird der Boden mit dem Becherkörper verbunden. Diese Verbindung kann auf zwei Arten erfolgen:

a) durch doppelte Ineinandersetzung, ohne Beleimung also mit einer Labyrinthdichtung. Dieses Verfahren ist vielfach üblich bei Bechern, die später paraffiniert werden, also für Margarine, Eiscrem, Honig, kalte Getränke usw.

b) durch Beleimung von dem gezogenen Rand des Bodens und dem entsprechenden Teil der Becherwandung, durch einfaches Umlegen und anschließende Verpressung.
Hierdurch wird der Becher absolut flüssigkeitsdicht, auch für heiße Getränke wie Kaffee, Fleischbrühe, Tee usw. Amerikanische Becherhersteller z. B. bevorzugen diese Art der Bodenbildung bei allen Bechern.

Gleichzeitig mit der Verpressen des Bodens wird die Mundrolle gebildet. Nunmehr wird der Becher von einem Greifer erfaßt und dem Sickenwerkzeug zugeführt, in dem durch expandierende Backen die Sicke (Deckelrille) gefertigt wird. Nach diesem Arbeitsgang wird der Becher aus dem Greifer in eine Stapelvorrichtung ausgestoßen. In der Stapelvorrichtung werden die Becher in der Horizontalen gestapelt und nach Erreichung der vorgesehenen Stückzahlen automatisch in einen Behälter ausgestoßen.

Das Modell ist natürlich wieder mit Zentralschmierung ausgerüstet und hat verschiedene Sicherheitsschalter sowie Vorrichtungen, die bei irgendwelchen Störungen die Maschine automatisch abschalten und gleichzeitig optisch die Störstelle anzeigen.

Zur Bedienung des Automaten genügt eine Frau bei einer Leistung der Maschine bis zu 90 Bechern pro Minute.

Durch Einbau besonderer Zusatzeinrichtungen ist es keine Schwierigkeit, Heißgetränke-Henkelbecher, Becher mit Inneneinschlag an der Öffnung (wie z. B. Langnese-Eiskrem-Bechern) oder auch Automatenbecher für kalte und heiße Getränke zu fertigen. Gerade die letzte Becherart erfordert höchste Präzision und absolute Maßhaltigkeit der Becher und besonders der Mundrolle, da die geringste Abweichung hier schon zu Störungen in dem Verkaufsautomaten führen kann (Tafel XXII/2).

B. Druck- und Stanzautomat Modell „Drusula“

Die in dem Becherautomaten verarbeiteten Seitenwandsegmente können in jeder Druckerei bedruckt und ausgestanzt werden, wobei allerdings zu vermeiden ist, daß die Segmente in Stapeln durch eine Brückenstanze ausgestanzt werden, weil der dabei an den Segmentkanten entstehende Grat zu Störungen bei der automatischen Fertigung der Becher führen könnte. Um aber unseren Kunden auch eine leistungsfähige Maschine bieten zu können, ist unser Druck- und Stanzautomat Modell „„DRUSULA“ auf Grund der immer wieder an uns herangetragenen Forderung nach einem Hochleistungsautomaten, der gleichzeitig im Gummidruckverfahren druckt und stanzt, entwickelt worden. Nachdem früher von uns ein Druck- und Stanzautomat für Trocken-Offsetdruck gebaut wurde, gingen wir nach gewissenhafter Marktforschung auf das Gummidruckverfahren (Flexographie) über, besonders da dieses Verfahren im Laufe der Nachkriegsjahre so weit entwickelt wurde, daß selbst hochgestellte Ansprüche an die Druckausführung befriedigt werden können.

Der Automat, der in zwei verschiedenen Typen (Modell R = 480 mm Arbeitsbreite, Modell S = 700 mm Arbeitsbreite) hergestellt wird, arbeitet von der Rolle. Die Papierbahn wird über einen Papierbrecher durch die Gummidruckwerke — es ist möglich, die Maschine für Zwei- oder Dreifarbendruck zu liefern

— geführt und von dort aus in das horizontal arbeitende Viersäulen-Schnittwerkzeug, in dem die Segmente ausgestanzt werden.

Der horizontalwirkende in einem Viersäulengestell sauber geführte Schnitt mit Stempel und Matrize hat verschiedene Vorteile: Höchste Präzision des Stanzvorganges und volle Ausnutzung der Papierbahnbreite für Stanzlinge, also je nach Format bis zu 100%ig abfalllose Stanzung, somit eine ganz erhebliche Papierersparnis.

Die Leistung der Maschine, die selbstverständlich mit Zentralschmierung ausgerüstet ist, beträgt 180 Hübe und mehr pro Minute und kann noch verdoppelt bzw. verdreifacht werden, wenn man mit einem doppelt- oder dreifach-wirkenden Stanzwerkzeug arbeitet, also zwei oder drei Stanzlinge in einem Hub bedruckt und ausgestanzt werden. Bei Scheibendeckeln ohne oder mit Zunge z. B. kann man ohne weiteres 5 Nutzen mit einem Hub drucken und stanzen. Nach dem Stanzvorgang werden die Segmente in eine Stapelrinne ausgestoßen, der sie in Paketen auch während des Arbeitens der Maschine entnommen werden können. Der Abfall wird zerkleinert und durch ein Förderband abtransportiert. Die Maschine hat zentrale Druckabstellung, d. h. die Farbwalzen laufen auch bei abgeschalteten Druckwerken und Schnittwerkzeugen weiter, die Farbwerke sind leicht zugänglich und der Druck ist übersetzbar (Tafel XXII/1).

Da die Werkzeuge auch zum gleichzeitigen Prägen und Rillen eingerichtet werden können, eignet sich der Automat nicht nur für das Bedrucken und Stanzen von Bechersegmenten und scheibenförmigen Deckeln, sondern auch für Faltschachteln.

Im Zusammenhang mit dem Druck- und Stanzautomaten Modell „DRUSULA" haben wir ein Klischee-Ausrichte- und Aufklebegerät „DRUKATOR" (D.B.P. angem.) entwickelt, das auch wenig erfahrenen Hilfskräften in kürzester Frist ermöglicht, Gummiklischees für jede beliebige Anzahl von Farben absolut registergerecht aufzukleben.

C. Automat. Paraffinieranlage Modell P 101 C „Parma"

Unsere automatische Paraffinieranlage Modell PARMA ist eine sorgfältig entwickelte Konstruktion, die nicht nach dem früher üblichen Tauchverfahren, sondern nach dem Sprühverfahren arbeitet. Alle Heizungen werden elektrisch betrieben und thermostatisch geregelt. Die Geschwindigkeit der Maschine ist stufenlos regelbar. Die Leistung der Maschine ist abhängig von der Größe der gefahrenen Becher, der Papierqualität und der geforderten Dicke der Paraffinschicht. Durchschnittsleistung 6000 Becher und mehr pro Stunde. Bei Bechern mit kleinen Dimensionen wie z.B. Eisbechern ist es möglich, die Maschine auch 3-bahnig zu fahren, wodurch eine Stundenleistung von etwa 10 000 - 12 000 Bechern erreicht wird.

Es werden je ein Becher links und rechts gleichzeitig auf die Führungsdrähte der Maschine von Hand oder durch eine automatische Zuführung gelegt, und Mitnehmerstangen der umlaufenden Mitnehmerkette transportieren die Becher zunächst in den Vorwärmraum, in dem die Feuchtigkeit dem Papier entzogen wird. Anschließend gelangen die Becher in den Spritzraum, wo die Becher je nach Erfordernissen durch Düsen oder Brausen von oben und unten oder nur von oben besprüht werden. Der anschließende beheizte Abtropfraum wird jetzt durchlaufen, und das überschüssige Paraffin tropft ab. Die Becher wurden mit der Öffnung nach unten in die Maschine eingelegt, und da sich im Becherboden ein kleiner Paraffinsee gebildet hat, wird am Ende der Maschine der Becher gewendet und läuft durch den unteren Abtropfraum zurück. Das in den oberen und unteren Abtropfkammern ablaufende Paraffin wird wieder dem unter der Maschine befindlichen Paraffinbehälter über Filter zugeführt, so daß nichts verloren geht.

Nach Passieren der unteren Abtropfkammer verlassen die Becher über einen Drehteller die eigentliche Maschine, werden auf ein Transportband geführt und passieren außerhalb der Maschine eine Luftkühlanlage, wo das Paraffin an der Luft getrocknet wird. Von hier aus gelangen die fertig paraffinierten Becher auf denPacktisch, wo sie kontrolliert und verpackt werden.

Wie oben beschrieben, kann die Paraffinschicht in verschiedenen Formen aufgesprüht werden, außerdem kann man die Dicke der Paraffinschicht noch durch die Veränderung der Temperatur in den thermostatisch beheizten Abtropfkammern und durch die Geschwindigkeit der Maschine (Länge der Abtropfdauer) zu jeder gewünschten Nuancierung regeln.

Da die Paraffiniermaschine vor Beginn der Arbeitsschicht meist automatisch eingeschaltet wird und ohne Aufsicht ist, wurde eine Feuerlöschanlage zur automatischen und Hand-Auslösung eingebaut, die alle Eventualitäten ausschaltet.

Ein besonderer Vorteil dieser Maschine ist die leichte Umrichtbarkeit von einer auf die andere Bechergröße, die in kürzester Zeit und ohne besonderen Umbau der Maschine vorgenommen werden kann. Es ist möglich, kleinste Papierbecher und Runddosen wie auch solche bis zu einer Höhe von 15 cm auf der Standard-Ausführung zu paraffinieren.

Weihnachtskrippen

„Alle Jahre wieder kommt das Christuskind"

Dieses Verslein kennen wir noch aus unserer Kindheit und alle Jahre wieder, wenn der Dezember naht, kommen sie auch wieder zum Vorschein - die Weihnachtskrippen.

Wenn sie sich auch in Ausstattung und Größenverhältnis im Laufe der Jahre verändert haben, so sind sie im Prinzip als begehrter Weihnachtsartikel jetzt wie einst nicht fortzudenken in Familien, in denen Kinder sind, die noch an den Weihnachtsmann glauben . . .

Es sei in dieser Abhandlung einmal der Weihnachtskrippen gedacht, deren Herstellung teils in offener, teils in geschlossener Form vor sich geht. In gleicher Weise, wie sich der Aufbau von Modellierbogen vollzieht, erfolgt auch die Herstellung der Gruppenbilder (Weihnachtskrippen u.a.) . Diese Artikel werden gleich in der Fabrik zusammengebaut und kommen demnach gebrauchsfertig in den Handel.

Für diese industriellen Artikel kommt nur der Vielfarbendruck in Frage. Früher war es der Steindruck, der dominierte, heute hat der Offsetdruck das Erbe angetreten. Die verschiedenen Größen werden zu einem Auflagenbogen zusammengestellt. Da die Drucklegung aller Arten und Größen stets nach der gleichen Druckskala erfolgt, so können auch, soweit Raum auf dem Bogen ist, alle erforderlichen Teile zusammen gedruckt werden. Da einzelne Teile jedoch nur wenig Farben erfordern (wie Fußboden, Rückwände usw.), so werden diese am zweckmäßigsten gesondert gedruckt, wobei auch gleich ein Untergrundkarton in richtiger Stärke genommen werden kann, während die Vorder- und Seitenwände je nach Verwendungszweck bzw. Größe der Aufstellkarte meist verschieden stark hinterklebt werden. Zu einer solchen Aufstellkarte sind erforderlich:

Die Vorderkulisse, zwei Seitenkulissen, ein Dach, eine Rückwand, Vorstellkulissen je nach Art der Aufmachung sowie die erforderliche Anzahl Gruppenbilder, Einzelfiguren und Dekorationgegenstände, welch letztere wohl ausnahmslos besonders hergestellt werden, da sie meistens auf einem Karton gedruckt werden, der ein nachträgliches Verstärken durch Hinterkleben mit Papier oder Pappe nicht erforderlich macht.

Die Vorder-, Seiten- und Rückkulissen bestimmter Größen - jedes Modell wird in durchschnittlich vier Größen gedruckt - werden vielfach besonders gleich bei der ersten Auflage auf einen festen Karton gedruckt, der ein nachträgliches Verstärken nicht mehr erforderlich macht. Der Karton muß jedoch in der Stärke so beschaffen sein, daß er dem Schneiden der Platten keinen Widerstand entgegensetzt und vor allem ein leichtes Umbiegen der Fälze ermöglicht, ohne daß diese abbrechen.

Wir werden uns jetzt mit dem Zusamenbau einer solchen Krippe näher zu beschäftigen haben. Das nachtsehend Gesagte gilt überhaupt für alle Arten komplizierter sowie mechanischer Karten. Wir betrachten als vorliegend das Original des Künstlers, da ja für alle diese Artikel die maltechnische Vorlage zugleich die Grundlage ist für die weitere produktive Auswertung. Nach diesem Original wurde früher die Lithographie hergestellt, d.h. die Möglichkeit geschaffen, Vervielfältigungen herzustellen. Bekanntlich ist das erste Stadium der Lithographie die Herstellung der Kontur. Die Kontur erhielt der Mustermacher, Buchbindermeister oder wer sonst für die technische Bearbeitung der Artikel verantwortlich zeichnet. Um die erforderliche Festigkeit der einzelnen Teile zu erzielen und ein nachträgliches Verstärken durch Hinterkleben zu vermeiden, wird die Kontur gleich auf Karton abgezogen, wobei es gleichgültig ist, ob dieser gleiche Karton auch für die Ware Verwendung finden soll oder nicht. Er soll zu nichts weiter dienen, als den einzelnen Teilen für die Veranschaulichung zu ihrem weiteren Verwendungszweck den nötigen Halt zu verleihen. Ist die Kontur vorhanden (bzw. die Konturen, da zu jeder Aufstellkarte mehrere Teile erforderlich sind), so werden diese vermittels der Schere oder eines Messers, dicht an den äußeren Umrissen einsetzend, ausgeschnitten und so behandelt, wie später die fertige Ware, d.h. es werden die Fälze umgelegt und an Hand der Konturen, auf denen, wie hernach auf dem Original, bereits alle Teile sichtbar sind, die als Anhaltspunkt zur weiteren Verarbeitung dienen, wird mit dem Zusammenbau begonnen.

Nach erfolgter Prüfung hinsichtlich der Richtigkeit der Anzahl der benötigten Teile, des Passens der Platten usw. wird die Genehmigung zur Ausführung der Drucklegung gegeben, also so rechtzeitig, um etwaige Änderungen noch im Anfangsstadium treffen zu können.

Denken wir, die Herstellung des benötigten Materials wäre inzwischen erfolgt und die Auflage liegt in Bogen gedruckt fertig da zur Verarbeitung. Da bei den Vielfarbendrucken das stumpfe Ausehen durch Wegschlagen der Farben auf der Oberfläche des Papiers nicht gerade zur Erhöhung der Wirksamkeit beiträgt, so werden die ganzen Bogen, die das Kulissenmaterial enthalten, meistens lackiert. Die Fußböden und wenigfarbigen Hintergrundkulissen werden seltener lackiert, da sie weniger zur Geltung kommen. Um ihnen aber das stumpfe Aussehen zu nehmen und um die Farben gegen äußere Einwirkungen zu schützen, werden diese Teile entweder mit einem Überzug von Schellack oder mit einer Grundiermasse versehen.

Der Vorschnitt erfolgt ebenfalls wie bei den Vorder- usw. -Kulissen nach erfolgter Trennung der einzelnen Bogenteile untereinander vermittels Schneideplatten auf dem Präge-Balancier.

Auf dem Fußboden, der ausgesparte Fälze für alle aufzuklebenden Teile enthält, wird dann mit dem Aufbau der einzelnen Teile, Vorder-, Seiten-, Rückwand-, Vorstellkulissen, Figuren usw. begonnen, indem der betreffende Falz immer auf die dafür vorgesehene sichtbare Stelle geklebt wird.

Für das Arbeitspersonal dient hierfür das aus Konturen vom Mustermacher hergestellte Rohmuster.

Entweder werden die vordere Kulisse, der Fußboden oder die Rückseite desselben, sofern nicht gleich in der Auflage ein Text mitgedruckt wurde, meist in Heißdruck auf der Kniehebelpresse, mit einem solchen versehen, der auf den besonderen Zweck hinweist.

Die Krippen werden in den verschiedensten Größen geliefert. Von der einfachsten Ausführung bis zu der feinsten, vom einfachsten Modell, das nichts weiter als eine Klapp- (Zieh-) Karte bzw. einen Modellierbogen darstellt, bis zur kompliziertesten Aufmachung unter Verwendung einer ganzen Reihe von Kulissen, Aufstell- und Vorsteckmaterial sowie unter Benutzung der verschiedensten Möglichkeiten, um die denkbar besten Wirkungen zu erzielen,vor allem unter Verwendung von Glimmer als Andeutung von Schnee, farbiger Gelatine für die Fenster des Stalles und die Hintergründe.

Auch unter den vielen Selbstanfertigungen von Gegenständen für den Christbaumschmuck spielen Krippen alljährlich vor Weihnachten eine bevorzugte Rolle. Mit Vorliebe beschäftigen sich Knaben und Mädchen mit der Anfertigung einer Krippe und nicht selten bildet der Aufbau einer solchen in vielen Familien eines der Geheimnisse des Weihnachtsabends.

Das bekannteste Ausstattungsmotiv bei derartigen Krippen ist der Stall von Bethlehem.

Als Nebenfiguren treten dabei zumeist „Die Weisen aus dem Morgenlande", „Die Hirten auf dem Felde" und sonstige Figuren aus der biblischen Geschichte in Erscheinung.

Die Rückwände oder die Seitenwände derartiger Krippen sind kulissenartig zusammengestellt und werden meist mit transparenten Fenstern in Rot oder Blau ausgestattet. Die vorderste Kulisse trägt zumeist den Spruch „Ehre sei Gott in der Höhe".

Beim Aufbau der Krippe wird auf dem Weihnachtstisch in der Regel ein brennendes Licht hinter diese Fenster gestellt, wodurch die Wirkung bedeutend erhöht wird. Die Wärme, welche dieses Licht ausstrahlt, wird durch einen aus Asbestpappe angefertigten Kamin, welcher hinter der Rückseite angebracht ist, aufgefangen und nach dem Innern der Krippe geleitet, wo sie dazu dient, den Kreislauf einer Drehscheibe, an der eine Anzahl Enges schweben, hervorzubringen. Die Baumgruppen, welche die Krippe gleichsam umgeben, sind meist beglimmert, eine Nachahmung des im gelobten Lande unbekannten Schnees. Die Herstellung derartiger Krippen ist ein Sondererzeugnis einer verhältnismäßig kleinen Anzahl von Firmen, welche diese Artikel als Spezialität fertigen. Absatzgebiet ist auch das Ausland, und zwar hauptsächlich Gegenden mit vorwiegend katholischer Bevölkerung wie z.B. in den romanischen Ländern.

Neben geschultem Personal müssen jedoch in erster Linie tüchtige Zeichner und Mustermacher in derartigen Betrieben vorhanden sein, um die Produktion dieser Erzeugnisse auch wirtschaftlich zu gestalten.

Die einzelnen Teile untereinander gewinnen dadurch einen gegenseitigen Stützpunkt, da sie aneinandergeklebt werden, und zwar möglichst mit Fischleim, um ein gutes Haften zu ermöglichen. Die Klebung auf lackierten Flächen erfolgt auch vermittels Spirituslack.

Bei den kleinen Aufstellkarten dieser Art werden die einzelnen Teile durch Hinterkleben mit Kartonstreifen zusammengehalten. Diese Art Aufstellkarten, deren Form ausschließlich abhängig ist von der Geschmacksrichtung, wofür sich also keine bestimmten Grundsätze aufstellen lassen, werden auf zwei Arten hergestellt. Einmal werden die einzelnen Teile, wie soeben behandelt, gesondert gedruckt, ein andermal erfolgt der Zusammenbau ausschließlich aus vorhandenem Reliefmaterial.

TAFEL-ANHANG

Universal-Beschichtung- und Kaschiermaschine Type 6400

Werkfoto: Windmöller & Hölscher, Maschinenfabrik, Lengerich i. W.

Tafel II

Paraffinier- und Kaschiermaschine WM 1240

Werkfoto: Windmöller & Hölscher, Maschinenfabrik, Lengerich i. W.

Hochleistungs-Kaschiermaschine GROTA E 200 für Leimkaschierung von Aluminium-Folien

Werkfoto der Maschinenfabrik Max Kroenert, Hamburg-Bahrenfeld

Tafel IV

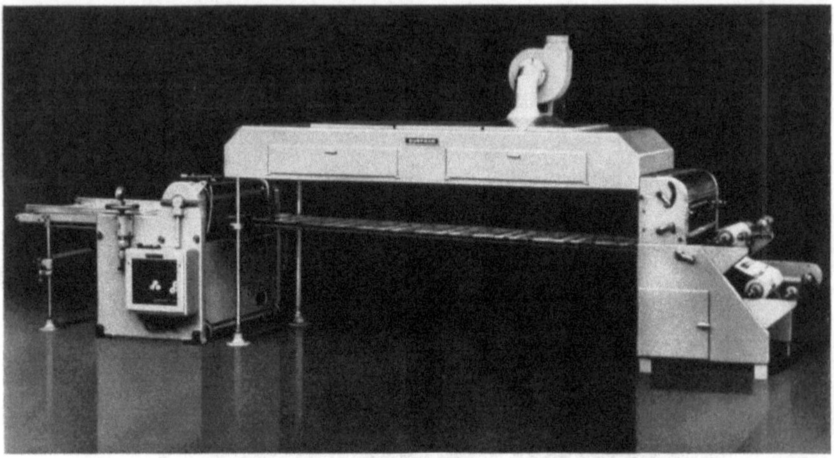

Folienkaschieranlage „DUOPHAN-Roto"

Hochleistungs-Lakieranlagen Gula-Infrarapid für Papier- und Kartonbogen

2 Werkfotos: Maschinenfabrik R. Billhöfer, Nürnberg

Prägekalander K 10/2 für die Veredelung von Aluminium-Folien. Vorderseite

Prägekalander K 10/2 Rückseite

Prägekalander K 20/2 für Schreib- und Druckpapiere, Pergamin, Gestrichene- und beschichtete Papiere, Zellstoffwatte usw.

3 Werkfotos: Joh. Kleinewefers Söhne, Maschinenfabrik, Krefeld

Tafel VI

Satinierwalzwerk K 50/2

Satinierwalzwerk K 80/2

2 Werkfotos: Joh. Kleinewefers Söhne, Maschinenfabrik, Krefeld

Pralinen und Gebäckkapsel (mit Wellenfalten)

Diplomatenkapsel (mit Plisseefalten und doppelt umgefalteten oberen Rand)

Abb. 1. Eine Kapselmaschine für Fußbetrieb mit 16 cm Hub und 13 cm Ausladung; Gesamthöhe der Maschine 1,60 m

Abb. 2. Komplettes Werkzeug für die Kapselherstellung. Unten das Stanzeisen für die Zuschnitte, rechts das Anschlageisen, oben das Werkzeugoberteil; es besteht aus dem Schaft mit dem Ziehstempel und dem auf dem Schaft gleitenden oberen Faltenvorschlagteil. Links das Unterwerkzeug mit Anlagering und Heizrohr.

Beide Bilder: Werkfotos der Firma Edmund Garzke, Trier

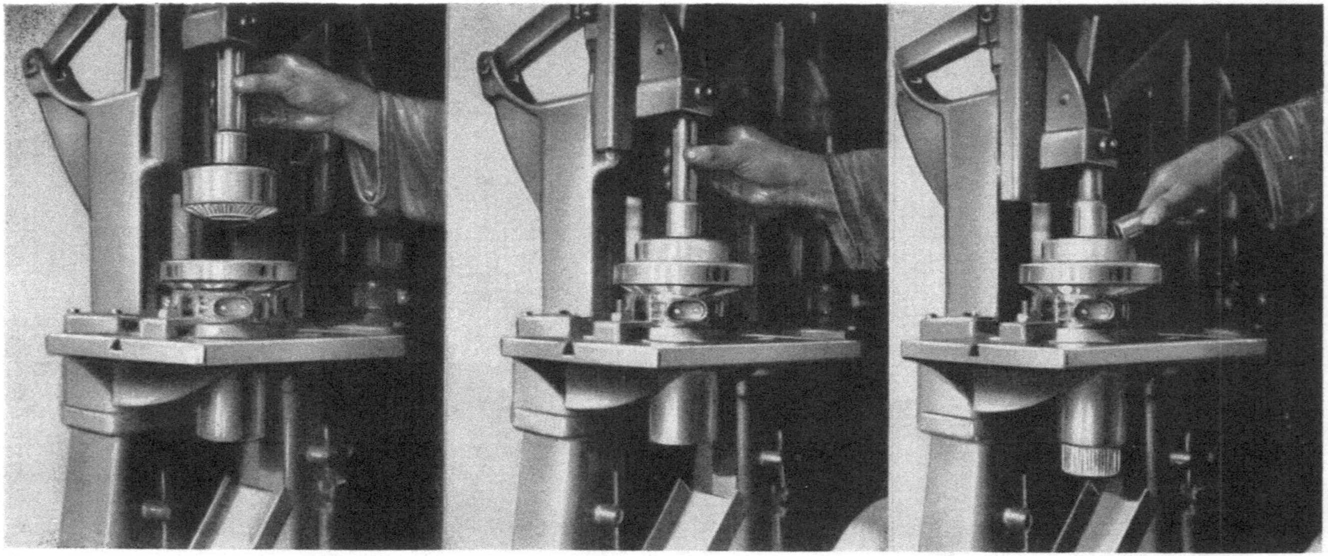

Abb. 1. (links): Abstützen des oberen Faltenvorschlag-Teiles mit dem Anschlageisen gegen den Support der Maschine. Im Werkzeugunterteil sind die Papiere eingelegt, die durch einen kräftigen Schlag eine radikale Faltenmarkierung erhalten. — Abb. 2 (Mitte): Während des ganzen, nun abgeschlossenen Anschlagvorgangs wird das Anschlageisen immer mit der rechten Hand gehalten. Abziehen des Eisens; durch langsam zügiges Durchtreten der Maschine gelangt das Kapselbündel in das Heizrohr. — Abb. 3 (rechts): Die Maschine ist durchgetreten; beim etwa sechsten Arbeitsgang tritt das erste Kapselbündel unten aus dem Heizrohr. Man erkennt, wie die Bedienung mit dem Anschlageisen durch Drücken das obere Faltenvorschlagteil zusätzlich belastet, das beim Durchziehen als Faltenhalter wirkt. Dieses zusätzliche Belasten begünstigt die gute Faltenausbildung.

Alle drei Abbildungen: Werkfotos der Firma Edmund Garzke, Trier

Spitzenpapier-Maschine Modell 88

Werkfoto: Hobema-Maschinenfabrik, Düsseldorf

Tafel X

Papierservietten-Maschine für gefaltete Servietten, Modell SF 3, mit Vierfarben-Anilindruck und Einfarben-Tiefdruck, Universalmaschine für höchstwertig bedruckte Servietten

Werkfoto der Spezialmaschinenfabrik J. Heinrich Spoerl, Düsseldorf

Automat für die Herstellung von Taschentüchern, Modell 3

Werkfoto: Hobema-Maschinenfabrik, Düsseldorf

Abb. 1 Spezial-Maschine zur Herstellung von einmal längs- und zweimal quergefalteten Taschentüchern aus Zellstoffwatte, Modell SFT 2 K

Abb. 2 Schnellaufender Hochleistungs-Damenbinden-Automat, Modell BN 4

2 Werkfotos der Spezialmaschinenfabrik J. Heinrich Spoerl, Düsseldorf

Damenbinden-Automat, Modell 2001

Werkfoto: Hobema-Maschinenfabrik, Düsseldorf

Abb. 1. Rotations-Briefumschlagmaschine (vom Blatt arbeitend) mit drei eingebauten Anilindruckwerken für Zweifarbenaußendruck und Einfarbeninnendruck

Abb. 2. Rotations-Briefumschlagmaschine (von der Rolle arbeitend)

2 Werkfotos der Maschinenfabrik und Eisengießerei Winkler & Dünnebier, Neuwied/Rhein

Abb. 1. Briefumschlag-Fensterausstanz- und Einklebemaschine mit Druckwerken

Abb. 2. Rotations-Taschenmaschine mit Schlußklappen-Gummiervorrichtung

2 Werkfotos der Maschinenfabrik und Eisengießerei Winkler & Dünnebier, Neuwied/Rhein

Tafel XVI

Abb. 1. Blockboden-Beutelmaschine „Triumph I" mit Fotozellen-Steuerung

Abb. 2. Blockboden-Beutelmaschine „Triumph III" mit Fotozellen-Steuerung

Abb. 3. Blockbodenmachermaschine AS 1215

3 Werkfotos der Fa. Windmöller & Hölscher, Maschinenfabrik Lengerich/Westf.

Schlauchmaschine „Gigant"

Werkfoto: Maschinenfabrik Fischer & Krecke, Bielefeld

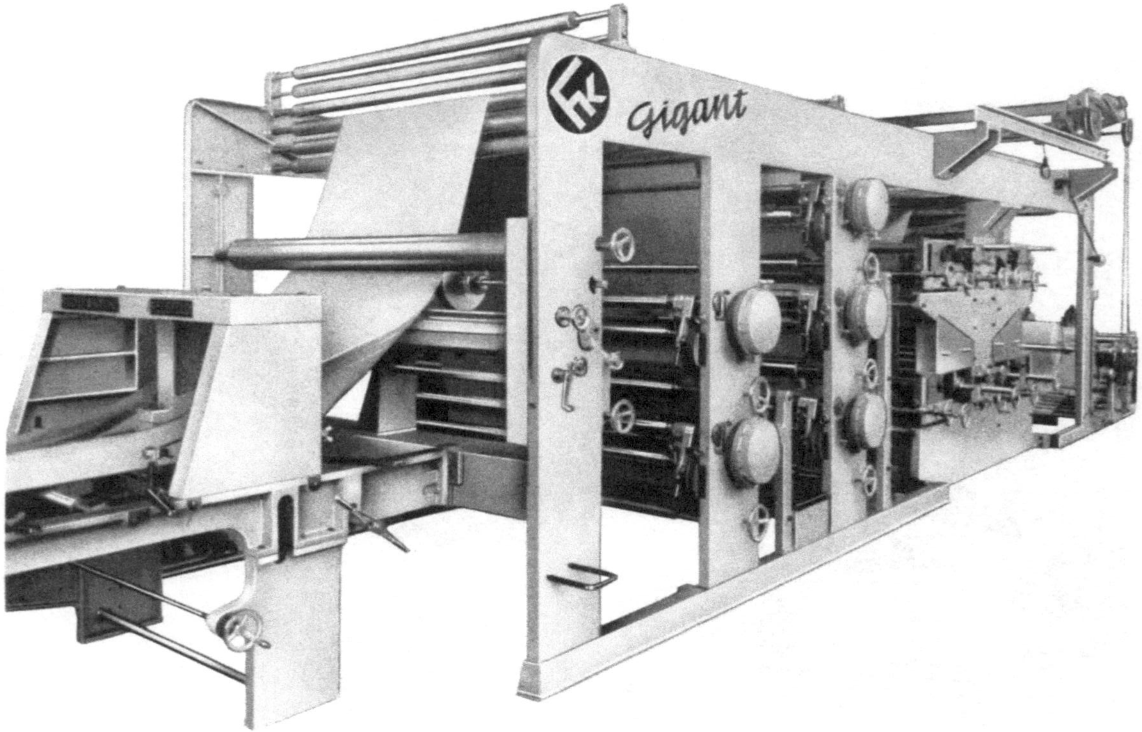

Schlauchmaschine „Gigant“

Werkfoto: Maschinenfabrik Fischer & Krecke, Bielefeld

Einrichtung für Staffelschnittschläuche

Automatische Bodenfalz- und Klebemaschine, Modell Rotafalz

2 Werkfotos der Maschinenfabrik Fischer & Krecke, Bielefeld

Toilettenpapier-Rollenschneider, Modell 16 A-2

Werkfoto: Hobema-Maschinenfabrik, Düsseldorf

Hochleistungs-Rollenmaschine WR

Werkfoto: Maschinenfabrik Goebel GmbH, Darmstadt

Vollautomatische Becheranlage PSW 4 / DBM 1 / SZK

Werkfoto: Christian Majer KG, Maschinenfabrik, Tübingen

Druck- und Stanzautomat Modell „Drusula"

Automatische Papierbechermaschine, Modell „Cora"

2 Werkfotos der Maschinenfabrik Rissen GmbH., Hamburg-Rissen

Hochleistungs-Rollenschneid- und Wickelmaschine, Modell „Rasanta"

Spezial-Rollenschneid- und Wickelmaschine, Modell R 7

Spezial-Rollenschneid- und Wickelmaschine, Modell T. W. 3 K

3 Werkfotos der Maschinenfabrik Erwin Kampf, Bielstein-Mühlen (Rhld.)

Tafel XXIV

Hochleistungs-
Rollenschneid- und
Wickelmaschine,
Modell R.K.W. 7 A

Spezial-Rollenschneid- und Wickelmaschine,
Modell T. 3 zur Herstellung von Toilettenpapier

Mehrbahnen-Rollenschneid- und Wickelmaschine,
Modell R.K.3

3 Werkfotos der Maschinenfabrik Erwin Kampf, Bielstein-Mühlen (Rhld.)

ANZEIGEN

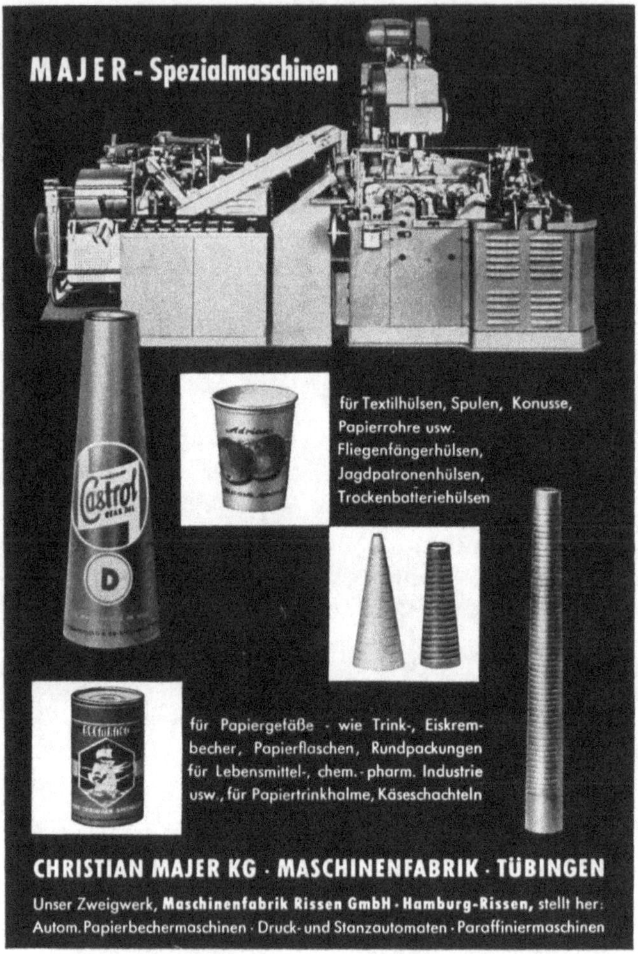
MAJER - Spezialmaschinen
für Textilhülsen, Spulen, Konusse, Papierrohre usw. Fliegenfängerhülsen, Jagdpatronenhülsen, Trockenbatteriehülsen
für Papiergefäße - wie Trink-, Eiskrembecher, Papierflaschen, Rundpackungen für Lebensmittel-, chem.-pharm. Industrie usw., für Papiertrinkhalme, Käseschachteln
CHRISTIAN MAJER KG · MASCHINENFABRIK · TÜBINGEN
Unser Zweigwerk, Maschinenfabrik Rissen GmbH · Hamburg-Rissen, stellt her:
Autom. Papierbechermaschinen · Druck- und Stanzautomaten · Paraffiniermaschinen

KAMPF
GIB
ROLLENSCHNEID-
MASCHINEN
KASCHIERMASCHINEN
GRANULIER-
MASCHINEN
PAPIERWOLLE-
SCHNEID-
MASCHINEN
FOLIEN-
RECK-ANLAGEN
ERWIN
KAMPF
Maschinenfabrik
BIELSTEIN-MÜHLEN/RHLD.

SIE SUCHEN EINEN AUS-WEG?
Monotype*
Monotype
Monotype* Monotype* Monotype* Monotype* Monotype*
Monotype*

FSC
www.fsc.org
MIX
Papier | Fördert gute Waldnutzung
FSC® C083411

Zeitfracht Medien GmbH
Ferdinand-Jühlke-Straße 7
99095 Erfurt, Deutschland
produktsicherheit@kolibri360.de